EXPLORATION SCIENTIFIQUE

DU MAROC

ORGANISÉE PAR LA

SOCIÉTÉ DE GÉOGRAPHIE DE PARIS

PREMIER FASCICULE

BOTANIQUE

(1912)

PAR M. C.-J. PITARD

MASSON ET CIE

ÉDITEURS DE LA SOCIÉTÉ DE GÉOGRAPHIE

120, BOULEVARD SAINT-GERMAIN PARIS

1913

EXPLORATION SCIENTIFIQUE

DU MAROC

BOTANIQUE

(1912)

EXPLORATION SCIENTIFIQUE
DU MAROC

ORGANISÉE PAR LA

SOCIÉTÉ DE GÉOGRAPHIE DE PARIS

PREMIER FASCICULE

BOTANIQUE

(1912)

Par M. C.-J. PITARD

MASSON ET Cⁱᵉ

ÉDITEURS DE LA SOCIÉTÉ DE GÉOGRAPHIE

120, BOULEVARD SAINT-GERMAIN PARIS

1913

COMITÉ D'ORGANISATION
DE LA MISSION SCIENTIFIQUE DU MAROC

MM. Le général Bourgeois, directeur du Service géographique de l'Armée, président
du Comité.

Marcellin Boule. professeur au Muséum national d'Histoire naturelle.

Henri Deslandres, directeur de l'Observatoire de Meudon, membre de l'Institut.

G. Grandidier, secrétaire du Comité.

Emm. de Margerie, ancien président de la Commission centrale.

Edmond Perrier, directeur du Muséum national d'Histoire naturelle, membre
de l'Institut.

Joseph Renaud, directeur d'Hydrographie.

*
* *

Le prince Bonaparte, membre de l'Institut, président de la Société de
Géographie.

Jules Harmand, ambassadeur honoraire, président de la Commission centrale (1912).

Le Baron Hulot, secrétaire général de la Société de Géographie.

William d'Eichthal, trésorier de la Société de Géographie.

EXPLORATION SCIENTIFIQUE DU MAROC

Les accords du 4 novembre 1911 ayant eu pour conséquence l'établissement du protectorat français sur le Maroc, avec cette réserve que la liberté commerciale, prévue par les traités antérieurs, serait maintenue, il parut urgent d'entreprendre l'exploration scientifique de ce pays.

Des brigades géodésiques et topographiques, envoyées par le Service géographique de l'Armée, se mirent immédiatement à l'œuvre, et ce travail permettra, dans un délai rapproché, la publication d'une carte au 200 000ᵉ de tout l'Empire chérifien.

Il importait, en outre, de dresser un inventaire des richesses naturelles du Maroc et d'en assurer l'exploitation. Pour mener à bien cette entreprise la Société de Géographie, associée depuis près d'un siècle à l'œuvre coloniale de la France et plus spécialement depuis 1876 à son œuvre africaine, songea, dès la signature des accords, à créer une mission d'études scientifiques du Maroc. Cette enquête, limitée jusqu'ici aux questions relatives à l'agronomie, à la zoologie et à la botanique, commence à donner des résultats.

La mission botanique, organisée la première, a été confiée à M. C.-J. Pitard, docteur ès sciences, professeur à l'École de Médecine et de Pharmacie de Tours, dont huit annése d'étude de la flore et de l'agronomie de l'Afrique du Nord ont prouvé la compétence.

Le volume que nous publions est le compte rendu de sa campagne de 1912.

S'il ne nous appartient pas d'insister sur la valeur scientifique et l'utilité pratique de ce travail, nous ne sommes pas tenus à la même réserve lorsqu'il s'agit de reconnaître l'efficacité des concours que nous avons rencontrés.

Les Ministères des Affaires étrangères, de la Guerre, de l'Instruction publique, le général Lyautey, résident général de France au Maroc, nous ont prêté un précieux appui. L'Académie des Sciences, sur le fonds Bonaparte, le Muséum national d'Histoire naturelle ont accordé à nos missionnaires de généreuses subventions. Le consortium général des Banques (Banque de Paris et des Pays-Bas, Crédit Lyonnais, Comptoir National d'Escompte de Paris, Société Générale pour favoriser le développement du Commerce et de *l'Industrie en France, Banque de l'Union Parisienne, Société Marseillaise de Crédit industriel et commercial et de Dépôts, Banque Française pour le Commerce et l'Industrie, Société Générale de Crédit industriel et commercial, Crédit Algérien, Banque Impériale Ottomane et Banque de l'Indo-Chine), la Société de l'Afrique occidentale ont bien voulu participer aux frais de la mission, et MM. de Rothschild et Mirabaud ont ajouté à ces libéralités.*

Grâce à ces appuis et à ces concours, la Société de Géographie a pu entreprendre l'œuvre d'intérêt scientifique et national qu'elle s'était proposée.

Elle tient, le jour où paraît ce premier compte rendu, à assurer de sa vive gratitude tous ceux qui ont facilité l'accomplissement de la mission.

LA SOCIÉTÉ DE GÉOGRAPHIE.

EXPLORATION SCIENTIFIQUE DU MAROC

MISSION BOTANIQUE

(1912)

Par M. C.-J. Pitard,

DOCTEUR ÈS SCIENCES.

PROFESSEUR A L'ÉCOLE DE MÉDECINE DE TOURS,

MEMBRE DE LA MISSION SCIENTIFIQUE DE LA SOCIÉTÉ DE GÉOGRAPHIE.

AVANT-PROPOS

Chargé par la Société de Géographie de la partie botanique de la mission d'études scientifiques au Maroc, nous avons étudié du 1ᵉʳ avril au 1ᵉʳ juillet 1912 la région septentrionale comprise entre Tanger, Arzila et Tétouan et surtout la Chaouïa.

Notre compte rendu renferme tout d'abord les observations que nous avons pu faire sur la géographie botanique de la Chaouïa. Aucun botaniste n'avait pu jusqu'alors pénétrer dans cette région. Seuls Mellerio (1) et M. le pharmacien-major Moreau (2) avaient exploré les environs immédiats de Casablanca.

Nous indiquons ensuite toutes les plantes phanérogames ou cryptogames que nous avons collectées pour le Muséum d'Histoire naturelle ou que nous avons notées sur le terrain. Cette partie constitue une première contribution à la flore septentrionale et occidentale du Maroc.

Qu'il nous soit permis d'adresser l'expression de notre vive reconnaissance à tous ceux qui ont bien voulu s'intéresser à notre mission et nous accueillir, Mᵐᵉ Pitard et nous, si aimablement : M. de Billy et M. de Beaumarchais, de la légation de France à Tanger ; M. Lucciardi, consul de France à Tétouan ; M. Leclerc, à Tanger ; M. le lieutenant-colonel Laugeret, à Ber Rechid ; M. le commandant Ibos, à Dar Chafaï ; MM. les capitaines Moreau, à Casablanca ; Zimmermann, à Camp Boulhaut ; Robin, à Settat ; enfin MM. les lieutenants Delhomme et Bastien, à Settat ; Labonne, à Guicer ; Bathias, à Ber Rechid.

(1) M. Bonnet a donné la liste des récoltes de M. Mellerio.
(2) Dont nous avons déterminé les plantes qui font partie de l'herbier de M. Gentil.

Nous remercions aussi bien vivement nos différents collaborateurs qui ont bien voulu consacrer leur science et leur temps à la détermination de nos récoltes : MM. Battandier, Bouly de Lesdain, Corbière, Hariot, l'abbé Hy, Patouillard et Trabut. Grâce à leur savant et si aimable concours, nous avons eu la bonne fortune, sept mois à peine après notre mission, d'en publier le compte rendu complet.

Nous n'oublierons pas non plus M. Gentil, professeur à la Sorbonne, qui a bien voulu nous confier ses cartes et ses importantes publications géologiques sur les régions que nous visitions et qui nous ont été de la plus grande utilité.

Qu'il nous soit permis enfin d'adresser nos plus sincères remerciements à MM. les membres de la Commission d'études scientifiques au Maroc, et tout particulièrement à son distingué président, M. le général Bourgeois, au prince Bonaparte, président de la Société de Géographie, à M. le baron Hulot, secrétaire général de cette Société, à M. Edmond Perrier, directeur du Muséum d'Histoire naturelle, pour le témoignage de haute estime dont ils ont bien voulu nous honorer en nous chargeant de l'étude de la flore du Maroc.

10 février 1913.

PRÉFACE

VÉGÉTATION DE LA CHAOUÏA

Le territoire de la Chaouïa, situé dans la région moyenne et occidentale du Maroc, s'étend du 9° au 10° de longitude et du 32° au 33° dë latitude.

Il forme un vaste rectangle délimité au nord-ouest par l'océan Atlantique, au nord-est par le cours de l'oued Cherrat, au sud-ouest par l'oued Oum er Rbïa et qui passe progressivement au sud-est au plateau rocailleux du Tadla. Il offre ainsi une longueur de côtes d'environ 100 kilomètres et une profondeur qui peut être approximativement évaluée à 130 kilomètres.

Il fait partie d'une vaste région désignée par M. Gentil sous le nom de *Meseta marocaine*, qui a participé aux mêmes vicissitudes géologiques dans le passé et qui présente aujourd'hui une flore à caractère certainement très homogène.

Les différents facteurs qui influencent son climat ont été, depuis plusieurs années, étudiés d'une manière très approfondie et sont actuellement bien connus. Nous ne ferons donc allusion que très brièvement aux données absolument indispensables à connaître pour apprécier la nature de son peuplement végétal.

La plante a besoin d'un sol propice, de lumière, d'eau et de chaleur. Tous ces facteurs importants de la végétation lui sont fournis en quantité généralement suffisante, mais à des degrés divers, sur tout le territoire de la Chaouïa.

Le sol est constitué, jusqu'à une soixantaine de kilomètres du rivage, par les dépôts de la mer pliocène ; puis, à partir de la haute Chaouïa, apparaissent les sédiments calcaires du sénonien, qui dès Guicer font place aux calcaires à silex cénomaniens du Tadla. Nous verrons dans chaque région quelle a été l'influence de ces divers dépôts sur la répartition des espèces.

L'eau abonde au Maroc. Tandis que tout le littoral de l'Afrique du Nord, entre le Nil et la Moulouya, nous présente à peine la Medjerda en Tunisie, nous rencontrons au Maroc, et tout particulièrement en Chaouïa, plusieurs fleuves très rapprochés, qui roulent pendant toute l'année une plus ou moins grande quantité d'eau : ce sont les oueds Cherrat, Nefïtikr, Mellah, Bou Skoura, Oum er Rbïa.

En outre, la nappe d'eau d'infiltration restant très superficielle, les sources sont également nombreuses.

Enfin, les pluies sont abondantes et de longue durée (1). Les pluies d'automne font apparaître une première floraison de plantes surtout bulbeuses (*Leucoïum*, *Narcissus*, *Aurelia*, *Merendera*, *Erythrostictus*, *Scilla*, *Crocus*, etc.). Puis les Orchidées. très précoces aussi, s'épanouissent après les pluies de l'hiver, en février et mars. Dès avril, les précipitations atmosphériques cessent, pour devenir excessivement rares jusqu'en novembre.

Mais, pendant l'été, l'humidité de l'air reste toujours très considérable; elle se traduit le matin par des brumes fréquentes, même au mois de juin. La nuit, ces brouillards se déposent sur la tente, et la condensation est telle que l'eau ruisselle tout alentour. Enfin nous avons, ainsi que tous les voyageurs qui ont exploré cette région. éprouvé mille difficultés pour préparer et conserver en bon état nos récoltes. Voilà bien encore le témoignage d'une humidité atmosphérique très considérable.

La température moyenne est toujours assez élevée : généralement égale au bord de la mer, elle présente de remarquables variations sur le plateau de Settat. A une chaleur souvent accablante, depuis le mois de mai jusqu'en octobre, succède, au moment du coucher du soleil, une fraîcheur exquise, favorable aux plantes, mais certainement funeste aux habitants.

Il n'y gèle jamais, mais le vent du sirocco fait parfois monter au printemps et en été le thermomètre jusqu'à 45 et 50 degrés centigrades.

Dans notre exploration du territoire de la Chaouïa, nous avons remarqué que son tapis végétal se modifie assez régulièrement en allant de la mer vers le plateau du Tadla. Nous avons donc été amené à reconnaître ainsi l'existence de trois régions : basse, moyenne et haute Chaouïa, dont nous allons examiner les principaux caractères, ainsi que ceux de ses deux marges : septentrionale avec l'oued Cherrat et méridionale avec l'Oum er Rbïa.

1º BASSE CHAOUÏA

La basse Chaouïa, contiguë à la mer, nous présente deux zones bien nettes : littorale et sublittorale.

A. **Zone littorale.** — Le rivage de la Chaouïa nous offre tantôt des dunes peu élevées ou des sables littoraux très fins, tantôt des falaises rocheuses également de faible hauteur.

α. *Sables et dunes.* — Les sables ou les dunes maritimes se remarquent en un très grand nombre de points. D'une manière à peu près continue, ils jalonnent le rivage

(1) De 1895 à 1900, à Casablanca, on a noté une moyenne de 456^{mm},4, se répartissant ainsi : 137,6 en automne, 153,4 en hiver, 162 au printemps et 3,4 en été.

de Casablanca à Azemmour, tandis qu'entre Casablanca et Bou Znika ils n'apparaissent guère que jusqu'à Dar el Hadj bou Azza, aux environs de Fedhala et au nord de Bou Znika.

Les dunes ont à peine quelques mètres de hauteur : elles ne dépassent jamais 15 mètres. Toujours mobiles, leur forme est donc essentiellement changeante. Aucune tentative n'a jamais été faite pour fixer ce petit relief sablonneux qui ne paraît pas devoir s'étendre beaucoup sur les terrains voisins. Les sables et les dunes nous offrent une flore assez monotone. On y remarque :

Glaucium luteum Scop.	*Picridium lingitanum* Desf.
Malcolmia Broussonneti Boiss.	*Andryala mogadorensis* Coss.
M. littorea R. Br.	*Jasione corymbosa* Poir.
Cakile maritima L.	*Cressa cretica* L.
Spergularia fimbriata Boiss.	*Statice sinuata* L.
Polycarpon tetraphyllum L.	*Rumex bucephalophorus* L.
Paronychia argentea Lam.	*Emex spinosa* Camp.
Erodium cicutarium L'Hér.	*Polygonum maritimum* L.
Ononis serrata Forsk.	*Salsola Soda* L.
O. variegata L.	*S. Kali* L.
Medicago cylindrica D C.	*Euphorbia Paralias* L.
M. marina L.	*E. Peplis* L.
Lotus Salzmanni B. et R.	*Pancratium maritimum* L.
Eryngium maritimum L.	*Cyperus capitatus* Vent.
Daucus muricatus L.	*Cynodon Dactylon* Rich.
Orlaya maritima Hoffm.	*Ammophila arenaria* Link.
Pimpinella villosa Schousb.	*Bromus maximus* Desf.
Crucianella maritima L.	*Cutandia maritima* B. et T.
Centaurea sphærocephala L.	

β. **Falaises maritimes.** — Les rochers qui affleurent sous la couverture sablonneuse du rivage atteignent également au maximum 10 à 15 mètres de hauteur. Nous pouvons en signaler de bons exemples à Sidi Abderrhamane, Aïne Diab, El Hank, Oukacha, Fedhala, Sidi Mohammed Chergui, Bou Znika.

Sans cesse battus par la forte houle de l'Océan, ils se désagrègent sous forme de blocs volumineux qui s'entassent les uns sur les autres en donnant le plus souvent, par suite de leur désagrégation, une plage de gros galets absolument stérile.

Sur les crêtes rocheuses ou dans leurs anfractuosités, nous notons :

Frankenia velutina D C.	*S. mucronata* L. f.
Dianthus virgineus G. G.	*Lavandula multifida* L.
Lotus creticus L.	*Celsia sinuata* Cav.
Crithmum maritimum L.	*Suæda fruticosa* L.
Daucus hispidus Desf.	*Andropogon hirtus* L.
Lycium afrum L.	*Pollinia distachya* Spreng.
Statice ovalifolia Poir.	*Dactylis hispanica* Roth.
S. oleæfolia Scop.	

B. **Zone sublittorale**. — Cette zone débute généralement à quelques centaines de mètres du rivage, plus rarement à 1 kilomètre.

Elle a été désignée sous le nom de *Sahel* et s'étend jusqu'à 15 à 20 kilomètres environ de la zone littorale.

Elle est presque entièrement constituée par des terres blanches, très sablonneuses, associées à des terres noires ou rouges ; d'où la classification des terres du Sahel en trois classes : les terres blanches, les *hameri* ou terres rouges et les *tirs* ou terres noires analogues à celles de la moyenne Chaouïa. Les terres blanches caractérisant particulièrement cette région, nous en étudierons plus spécialement la flore.

Leur couleur claire est due, ainsi que M. Gentil l'a démontré, à plusieurs causes, suivant les sahels examinés. Un facteur général est le vent du nord-ouest et de l'ouest qui, passant sur les sables mobiles des dunes, les étale sur la surface voisine du sahel. Ce transport peut se faire d'ailleurs à grande distance et nous n'avons pas été peu surpris de rencontrer à près de 70 kilomètres de la mer, aux pieds de la falaise de Settat, à Sidi el Djilali, des dépôts sablonneux mobiles où les plantes du littoral (*Koniga libyca* R. Br., *Malcolmia Broussonneti* D C., *Pimpinella villosa* Schousb., etc.) attestaient bien leur origine maritime. Ailleurs, le sahel est dû à la nature du sol : sables marins pliocènes de l'oued bou Skoura, ou à la décomposition des roches par les agents atmosphériques : grès néogènes désagrégés de Souk el Arba des Zemmours jusqu'à l'Océan et sables granitiques des Zaërs. Il sera intéressant de comparer plus tard la composition floristique de ces divers sahels.

Dans toute cette zone, les moissons sont de maigre venue : l'Orge, même pendant les années très pluvieuses, ne donne qu'un très faible rendement. Le sol est trop perméable.

Il en est de même des sahels rouges, teintés par des oxydes de fer, encore trop sablonneux, où, malgré la présence d'un peu de chaux, le sol reste léger. Dès les premières chaleurs, il devient extrêmement sec et est envahi de bonne heure par des colonies de silicicoles, nuisibles aux récoltes : *Pinardia, Chrysanthemum, Anacyclus, Ornemis, Malva*, etc.

Dans cette zone, nous aurons à considérer, comme dans les suivantes, trois stations botaniques : les moissons, les terrains incultes et les dayas ou marais.

α. *Moissons*. — Déjà très cultivé, le Sahel ne présente, ainsi que nous l'avons déjà dit, que des moissons peu productives. Les adventices y sont fréquentes. Nous rappellerons surtout :

Delphinium pentagynum Desf.	*S. gallica* L.
Reseda alba L.	*Bisserrula Pelecinus* L.
Silene micropetala Lag.	*Astragalus hamosus* L.

A. Solandri Lowe.	*Ornemis mixta* D C.
Læflingia hispanica L.	*Spilzelia cupuligera* D R.
Anacyclus clavatus Pers.	*Linaria biparlila* Willd.
Pinardia coronaria Cass.	*Vulpia Alopecurus* Link.
Chrysanthemum segelum L.	*Lolium rigidum* Gaud.

3. **Endroits incultes.** — Ils abondent dans cette zone. Nous les diviserons en deux catégories : les champs en friche, bords des pistes et des champs, et la steppe à Palmiers nains, sablonneuse ou rocailleuse.

Parmi les espèces qui peuplent les champs incultes, nous signalerons particulièrement :

Koniga libyca Viv.	*Calendula arvensis* L.
Diplotaxis siifolia Knze.	*Andryala laxiflora* D C.
Reseda luteola L.	*Linaria græca* Chav.
Tribulus terrestris L.	*Rumex bucephalophorus* L.
Silene portensis L.	*Emex spinosa* Camp.
Alsine procumbens Fenzl.	*Leucoium trichophyllum* Schousb.
Trifolium Cherleri L.	*Narcissus viridiflorus* Schousb.
T. lappaceum L.	*Aurelia Broussonneli* J. Gay.
T. squarrosum D C.	*Merendera filifolia* Camb.
T. tomentosum L.	*Erythrosliclus punctatus* Schl.
T. spumosum L.	*Ægylops triuncialis* L.
T. isthmocarpum Brot.	*Setaria verticillata* P. B.
Polycarpon tetraphyllum L.	

La steppe à Palmiers nains débute dès le rivage de la Chaouïa pour se poursuivre à travers toute la moyenne Chaouïa et s'étendre sur le plateau de Settat.

Toujours très monotone, elle offre une extrême abondance de *Chamærops humilis* L., associés de loin en loin à quelques petits buissons. C'est le défrichement progressif de cette station, dans tous les endroits où le sol est suffisamment épais, qui assure à cette province du Maroc sa richesse de plus en plus grande en céréales.

Nous remarquons deux types assez nets de steppe à Palmiers nains : la steppe rocailleuse, souvent broussailleuse, très bien caractérisée par exemple aux environs de Casablanca, et la steppe sablonneuse, plutôt herbeuse, bien facile à étudier en de nombreux points entre Casablanca et Bou Skoura ou Camp Boulhaut.

On observe surtout dans la steppe rocailleuse :

Cytisus albidus D C.	*Lavandula multifida* L.
Eryngium tricuspidatum Desf.	*Slachys arenaria* Vahl.
Scabiosa maritima L.	*Armeria mauritanica* Wallr.
Phagnalon saxatile Cass.	*Plumbago europæa* L.
Pulicaria odora Reich.	*Celsia sinuata* Cav.
Onopordon Sibthorpianum B. et H.	*Asphodelus microcarpus* Viv.
Carlina sulfurea Desf.	*Asparagus albus.*
Atractylis cancellata L.	*Chamærops humilis* L.

Bromus maximus Desf.
Lamarckia aurea Mœnch.
Dactylis hispanica Roth.

Phalaris nodosa Coss.
Andropogon hirtus L.

La steppe sablonneuse est caractérisée par :

Biscutella apula L.
Helianthemum echioides Pers.
H. macrosepalum Dun.
H. ægyptiacum Pers.
Eudianthe Cœli-rosa Fenzl.
Paronychia argentea Lam.
Ornithopus isthmocarpus Coss.
Trifolium angustifolium L.
T. arvense L.
Sedum cespitosum D C.
Pistorinia Salzmanni Boiss.
P. brachyantha Coss.
Sclerosciadium nodiflorum Schousb.
Chrysanthemum viscosum Desf.
Kentrophyllum lanatum D C.

Lavandula Stœchas L.
Trixago apula Stev.
Statice sinuata L.
Passerina canescens Schousb.
Chamærops humilis L.
Lagurus ovatus L.
Cynodon Dactylon Rich.
Trisetum paniceum Pers.
Corynephorus fasciculatus B. et R.
Gaudinia fragilis P. B.
Agrostis pallida D C.
Gastridium lendigerum Gaud.
Ammochloa involucrata Murb.
Vulpia geniculata Link.

γ. ***Dayas, sources, marais, bords d'oueds.*** — La nappe d'eau peu profonde du sous-sol de la Chaouïa forme en bien des points de magnifiques sources, origine de petits oueds ou de vastes marais. Parfois légèrement minéralisées, ces sources offrent alors quelques plantes spéciales (*Frankenia pulverulenta* L., *Statice ferulacea* L., *Spergularia* divers, etc.).

Par suite des pluies abondantes dissolvant le ciment calcaire des roches superficielles, prennent naissance des cuvettes plus ou moins profondes remplies d'eau persistant pendant le printemps et même jusqu'en été. Ce sont les dayas (1), sans affluents, comme sans émissaire, aux berges molles, toujours très évasées, particulièrement abondantes dans cette zone. Elles jouent un rôle agricole très important en entretenant sur leurs bords une herbe longtemps vivante et en offrant aux troupeaux une abondante réserve d'eau. Aussi sont-elles souvent entourées de douars de pasteurs (chaouï), d'où le nom de Chaouïa donné à tout le territoire.

Parmi les marais et les sources marécageuses les plus intéressants que nous avons rencontrés, nous signalerons ceux de Si Abdallah bel Hadj à Dar el Hadj bou Azza, de Bou Skoura et de Titmellil. On y rencontre :

Ranunculus ophioglossifolius L.
Lotus stagnalis B. et T.
Lythrum Græfferi Ten.

Apium graveolens L.
Helosciadium nodiflorum Koch.
Utricularia vulgaris L.

(1) L'origine des dayas est due aussi au vent. Nous avons vu dans les marais de Bou Azza les bords boueux et desséchés piétinés par les troupeaux assoiffés, balayés par un vent d'ouest violent qui se chargeait de poussière et contribuait certainement d'une manière très efficace au creusement de la daya.

Ceratophyllum demersum L.
C. submersum L.
Potamogeton natans L.
Lemna polyrhiza L.
Sparganium ramosum L.
Juncus striatus Coss.
J. maritimus Lam.
J. acutus L.
Cyperus turfosus Salzm.

C. distachyus All.
C. longus L.
Cladium Mariscus R. Br.
C. Durandoi Chabert.
Carex divisa Huds.
C. hispida Willd.
Polypogon monspeliensis Desf.
P. maritimus Willd.
Festuca arundinacea Schreb.

Au bord des dayas, très abondantes dans cette zone, nous pouvons signaler :

Trifolium bracteatum Schousb.
T. resupinatum L.
T. campestre Schreb.
Scorpiurus vermiculatus L.
Ornithopus compressus L.
Lotus parviflorus Desf.
Eryngium atlanticum Batt. et Pit.
Euphragia viscosa Benth.
Erythræa ramosissima Pers.
E. spicata Pers.
Euphorbia paniculata Desf.

Juncus capitatus Ehrh.
J. pygmæus Thuill.
Schœnus nigricans L.
Scirpus Savii Seb. et M.
Cyperus fuscus L.
C. rotundus L.
Anthoxanthum ovatum Lag.
Molineria minuta Parl.
Poa dimorphantha Murb.
Atropis distans L.

2° **MOYENNE CHAOUÏA**

La moyenne Chaouïa constitue la région des tîrs par excellence, c'est-à-dire des terres fortes, d'une extrême fertilité. C'est la région privilégiée pour la grande culture des céréales.

Les tîrs, d'une couleur très foncée, généralement noire ou chocolat, s'étendent depuis Rabat jusqu'à l'oued Tensif sur une longueur de plus de 300 kilomètres et depuis la marge du Sahel jusqu'à 60 et même 100 kilomètres dans l'intérieur. Ils se rencontrent, ainsi que le remarque M. Gentil dans un remarquable travail sur cette question (1), à la fois chez les Zaërs en Chaouïa, chez les Doukkala et les Abda.

En Chaouïa ils se retrouvent même sur le plateau de Settat, et dans les vallées peu profondes nous rencontrons encore d'excellentes terres fortes. Ils atteignent même Guicer et Khemisset (à 100 kilomètres de Casablanca) où ils passent peu à peu dans la première localité aux steppes pierreuses de Dar Chafaï, dans la deuxième à la steppe sablonneuse de Mechra ben Abou.

L'épaisseur du sol est très variable. Peut-être un peu faible en Chaouïa (environ 40 à 60 centimètres), elle peut atteindre 1 à 2 mètres chez les Abda et jusqu'à 5 et 6 mètres chez les Doukkala.

(1) *Le Maroc physique*, 1912.

Cette terre est très argileuse, plus ou moins calcaire, aussi très riche en matières organiques et azotées. L'eau ne faisant pas défaut dans cette région, les cultures sont assurées, grâce à tous ces éléments, d'atteindre un remarquable développement.

La physionomie de la vaste plaine des tirs est très variable suivant la saison considérée. Au printemps, des pluies diluviennes rendent le pays absolument impraticable : c'est un vaste marais boueux. Dès le mois de mars, la plaine est déjà couverte de moissons élevées qui, jusqu'en mai, étendent sur elle un manteau vert à peu près continu. Puis, dès la fin de mai, après la récolte, la zone des tirs étale sa couverture jaunie de chaumes coupés d'une aridité et d'une monotonie désespérante pour le botaniste.

Pas un arbre n'égaye de sa verdure cette immense plaine : le sous-sol est trop imperméable, les chaleurs estivales fendent trop profondément le sol pour que les racines puissent se développer convenablement.

Nous ne trouvons donc dans la moyenne Chaouïa qu'une flore ségétale assez peu variée, dont les éléments les plus caractéristiques sont :

Adonis microcarpa D C.
Nigella damascena L.
N. arvensis L.
Delphinium macropetalum D C.
Reseda tricuspis Coss.
Silene tridentata Desf.
Astragalus caprinus L.
Zizyphus Lotus Lam.
Eryngium triquetrum Vahl.
E. ilicifolium Lam.
Ridolfia segetum Moris.
Caucalis leptophylla L.

Calendula maroccana Ball.
Onopordon macracanthum Schousb.
Rhaponticum acaule D. C.
Centaurea dilata Ait.
C. algeriensis C. et D R.
Geropogon glaber L.
Scorzonera hispanica L.
Rhagadiolus stellatus Willd.
Salvia argentea L.
Teucrium resupinatum Desf.
Allium nigrum L.
Melica Magnolii G. G.

Les rares endroits encore incultes de cette immense région sont envahis par le Palmier nain. Généralement, le sol y est trop peu profond pour que les moissons puissent y prospérer convenablement. Avec le Palmier nain, on rencontre alors ses satellites ordinaires.

3° HAUTE CHAOUÏA

Cette région de la Chaouïa est constituée par un vaste plateau, d'une altitude assez faible, oscillant généralement entre 400 et 700 mètres, sensiblement parallèle à la mer, débutant aux environs de 60 à 70 kilomètres de la côte. C'est le premier gradin compris entre la plaine des tirs de Ber Rechid et le plateau du Tadla.

Cette région est formée par un puissant atterrissement crétacé, à modelé très estompé et dont les éperons viennent finir en pentes très douces dans la plaine de la moyenne Chaouïa. Elle est en effet constituée par des calcaires très marneux, associés à des bancs de marnes, facilement altérables, et qui donnent à tout cet ensemble, comme le constate M. Gentil, le modelé de l'argile. Donc, point de falaises, pas de rochers, à peine quelques bancs de calcaire dur peu épais, couronnant parfois le sommet de quelques collines.

Ce vaste plateau a été entaillé par plusieurs cours d'eau presque parallèles, à cours sud-est-nord-ouest. Quelques-uns se perdent non loin de leur source; d'autres, au contraire, roulent toute l'année une faible quantité d'eau : ce sont les oueds Tamdrost, Mazer et Milse.

La haute Chaouïa ou plateau de Settat nous offre quatre stations bien caractérisées :

α. *Oueds et dayas*. — Tout auprès des oueds sont condensées les hygrophiles qui deviennent de moins en moins abondantes dans cette région. Il en est de même des dayas qui, rapidement asséchées pendant l'été, n'alimentent plus que de rares plantes de terrains humides.

Auprès des oueds nous rencontrons encore :

Dorycnium rectum D C.	*Senecio foliosus* Salzm.
Potentilla reptans L.	*Cirsium giganteum* Spr.
Epilobium hirsutum L.	*Mentha rotundifolia* L.
Lythrum Græfferi Ten.	*Veronica anagalloides* Guss.

Au bord des dayas :

Senebiera Coronopus Poir.	*Psoralea dentata* D C.
Lythrum bicolor Batt. et Pit.	*Damasonium Bourgæi* Coss.

β. *Cultures et jardins*. — Auprès des oueds, tout au fond des vallées, sont installées de magnifiques cultures de légumes et souvent des plantations d'arbres importantes. Ce sont des Figuiers, Oliviers, Grenadiers, Cognassiers, etc., et jusqu'à des Peupliers et des Saules, qui ont trouvé dans la nappe alluviale moderne un sol profond et sur les bords des oueds une irrigation suffisante. Dans cette station, les moissons sont aussi remarquables que dans la plaine des tirs de Ber Rechid.

γ. *Moissons*. — Sur les pentes des collines, partout où les tirs existent, les moissons sont encore d'assez belle venue. Mais, la nappe d'eau devenant plus profonde et le sol plus aride, les céréales deviennent de plus en plus rabougries au fur et à mesure que l'on s'élève vers les sommets du plateau.

Les satellites les plus caractéristiques de cette zone sont surtout :

Reseda tricuspis Coss.	*Althæa hirsuta* L.
Silene Behen L.	*Ononis mitissima* L.

Trigonella monspeliaca L.	*Geropogon glaber* L.
Astragalus gryphus C. et D R.	*Scorzonera hispanica* L.
Eryngium ilicifolium Lam.	*Convolvulus Gharbensis* Batt. et Pit.
Caucalis leptophylla L.	*Triguera ambrosiaca* Cav.
Calendula maroccana Ball.	*Linaria latifolia* Desf.
Onopordon macracanthum Schousb.	*Salvia argentea* L.
Rhaponticum acaule D C.	*Teucrium resupinatum* Desf.
Centaurea diluta Ait.	*Euphorbia Chamæsyce* L.
C. maroccana Ball.	*Allium nigrum* L.

δ. **Steppe.** — Enfin les sommets de toutes les collines, toujours incultes, forment une steppe légèrement vallonnée à Palmiers nains, très étendue surtout dans la partie méridionale du plateau de Settat entre Guicer et Kasbah ben Ahmed.

Elle présente deux facies plus ou moins distincts : la steppe type, absolument plane, couverte de graminées, et la steppe rocailleuse, plus ou moins vallonnée, riche en petits sous-arbrisseaux.

La steppe à graminées nous présente en outre :

Tunica compressa F. et M.	*Scabiosa stellata* L.
Silene setacea Viv.	*Echinops strigosus* L.
Zizyphus Lotus L.	*E. spinosus* L.
Ononis viscosa L.	*Centaurea maroccana* Pall.
O. natrix L.	*Tolpis umbellata* Bert.
O. sicula L.	*Jasione blepharodon* B. et R.
O. pubescens L.	*Teucrium decipiens* Coss.
O. pendula L.	*Chamærops humilis* L.
O. reclinata L.	*Stipa tortilis* L.
Eryngium triquetrum Vahl.	*Vulpia geniculata* Gmel.
Galium parisiense L.	*Avena barbata* Brot.
Crucianella angustifolia L.	

La steppe rocailleuse est caractérisée par :

Helianthemum virgatum Pers.	*Nepeta apulei* Ucria.
Medicago minima Desr.	*Phlomis mauritanica* Munby.
Onobrychis Crista-galli Lam.	*Ballota fruticosa* Benth.
Ebenus pinnata Desf.	*Teucrium fruticans* L.
Eryngium triquetrum Vahl.	*T. collinum* Coss.
Galium setaceum Lam.	*T. capitatum* L.
G. murale All.	*Plantago amplexicaulis* Cav.
Lithospermum apulum Vahl.	*Chamærops humilis* L.
Echium sabulicolum Pomel.	*Asparagus albus* L.
Anarrhinum pedatum Desf.	*Asphodelus microcarpus* Viv.
Lavandula multifida L.	*Dactylis hispanica* Roth.
Thymus Broussonneti Boiss.	*Andropogon hirtus* L.

4° RÉGION MARGINALE SEPTENTRIONALE : VALLÉE DE L'OUED CHERRAT

La frontière septentrionale de la Chaouïa est marquée par l'oued Cherrat. Son cours s'effectue entre des collines élevées qui jusqu'à une vingtaine de kilomètres de la mer encaissent fortement son lit.

Par suite de l'affleurement des terrains tertiaires très siliceux qui recouvrent d'un manteau presque continu les schistes et les quartzites primaires, s'est développée sur ce sol très perméable la splendide forêt de Chênes-lièges de Camp Boulhaut. Nous aurons donc à examiner la forêt en elle-même et les berges de l'oued.

A. Forêt de Camp Boulhaut. — Elle couvre une immense étendue, souvent plus broussailleuse que boisée et qui tire son nom du camp militaire installé à 1 kilomètre de sa marge méridionale. Elle s'étend sur 32 kilomètres de largeur environ depuis le poste jusqu'à l'oued et se poursuit encore d'une manière peu précise sur la rive droite zaër de l'oued Cherrat.

Elle nous apparaît au premier coup d'œil dépourvue de hauts arbres. Le Chêneliège y atteint à peine 4 à 6 mètres, sauf dans les endroits situés très loin des centres habités où les individus de 10 à 12 mètres de hauteur ne sont pas rares.

Malheureusement, la forêt est continuellement saccagée par les indigènes qui coupent les arbres pour la fabrication du charbon, pour la vente des écorces utilisées comme substances tannantes, enfin qui incendient les broussailles pour obtenir aux dépens de la forêt quelques pâturages pour leurs troupeaux. Aussi les arbres demeurent-ils de petite taille, très espacés, et les clairières y sont-elles larges et nombreuses.

Généralement riches, les stations à flore xérophile dominent. Plus rarement, dans quelques dépressions, persiste l'eau des pluies ou celle des petits affluents du grand oued. Nous avons alors de véritables dayas ou des vallées humides en pleine forêt.

α. Stations xérophiles. — Elles sont représentées par les sables, sol ordinaire de la forêt, et par les affleurements ordinairement peu élevés de grès primaire, qui çà et là percent le manteau sablonneux.

Nous signalerons tout d'abord dans les sables :

<table>
<tr><td>

Teesdalia Lepidium D C.
Cistus salvifolius L.
C. monspeliensis L.
Linum tenue Desf.
Ruta chalepensis L.
Cornicina hamosa Boiss.
Ononis cintrana Brot.
O. Schousbœi Coss.

</td><td>

O. antiquorum L.
Erophaca bætica Boiss.
Dorycnopsis Gerardi Boiss.
Myrtus communis L.
Rhus pentaphylla Desf.
Pistacia Lentiscus L.
Scabiosa maritima L.
Eryngium tenue Lam.

</td></tr>
</table>

E. tricuspidalum Vahl.	*Origanum compactum* Benth.
Pulicaria odora Rchb.	*Calamintha bælica* B. et R.
Pallenis spinosa Coss.	*Teucrium fruticans* L.
Lonas inodora Gærtn.	*Anarrhinum pedatum* Desf.
Centaurea Tagana Brot.	*Daphne Gnidium* L.
Carlina racemosa L.	*Quercus suber* L.
Tolpis umbellata Bert.	*Allium pallens* L.
Jasione montana L.	*Corynephorus fasciculatus* B. et R.
Campanula dichotoma L.	*Cynosurus echinatus* L.
Phillyrea media L.	*Gastridium lendigerum* Gaud.
Erythræa Centaurium L.	*Holcus lanatus* L.
Convolvulus Pitardi Batt.	*Trisetum pumilum* Kuth.
Arbutus Unedo L.	*Andropogon hirtus* L.
Lavandula Stœchas L.	*Brachypodium pinnatum* P. B.
L. multifida L.	*Callitris quadrivalvis* Rich.

Sur les grès qui émergent de loin en loin du sol sablonneux et qui forment des massifs de blocs écroulés (*sokrat*), plus ou moins volumineux :

Dianthus lusitanus Brot.	*Asparagus acutifolius* L.
Spergularia Pitardiana Hy.	*Ruscus hypophyllum* L.
Erodium Moureti Pitard.	*Smilax mauritanica* Desf.
Cytisus albidus D C.	*Avena barbata* Brot.
Umbilicus pendulinus D C.	*Lamarckia aurea* Mœnch.
Elæoselinum meoides Koch.	*Andropogon hirtus* L.
Convolvulus siculus L.	*Polypodium vulgare* L.
Lavandula Stœchas L.	*Cheilanthes fragrans* Hook.

β. ***Stations à hygrophiles.*** — Elles sont représentées par les endroits très ombragés de la forêt, les dayas plus ou moins asséchées l'été, enfin par les vasques d'eau stagnante, persistant plus ou moins longtemps pendant les chaleurs de l'été.

Dans les endroits ombragés et humides de la forêt, nous remarquons :

Clematis cirrhosa L.	*Lythrum Salicaria* L.
Anemone palmata L.	*Bryonia dioïca* L.
Sarothamnus gaditanus B. et R.	*Œnanthe apiifolia* Brot.
Ononis porrigens Salzm.	*Rubia peregrina* L.
Trifolium bracteatum Schousb.	*Lonicera implexa* Ait.
Coronilla valentina L.	*Inula viscosa* Ait.
Lavatera Olbia L.	*Scirpus Holoschœnus* L.
Hypericum ciliatum Lam.	*Salix pedicellata* Desf.
H. perforatum L.	*Asplenium Adianthum-nigrum* L.
Rhamnus oleoides L.	*Selaginella denticulata* Lk.
Rosa sempervirens L.	

Les parties marginales asséchées des grandes dayas, ou les petites dayas humides seulement pendant l'hiver, nous offrent une flore particulièrement intéressante pour cette latitude si méridionale. Ce sont :

Helianthemum inconspicuum Thib.
H. macrosepalum Dun.
Elatine Alsinastrum L.
E. campylosperma Seub.
Radiola linoides Gmel.
Hypericum tomentosum L.
Illecebrum verticillatum L.
Lotus hispidus Desf.
Trifolium campestre Schreb.
Glycyrrhiza fœtida Desf.
Psoralea dentata D C.
Scorpiurus vermiculatus L.
Peplis nummulariæfolia Lois.
Eryngium atlanticum Batt. et Pit.
Helosciadium inundatum Koch.
Pulicaria inuloides D C.
Laurentia Michelii D C.
Microcala filiformis H. et L.
Cicendia pusilla Griseb.

Anagallis parviflora H. et L.
Myosotis sicula Guss.
Mentha Pulegium L.
Euphragia viscosa Benth.
Rumex conglomeratus Murr.
Damasonium Bourgæi Coss.
Serapias cordigera L.
Juncus bufonius L.
J. pygmæus Thuil.
J. Tenageia Ehrh.
Scirpus maritimus L.
S. Savii Seb. et M.
Anthoxanthum ovatum Boiss.
Panicum repens L.
Holcus annuus Salzm.
Briza minor L.
Marsilia strigosa Willd.
M. pubescens Ten.
Isoetes velata Br.

Au bord des eaux ou des ruisseaux :

Ranunculus macrophyllus Desf.
Lotus stagnalis B. et T.
Dorycnium rectum D C.
Potentilla reptans L.
Senecio foliosus Salzm.
Erythræa ramosissima Pers.
Samolus Valerandi L.
Scrophularia auriculata L.
Verbena officinalis L.

Euphorbia pubescens Vahl.
Orchis latifolia L.
Juncus acutus L.
Scirpus Holoschœnus L.
Schœnus nigricans L.
Phragmites communis Trin.
Festuca arundinacea Schreb.
Agrostis capillaris Desf.

Enfin les eaux plus ou moins stagnantes nous offrent :

Ranunculus aquatilis L.
R. ophioglossifolius Vill.
Nasturtium officinale R. Br.
Myriophyllum verticillatum L.
M. spicatum L.
Callitriche vernalis Koch.
Lythrum Græfferi Ten.
Lemna minor L.

Typha angustifolia L.
Sparganium ramosissimum Huds.
Potamogeton lucens L.
P. trichoides Cham.
Cyperus distachyus All.
C. longus L.
Glyceria fluitans R. Br.

B. **Vallée de l'oued Cherrat.** — La vallée, souvent très encaissée, de l'oued Cherrat nous fournit la plupart des espèces précédentes. Les arbres, fréquemment difficiles à atteindre sur les pentes, y sont, de même que le revêtement broussailleux, beaucoup plus élevés. Le commet des collines offre les espèces xérophiles de la forêt de Camp Boulhaut, la partie inférieure de la vallée les espèces hygrophiles des stations ombragées déjà mentionnées. Dans les stations fraîches des pentes croissent cepenpant quelques espèces qui doivent atteindre là l'un des points les plus méridionaux de leur aire de distribution :

Ranunculus spicatus Desf.
R. bullatus L.
Cardamine hirsuta L.
Arenaria trinervia L.
A. serpyllifolia L.
Geranium Robertianum L.

G. lucidum L.
G. dissectum L.
Melilotus speciosa D R.
Gymnogramme leptophylla Desv.
Polypodium vulgare L.
Selaginella denticulata Lk., etc.

Enfin, auprès des eaux ou dans les cascades :

Melandrium macrocarpum B. et R.
Lavatera Olbia L.
Coronilla atlantica B. et R.
Lythrum Salicaria L.
Rosa sempervirens L.
Rubus discolor Weihe.
Cratægus oxyacantha L.
Vitis vinifera L.
Galium Aparine L.
Trachelium cæruleum L.

Salvia bicolor Desf.
Mentha rotundifolia L.
Prasium majus L.
Osyris lanceolata H. et S.
Potamogeton fluitans Roth.
Ruscus hypophyllum L.
Arundo Donax L.
Adianthum Capillus-Veneris L.
Equisetum ramosissimum Desf.

En résumé, le peuplement végétal de la forêt de Camp Boulhaut et de l'oued Cherrat est remarquable par la persistance d'une grande quantité d'espèces de l'Europe méridionale et du nord du Maroc, qui atteignent très probablement en ce point la limite la plus méridionale de leur aire de dispersion. On ne les retrouve nulle part ailleurs sur toute l'étendue du territoire de la Chaouïa.

5º RÉGION MARGINALE MÉRIDIONALE : VALLÉE DE L'OUED OUM ER RBIA

La vallée de l'oued Oum er Rbia, que nous avons suivie depuis Dar Chafaï jusqu'en aval de Mechra ben Abou, est absolument dénudée. Les collines qui enserrent son lit sinueux ne présentent que quelques buissons et même le plus souvent des pentes, d'une extrême nudité et d'une aridité désolante.

Les alluvions de la rive droite, toujours à peu près stériles et pierreuses, offrent le même aspect que les régions marginales du Tadla : steppe à graminées avec *Stipa tortilis* et *Avena barbata*. Avec elles :

Reseda Battandieri Pitard.
Helianthemum virgatum Pers.
Cladanthus arabicus Cass.
Atractylis cancellata L.
Ballota hirsuta Benth.
Teucrium collinum Coss.

Thymus maroccanus Ball.
Statice Thouini Viv.
Plantago ovata Forsk.
P. amplexicaulis Cav.
Asphodelus fistulosus L.

Dans les anfractuosités des rochers : *Scrophularia arguta* Sol.

Cette zone à caractère subdésertique semble commencer à 10 kilomètres environ au nord de Mechra ben Abou, où s'arrêtent les dernières moissons, d'ailleurs de bien maigre venue, localisées dans quelques bas-fonds irrigués l'hiver par les pentes voisines.

Auprès de Mechra ben Abou, les berges de l'oued sont constituées par un limon alluvial rougeâtre, haut de 5 à 10 mètres. Il est habité par :

Diplotaxis siifolia Knzl.	*Solanum nigrum* L.
Tamarix africana L.	*Statice Thouini* Viv.
Ammi majus L.	*Atriplex parvifolius* Lowe.
Daucus crinitus Desf.	*Emex spinosa* Camp.
Pulicaria inuloides D C.	*Phragmites communis* Trin.
Amberboa ramosissima Pitard.	*Imperata arundinacea* L.
Inula viscosa Ait.	*Cynodon Dactylon* Rich.
Erythræa ramosissima Pers.	

Auprès de cette flore très appauvrie, on remarque, dans les sables voisins des rives, des types très xérophiles, dont beaucoup ne se rencontrent nulle part ailleurs en Chaouïa :

Carrichtera Vellæ D C.	*Citrullus Colocynthis* Schrad.
Eruca stenocarpa B. et R.	*Cladanthus arabicus* Cass.
Koniga libyca R. Br.	*Calendula ægyptiaca* Pers.
Tribulus terrestris L.	*Salvia ægyptiaca* L.
Fagonia cretica L.	*Plantago ovata* Forsk.
Erodium laciniatum Willd.	*P. amplexicaulis* Cav.
E. guttatum L'Her.	*Schismus calycinus* C. et D R.
Malva parviflora L.	*Penniselum ciliare* Link.
Mesembryanthemum crystallinum L.	*Aristida adscensionis* L.

Cet ensemble, ainsi que l'on peut s'en rendre compte, est bien différent de celui des berges de l'oued Cherrat. Il nous témoigne la proximité de la zone désertique : Marrakech n'est d'ailleurs qu'à une centaine de kilomètres des bords de l'oued Oum er Rbia.

Toutes les considérations qui précèdent nous font concevoir la Chaouïa comme une partie de cette meseta marocaine à flore certainement très homogène, de même que sa constitution géologique. Elle présente trois régions : basse, moyenne et supérieure, à caractères végétatifs assez nettement tranchés, et deux marges, l'une remarquable par la persistance des types hygrophiles de l'Europe méridionale, l'autre par l'apparition de types désertiques. Ainsi que sa situation géographique pouvait le laisser prévoir, la Chaouïa établit donc la transition entre la flore probablement plus franchement hygrophile de Méquinez et de Fez et la végétation certainement très xérophile de la zone désertique méridionale.

STATISTIQUE DU PEUPLEMENT VÉGÉTAL DE LA CHAOUÏA

La liste totale des espèces que nous avons récoltées en Chaouïa atteint le nombre de 850, se répartissant en :

        657 Dicotylédones.
        180 Monocotylédones.
          2 Conifères.
         11 Cryptogames vasculaires.

Ce chiffre est assez faible par rapport à la superficie de la Chaouïa. Cependant, il était facile à prévoir, étant données l'absence de grands accidents de terrain et surtout l'étendue considérable de champs consacrés aux moissons.

Ces 850 espèces se répartissent en 525 genres et 96 familles.

Les familles qui sont le plus abondamment représentées sont, par ordre décroissant :

Légumineuses	107	Joncées	10
Composées	100	Cistinées	9
Graminées	84	Malvacées	9
Ombellifères	40	Convolvulacées	9
Labiées	33	Paronychiées	8
Caryophyllées	31	Plantaginées	8
Crucifères	30	Amaryllidées	8
Renonculacées	18	Orchidées	8
Scrophulariées	18	Gentianées	7
Cypéracées	18	Urticées	7
Liliacées	17	Iridées	7
Boraginées	16	Naïadées	7
Polygonées	13	Papavéracées	6
Euphorbiacées	13	Crassulacées	6
Géraniacées	12	Linées	5
Solanées	12	Lythrariées	5
Rubiacées	11	Valérianées	5
Campanulacées	11	Primulacées	5
Chénopodiacées	11	Asparaginées	5
Plombaginées	10		

Enfin 57 autres familles, représentées par 1 à 4 espèces, forment un total de 111 espèces.

Le tableau précédent nous montre que la Chaouïa est peut-être l'une des seules provinces de l'Afrique du Nord où les Légumineuses se montrent plus nombreuses que les Composées. Nous remarquons aussi une abondance relativement considérable

d'espèces de Caryophyllées, Cypéracées, Polygonées, Campanulacées, Solanées, Jon-
cées, Convolvulacées, etc., et par contre une réduction dans le nombre d'espèces des
Labiées, Crucifères, Scrophulariées, Boraginées, Rubiacées, Cistinées, etc.

Les espèces endémiques du Maroc que nous avons rencontrées en Chaouïa sont au
nombre de 30, chiffre assez faible toujours pour la même raison : absence de stations
botaniques à caractères très tranchés. Elles se répartissent entre les familles suivantes :

Composées	5	Légumineuses	1
Labiées	4	Crassulacées	1
Ombellifères	3	Lythrariées	1
Graminées	3	Campanulacées	1
Résédacées	2	Plombaginées	1
Convolvulacées	2	Thyméléacées	1
Crucifères	1	Amaryllidées	1
Caryophyllées	1	Iridées	1
Géraniacées	1		

Sur ce nombre, 10 sont nouvelles : 7 n'ont pas encore été rencontrées en dehors de
la Chaouïa (de 1 à 7), 3 ont été aussi récoltées par M. Mouret sur la ligne d'étapes de
Rabat à Fez (de 8 à 10). Ce sont :

1. *Reseda Ballandieri* Pitard.
2. *Erodium Moureti* Pitard.
3. *Spergularia Pitardiana* Ily.
4. *Lythrum bicolor* Batt. et Pit.
5. *Amberboa atlantica* Pitard.
6. *A. ramosissima* Pitard.
7. *Convolvulus Pitardi* Batt.
8. *Eryngium atlanticum* Batt. et Pit.
9. *Convolvulus Gharbensis* Batt. et Pit.
10. *Gaudinia maroccana* Trabut.

Les 20 autres sont ou des endémiques septentrionales (5) ou méridionales (15) du
Maroc et que nous signalons pour la première fois en Chaouïa. Parmi les espèces septentrionales :

11. *Ononis Schousboëi* Coss. — Connu par un seul échantillon de Schousboë, des environs de
    Tanger.
12. *Thymelæa lythroides* Bar. et Murb. — Trouvé par Grant dans la forêt de Mamora, cette espèce
    descend au sud de Rabat.
13. *Romulea Engleri* Bég. — Signalé auprès de Tanger.
14. *Ammochloa involucrata* Murb. — Récolté une seule fois auprès de Laroche par Mellerio,
    cette espèce se retrouve à Camp Monod et à Bou Znika.
15. *Poa dimorphantha* Murb. — Trouvé par Mellerio à Rabat et à Casablanca.

Parmi les espèces méridionales :

16. *Malcolmia Broussonneti* Boiss. — Remonte du Maroc méridional et de Mogador jusque
    dans le nord de la Chaouïa.
17. *Reseda tricuspis* Coss. — Distribué depuis Mogador jusqu'à la haute Chaouïa.
18. *Pistorinia brachyantha* Coss. — Remonte du Maroc méridional jusqu'à Casablanca.
19. *Eryngium tenue* Lam. — Se rencontre à Mogador et à Camp Boulhaut.

20. *Sclerosciadium nodiflorum* Schousb. — Décrit sur un échantillon des environs de Mogador,
    il se retrouve en Chaouïa.
21. *Anthemis tenuisecta* Ball. — Du Maroc méridional, il atteint Camp Boulhaut et même Camp
    Monod.
22. *Amberboa maroccana* Bar. et Mur. — Remonte du Maroc méridional, par Mogador, jusqu'à
    Rabat.
23. *Andryala mogadorensis* Coss. — Se retrouve depuis Mogador et Saffi jusqu'au nord de Casa-
    blanca.
24. *Jasione cornuta* Ball. — Remonte du Maroc méridional et de Mogador jusqu'en haute Chaouïa.
25. *Thymus Broussonneti* Boiss. — Remonte du Maroc méridional et de Mogador à travers la
    Chaouïa, où il est vulgaire, jusque sur la ligne d'étapes de Rabat à Fez.
26. *T. maroccanus* Ball. — Distribué dans le Maroc méridional, d'où il remonte jusqu'à la fron-
    tière méridionale de la Chaouïa.
27. *Teucrium collinum* Coss. — S'étend des environs de Mogador à toute la haute Chaouïa.
28. *T. decipiens* Coss. — Même distribution que le précédent.
29. *Statice mucronata* L. f. — Présente des affinités nettement méridionales ; il s'étend sur tout
    le littoral rocheux de la Chaouïa.
30. *Aurelia Broussonneti* J. Gay. — Signalée et décrite à Mogador, cette espèce se retrouve auprès
    de Casablanca.

Dans les diverses régions de la Chaouïa, ces endémiques sont ainsi répartis :

> Basse Chaouïa, n°s 6, 10, 12, 14, 15, 16, 18, 20, 22, 23, 29.
> Moyenne Chaouïa, n°s 9, 17, 18, 25.
> Haute Chaouïa, n°s 4, 5, 9, 17, 24, 25, 27, 28.
> Marge septentrionale, n°s 2, 3, 7, 8, 11, 19, 21.
> Marge méridionale, n°s 1, 6, 26, 27, 28.

C'est donc la région sahelienne qui nous offre le plus de types caractéristiques.
L'Atlas est trop loin pour avoir pu impressionner d'une manière bien positive les collines de la haute Chaouïa. Quant à la moyenne Chaouaï, elle est trop cultivée pour
offrir une flore bien personnelle.

Ce sont donc les sables ou les terrains très légers qui présentent la flore la plus par-
ticulière : 16 endémiques (n°s 6, 7, 8, 11, 12, 13, 14, 15, 16, 18, 19, 20, 21, 22, 23, 30),
puis les rochers et les champs rocailleux : 7 endémiques (n°s 2, 3, 10, 25, 26, 27, 29),
les terres argileuses cultivées : 6 endémiques (n°s 1, 4, 5, 9, 17, 24), enfin la steppe à
Palmiers nains : 3 endémiques (n°s 25, 27, 28).

Nous avons récolté en outre un nombre assez considérable d'espèces nouvelles pour
le Maroc. Parmi les plus intéressantes, nous mentionnerons :

Ranunculus trichophyllus Chaix.	*Lœflingia micrantha* B. et R.
Teesdalia Lepidium D C.	*Elatine Alsinastrum* L.
Dianthus lusitanus Brot.	*E. campylosperma* Scub.
D. virgineus L.	*Ononis breviflora* D C.
Silene Behen L.	*O. variegata* L.
S. portensis L.	*Medicago scutellata* All.
S. pleropleura B. et R.	*Melilotus speciosa* D R.

Trifolium suffocatum L.
T. Michelianum Savi.
T. minus Sm.
Lotus conimbricensis Brot.
Tetragonolobus Requieni F. et M.
Coronilla valentina L.
C. atlantica B. et R.
Hippocrepis Salzmanni B. et R.
Astragalus gryphus C. et D R.
A. câprinus L.
Vicia nigricans M.-Bieb.
V. narbonensis L.
V. peregrina L.
Prunus mahaleb L.
Pirus cordata Desv.
Myriophyllum spicatum L.
M. verticillatum L.
Asperula arvensis L.
Lonas inodora Gærtn.
Chrysanthemum viscosum Coss.
Calendula ægyptiaca Pers.
Centaurea sempervirens L.
C. algeriensis Coss. et D R.
Microlonchus leptolonchus Spach.
Hyoseris scabra L.
Scorzonera hispanica L.
Lobelia urens L.
Cynanchum acutum L.
Myosotis sicula Guss.
Echium sabulicolum Pomel.
E. horridum Batt.
Physalis peruviana L.
Triguera ambrosiaca Cav.
Linaria cirrhosa Willd.
Utricularia vulgaris L.
Salvia viridis L.
Teucrium pseudo-chamæpitys L.
T. spinosum L.
Plantago Bellardi All.
Phytolacca decandra L.
Rumex lacerus Boiss.

Cynomorion coccineum L.
Euphorbia sulcata De Lens.
E. paniculata Desf.
Buxus balearica Willd.
Ceratophyllum demersum L.
C. submersum L.
Damasonium Bourgæi Coss.
Iris Fontanesii G. G.
I. alata Poir.
Romulea Clusiana Lge.
Narcissus Tazetta L.
Orchis lactea Poir.
O. longicornu Poir.
O. coriophora L.
Epipactis latifolia All.
Tulipa Celsiana D C.
Fritillaria oranensis Pomel.
Allium vernale L.
Ruscus aculeatus L.
Juncus Fontanesii Thuill.
J. sphærocarpus Nees.
Biarum Bovei Blume.
Arum Simorrhinum D R.
Lemna polyrhiza L.
Zannichelia repens Bœn.
Z. palustris L.
Potamogeton trichoides C. et S.
P. fluitans Roth.
P. lucens L.
Heleocharis multicaulis Dietr.
Cladium Mariscus R. Br.
C. Durandoi Chab.
Carex hispida Schk.
C. pendula Huds.
Panicum colonum L.
Macrochloa arenaria Knth.
Spartina stricta Roth.
Airopsis globosa Desv.
Scleropoa patens Presl.
Vulpia longiseta Brot.
Brachypodium silvaticum R. et S. Etc., etc.

Enfin, notre exploration de la Chaouïa nous permet déjà d'avoir une idée plus nette de la distribution géographique d'un grand nombre d'espèces au Maroc. Beaucoup n'avaient été collectées qu'au cours des explorations du nord (Schousboë, Webb, Salzmann, etc.) ou du sud du Maroc (Broussonnet, Lowe, J.-D. Hooker, Rein et Fritsch, Balansa, Maw, et les deux indigènes Ibrahim et Mardoché qui herborisèrent pour Cosson). Il était particulièrement intéressant de savoir quelle était la marge méridionale de l'aire de dispersion des premières et les points les plus septentrionaux atteints par les secondes.

Les plantes du sud de l'Europe ou du nord du Maroc abondent en Chaouïa. Leur liste serait trop longue pour que nous puissions songer à l'inscrire dans cette brève préface.

Le Maroc méridional nous fournit comparativement un très petit nombre d'espèces.

Nous pouvons donc conclure avec certitude que si la flore de la Chaouïa présente des analogies avec celle du Maroc méridional, c'est certainement avec la flore septentrionale qu'elle manifeste le plus d'affinités. Ce fait est intéressant à constater, étant donnée la situation géographique de la Chaouïa.

En effet, étant donnée la latitude déjà méridionale de cette province, on peut reconnaître que dans aucune autre partie de l'Afrique du Nord la flore méditerranéenne n'atteint un aussi puissant développement et une marge aussi méridionale.

Cette double constatation est particulièrement pleine de promesses pour l'avenir du puissant effort colonial que nous tentons au Maroc. Les plantes cultivées seront certainement impressionnées de la même façon que les végétaux spontanés.

En outre, la présence d'espèces du sud de l'Europe nous témoigne les relations géologiques relativement récentes entre l'Andalousie et la meseta marocaine, relations si magistralement étudiées par M. Gentil. Tandis que les types d'Andalousie et du Portugal sont encore relativement fréquents en Chaouïa, les types siciliens sont au nombre de quelques unités à peine en Tunisie, localisés dans l'îlot Djamour et les rochers du Cap Bon. Ces espèces siciliennes n'ont pas rencontré en Tunisie l'humidité du climat marocain et sont restées cantonnées sur une très petite surface en Afrique, incapables de survivre, dans leur émigration méridionale, aux rigueurs estivales des plaines de Bir-bou-Rekba et de Kairouan. L'émigration des types de la péninsule ibérique en Mauritanie a donc été favorisée par des conditions climatériques tout à fait particulières, dont n'a pas bénéficié en Numidie l'émigration sicilienne.

En résumé, la flore de la Chaouïa offre une analogie très frappante avec la flore du tell algérien, des rapports moins étroits avec la flore de la péninsule ibérique; enfin, à part notre découverte du *Gaudinia maróccana*, bien peu de rapports avec celles des archipels occidentaux.

On ne peut être surpris des affinités florales de la Chaouïa et du tell algérien. Les deux pays ont des relations de contiguïté trop intimes pour que la composition de leur flore ne soit pas très voisine.

La fin des relations de continuité du Maroc et de la péninsule ibérique est encore trop peu lointaine dans le passé pour que le Maroc, surtout montagneux, n'offre pas d'assez nombreux types espagnols et portugais.

Enfin, l'absence de nombreux points communs entre la flore des Canaries et de la Chaouïa ne saurait fournir un argument en faveur de l'inexistence de l'Atlantide et des relations effectives de cet archipel avec le continent africain. Les îles les plus voisines du Maroc : Lanzarote, Fuerteventura, Graciosa et Alegranza, que nous avons longuement visitées au printemps de 1905, nous offrent très peu d'espèces endémiques. C'est que leur relief est nul, de même que celui de la Chaouïa. Or les vrais endémiques canariens sont généralement des plantes des hauts rochers ou des montagnes. La Chaouïa en est dépourvue. C'est donc l'étude des hauts sommets des massifs de l'Atlas qui donnera définitivement, au point de vue botanique, la solution de cette importante question.

C.-J. PITARD.

LISTE DES ESPÈCES RECUEILLIES

Par M. C.-J. Pitard,

DOCTEUR ÈS SCIENCES,
PROFESSEUR A L'ÉCOLE DE MÉDECINE DE TOURS,
MEMBRE DE LA MISSION SCIENTIFIQUE DE LA SOCIÉTÉ DE GÉOGRAPHIE.

SPERMATOPHYTA (COTYLEDONEÆ)

Par M. C.-J. Pitard.

DICOTYLEDONEÆ

RANUNCULACEÆ Juss.

Clematis Flammula L. *Sp.* 766 ; Batt. et Trab. *Alg.* I, 3.
    Maroc septentrional : *Djebel Kébir, Perdicaris, Semsa.*
Haies et buissons, lisière des forêts.

C. cirrhosa L. *Sp.* 766 ; Batt. et Trab. *Alg.* I, 3.
    Maroc septentrional : *Djebel Kébir, Beni Hosmar* (800 m.).
    Maroc occidental : *El Hank, Camp Boulhaut, Oued Cherrat.*
Buissons, haies, endroits boisés.

Thalictrum glaucum Desf. *Cat. hort. Par.* ed. 1, 123 ; Coss. *Comp. Fl. Atl.* 8.
    Maroc septentrional : *Semsa.*
Endroits herbeux humides, près des haies.

Anemone palmata L. *Sp.* 758 ; Batt. et Trab. *Alg.* I, 5.
    Maroc septentrional : *Djebel Kébir, Djebel Dersa, Cap Spartel.*
    Maroc occidental : *Camp Boulhaut.*
Pâturages et collines herbeuses, au milieu des Cistes.

Adonis autumnalis L. *Sp.* 771 ; Batt. et Trab. *Alg.* I, 6.
    Maroc septentrional : *Aïne Dalia, Bougdour, Ksar Djédid, Souani.*
Bords des champs, moissons.

A. æstivalis L. *Sp.* 771 ; Batt. et Trab. *Alg.* I, 5.
    Maroc occidental : *Casablanca* (Moreau).
Moissons et champs cultivés.

A. microcarpa DC. *Syst.* I, 223.

>> *Var. **dentata*** Coss. et Kral. *Bull. Soc. Bot.* IV, 55 ; Batt. et Trab. *Alg.* I, 5.
>> Maroc occidental : *Ber Rechid.*

> Champs incultes, cultures et moissons.

Ranunculus aquatilis L. *Sp.* 781 ; Batt. et Trab. *Alg.* I, 7.

>> Maroc septentrional : *Sarf, Cherf el Akab, Bougdour, Aïne Dalia, Andjéra, Télouan,*
>> plaine du *Rio Martil.*
>> Maroc occidental : *Bou Azza, Camp Boulhaut.*

> Marais et eaux stagnantes.

R. trichophyllus Chaix in Vill. *Fl. Dauph.* I, 335 ; Batt. et Trab. *Alg.* I, 7.

>> Maroc occidental : *Sidi Feali.*

> Marais et eaux stagnantes profondes.

R. Baudotii Godr. Monogr. 14, f. 4 ; Batt. et Trab. *Alg.* I, 7.

>> . Maroc septentrional : *Tanger, Sarf, Bahrain, Andjéra.*

> Marais, fossés et eaux stagnantes.

R. tripartitus DC. *Icon. pl. Gall. rar.* 15 ; *Batrachium tripartitum* Pres l.

>> Maroc septentrional : *Cap Spartel.*

> Marais et prairies marécageuses.

R. bullatus L. *Sp.* 774 ; Batt. et Trab. *Alg.* I, 10.

>> Maroc septentrional : *Djebel Kébir, Andjéra, Télouan.*
>> Maroc occidental : *Camp Boulhaut.*

> Pâturages ombragés ; collines herbeuses.

R. chærophyllus L. *Sp.* 780; R. flabellatus Desf. *All.* I, 438, t. 114 ; Batt. et Trab. *Alg.* I, 11,

>> Maroc septentrional : *Tanjier el Balia, Aïn Slaoua, Sarf, Djebel Kébir, Hammar, Fondak,*
>> *Andjéra, Bouséja, Télouan, Bou Semlen, Val Tissa* (3-600 m.), *Maraboul de Kithan,*
>> *Oued Zarka.*
>> Maroc occidental : *Casablanca, Dar el Hadj, Bou Skoura, Titmellil, Camp Boulhaut.*

> Pâturages des collines ; endroits incultes argileux.

R. spicatus Desf. *All.* I, 438 ; Batt. et Trab. *Alg.* I, 14.

>> Maroc septentrional : *Bou Bana, Perdicaris, Cap Spartel, Andjéra, Oued Zarka, Val*
>> *Tissa* (500 m.), *Beni Hosmar* (900 m.).
>> Maroc occidental : *Camp Boulhaut :* dans la vallée de l'*oued Cherral.*

> Pâturages, endroits boisés et rocheux humides.

R. macrophyllus Desf. *All.* I, 438 ; Batt. et Trab. *Alg.* I, 10.

>> Maroc septentrional : *Sarf, Aïne Dalia, Andjéra, Djebel Dersa, Bou Semlen   Val Tissa*
>> (500 m.), *Beni Hosmar* (2-800 m.), *Oued Zarka.*
>> Maroc occidental : *Titmellil, Camp Boulhaut* à *El Aioun.*

> Bords des ruisseaux ; endroits herbeux inondés l'hiver.

R. Philonotis Ehrh. *Beitr.* II, 145 ; *R. Sardous* Crantz ; Batt. et Trab. *Alg.* I, 13.

>> Maroc septentrional : *Bou Bana, Arzila, Télouan, Semsa.*
>> Maroc occidental : *Ferme Carlos, Ferme Lamm, Dar Oulad el Abbou, Settal.*

> Endroits inondés l'hiver ; bords des marais.

R. ophioglossifolius Vill. *Dauph.* III, 731 ; Batt. et Trab. *Alg.* I, 12.

>> Maroc septentrional : *Lac Hadjériin, Cherf el Akab.*

Maroc occidental : *Ferme Lamm, Aïne Seba, Camp Boulhaut, Oued Cherrat.*
Endroits herbeux longtemps submergés ; marais.

R. parvifolius L. *Sp.* 780 ; Batt. et Trab. *Alg.* I, 13.
Maroc septentrional : Bac de *Bou Semlen, Semsa, Andjéra, Fondak.*
Endroits herbeux ombragés et humides.

R. muricatus L. *Sp.* 780 ; Batt. et Trab. *Alg.* I, 13.
Maroc septentrional : *Bou Bana, Bou Semlen,* plaine du *Rio Martil.*
Maroc occidental : *Casablanca.*
Endroits inondés l'hiver ; champs incultes, irrigués ou humides.

R. arvensis L. *Sp.* 780 ; Batt. et Trab. *Alg.* I, 13.
Maroc septentrional : *Cherf el Akab, Arzila, Tétouan, Bouséja, Semsa.*
Endroits incultes : moissons.

Ficaria calthæfolia Rchb. *Excurs.* II, 718 ; *F. grandiflora* Rob. ; Batt. et Trab. *Alg.* I, 14.
Maroc septentrional : *Djebel Kébir, Andjéra, Fondak, Semsa, Djebel Dersa* (600 m.),
Bou Semlen, Beni Hosmar (7-900 m.).
Haies et buissons frais ; prairies humides.

Nigella arvensis L. *Sp.* 753 ; Batt. et Trab. *Alg.* I, 18.
Var. Cossoniana Ball *Spic. Fl. Marocc.* 308.
Maroc occidental : *Ber Rechid, Sidi el Aïdi, Sidi el Djilali, Settat, Msahal, Bir Chafaï,
Oued Tamdrost, Sidi Mohammed el Bahloul, Kasbah ben Ahmed, Sidi bou Ali, Si
Senhadj, Bled Oulad Allel, Khemisset, Sidi Barca, Guicer, Djebel Flatin, Ouamra,
Dar Chafaï, Ben Ameida.*
Lieux incultes et surtout dans les moissons.

Nigella Damascena L. *Sp.* 753 ; Batt. et Trab. *Alg.* I, 17.
Maroc septentrional : *Tétouan,* plaine du *Rio Martil.*
Maroc occidental : *Ber Rechid, Bir Chafaï, Dar Oulad Attafi.*
Champs argilo-calcaires en friche ; moissons.

Delphinium pentagynum Lam. *Encycl.* II, 264 ; Batt. et Trab. *Alg.* I, 16.
Maroc septentrional : *Andjéra, Aïne Slaoua.*
Maroc occidental : *Ferme Lamm, Ferme Boule, Dar el Hadj, Oued Bou Skoura.*
Collines broussailleuses ; moissons.

D. halteratum Sibth. et Sm. *Græc.* VI, t. 507 ; Batt. et Trab. *Alg.* I, 16.
Maroc septentrional : *Tanger, Anse Spartel, Tétouan.*
Maroc occidental : *Si Senhadj, Oued Tamdrost.*
Lieux incultes, champs cultivés et moissons.

D. macropetalum DC. *Syst.* I, 350 et *Prodr.* I, 53 ; Batt. et Trab. *Alg.* I, 16.
Maroc occidental : *El Hank, Ferme Carlos, Oued bou Skoura, Médiouna, Sidi bou Ziane,
Ber Rechid, Sidi el Djilali, Settat, Msahal, Bir Chafaï, Bled Oulad Allel, Khemisset,
Sidi Barca, Sidi Mohammed el Bahloul, Kasbah ben Ahmed, Sidi bou Ali, Sidi bou
Zerlan, Ben Ameida, Dar el Hadj Salah, Djebel Flatin, Ouamra, Dar Chafaï, Camp
Boulhaut, Oued Cherrat.*
Lieux incultes, bords des chemins, moissons.

PAPAVERACEÆ Juss.

Papaver somniferum L. *Sp.* 726 ; Batt. et Trab. *Alg.* I, 20.
    Var. **setigerum** Webb *Can.* 1, 58 ; *P. setigerum* DC.
    Maroc septentrional : *Télouan*, plaine du *Rio Martil.*
    Maroc occidental : *Casablanca.*
Endroits incultes et moissons.

P. Rhœas L. *Sp.* 726 ; Batt. et Trab. *Alg.* I, 20.
    Maroc septentrional et occidental : Assez répandu, surtout dans le Nord.
Champs incultes ou cultivés ; moissons.

P. dubium L. *Sp.* 726 ; Batt. et Trab. *Alg.* 1, 21.
    Maroc septentrional : Assez répandu dans les environs de *Tanger, Télouan* et *Arzila.*
    Maroc occidental : *Casablanca, Tilmellil, Ferme Carlos, Ferme Lamm, Sellat, Sidi Moham-*
        med el Bahloul, Kasbah ben Ahmed, Ber Rechid, Sidi el Aïdi, Aïne Seba, Dar ben
        Azouz, Dar el Hadj Salah, Dar el Kébir, Sidi bou Ali, Khemisset, Guicer, Fedhala,
        Camp Boulhaut.
Lieux incultes ; moissons.

P. hybridum L. *Sp.* 725 ; Batt. et Trab. *Alg.* I, 21.
    Maroc septentrional : *Tanger, Télouan, Arzila :* assez répandu.
    Maroc occidental : *El Hank, Ferme Carlos, Aïne Diab, Tilmellil, Oued Bou Skoura,*
        Sellat, Bled Oulad Allel, Bir Jdour, Ber Rechid, Dar Rhammdour, Dar Oulad bou Azza
        Brahim, Guicer, Khemisset, Sidi bou Ali, Dar el Hadj Salah.
Champs et moissons.

Glaucium corniculatum Curt. *Lond.* VI, t. 32 ; Batt. et Trab. *Alg.* I, 22.
    Maroc septentrional : *Souani.*
    Maroc occidental : *Casablanca, Ferme Boule, Dar el Kébir, Ber Rechid, Dar el Hadj*
        Salah, Sellat, Oued Tamdrost.
Champs et moissons.

G. luteum Scop. *Carn.* I, 369 ; Batt. et Trab. *Alg.* I, 22.
    Maroc occidental : *Casablanca, El Hank.*
Sables et graviers littoraux.

FUMARIACEÆ DC.

Fumaria africana Lam. *Encycl.* II, 569 [1786] ; Batt. et Trab. *Alg.* I, 25.
    Maroc septentrional : *Djebel Dersa, Bou Semlen.*
Fissures des rochers frais et ombragés.

F. officinalis L. *Sp.* 984 ; Batt. et Trab. *Alg.* 1, 28.
    Maroc septentrional : *Tanger, Souani, Télouan.*
Endroits incultes ; jardins, champs.

F. densiflora DC. *Cat. Monsp.* 113 [1813] *ex parte* ; Batt. et Trab. *Alg.* I, 28.
    Maroc septentrional : *Télouan*, plaine du *Rio Martil.*
Champs, jardins, cultures diverses.

F. parviflora Lam. *Encycl.* II, 587 ; Batt. et Trab. *Alg.* I, 29.

Maroc occidental : *Casablanca*, entre *Sellal* et *Guicer*.

Endroits incultes, bords des chemins, moissons.

F. capreolata L. *Sp.* 985 ; Batt. et Trab. *Alg.* I, 26.

Maroc septentrional : *Tanger, Bou Bana, Télouan : Caverne des Potiers*.

Maroc occidental : *Camp Boulhaut, Oued Cherrat*.

Endroits incultes, haies, buissons frais.

F. media Lois. *Not.* 102 ; Batt. et Trab. *Alg.* I, 28.

Maroc septentrional : *Télouan : Caverne des Potiers*.

Champs, haies, buissons.

F. agraria Lagas. *Gen. et Sp.* n° 21, 282 ; Batt. et Trab. *Alg.* I, 27.

Maroc septentrional : *Bahrain, Souani, Bouséja*, plaine du *Rio Martil, Arzila*.

Maroc occidental : *El Hank, Sidi Abderrhamane, Tilmellil, Dar el Hadj, Sellal, Si Senhadj, Bir Chafaï, Bir Jdour*.

Endroits incultes ; champs cultivés, moissons.

CRUCIFEREÆ Adans.

Matthiola parviflora R. Br. in *Hort. Kew.* ed. 2, IV, 121 ; Batt. et Trab. *Alg.* I, 74.

Maroc occidental : *Ber Rechid, Sellal, Sidi bou Zerlan, Bir Chafaï, Si Senhadj, Oued Tamdrost*.

Champs et moissons.

Nasturtium officinale R. Br. in *Hort. Kew.* ed. 2, 110 ; Batt. et Trab. *Alg.* I, 79.

Maroc septentrional : *Tanger* et *Télouan :* assez fréquent.

Maroc occidental : *Ferme Lamm, Sidi Abderrhamane, Tilmellil, Oued Bou Skoura, Sellal, Oued Tamdrost, Guicer, Si Rerha, Sidi Feali, Camp Boulhaut*.

Fontaines, marécages et fossés.

Arabis verna R. Br. in *Hort. Kew.* ed. 2, IV, 105 ; Ball *Spic. Fl. Maroc.* 317.

Maroc septentrional : Au-dessus de *Semsa* (400 m.), *Bou Semlen* (300 m.), *Val Tissa* (4-700 m.), *Yarghil* (600 m.).

Rochers herbeux, pelouses ombragées et humides de la région montagneuse.

A. pubescens Poir. *Encycl.* I, 219 ; Batt. et Trab. *Alg.* I, 78.

Maroc septentrional : Versant oriental du *Djebel Dersa* (3-500 m.).

Pentes des montagnes herbeuses, au milieu des Cistes.

Cardamine hirsuta L. *Sp.* 655 ; Batt. et Trab. *Alg.* I, 76.

Maroc septentrional : *Djebel Kébir, Perdicaris, Bou Semlen, Yarghil, Val Tissa* (500 m.) *Semsa*.

Maroc occidental : *Camp Boulhaut :* vallée de l'*oued Cherrat*.

Endroits humides et très ombragés.

Alyssum campestre L. *Sp.* ed. 2, 909 ; Batt. et Trab. *Alg.* I, 48.

Maroc septentrional : *Semsa*.

Maroc occidental : *Sidi el Aïdi, Dar el Kébir, Dar el Hadj Salah, Sellal, Msahal, Bir Chafaï, Bled Oulad Allel, Sidi bou Ali, Guicer*.

Champs en friche, lieux incultes ; steppe à Palmiers nains.

Koniga maritima R. Br. *Obs. pl. collect. Oudney*, 9 ; Batt. et Trab. *Alg.* I, 49.
>> Maroc septentrional : *Djebel Kébir, Tanger, Télouan, Beni Hosmar, Djebel Dersa*, plaine du *Rio Martil.*
>> Maroc occidental : *El Hank.*
> Rochers maritimes, endroits incultes rocailleux.

K. libyca R. Br. *Obs. pl. collect. Oudney*, 8 ; Batt. et Trab. *Alg.* 1, 49.
>> Maroc occidental : *Casablanca, Bou Azza, Bou Znika, Dar Oulad ben Abbou, Fedhala, Sidi el Djilali, Settat, Mechra ben Abou.*
> Sables maritimes, cultures et champs incultes.

Malcolmia littorea R. Br. in *Hort. Kew.* ed. 2, IV, 121 ; Batt. et Trab. *Alg.* I, 70.
>> Maroc septentrional : *Tanger, Anse Spartel, Arzila.*
>> Maroc occidental : *Dar el Hadj, Bou Azza, Oukacha, Pont Blondin.*
> Sables du littoral.

M. Broussonnetii DC. *Syst.* II, 445 et *Prodr.* I, 188 ; *M. lacera* DC. var. *patula*, Ball *Spic. Fl. Maroc.* 322.
>> Maroc occidental : *Casablanca* (Moreau), *Bou Azza, Snadignatt, Bou Skoura, Sidi el Djilali.*
> Sables maritimes et champs sablonneux de l'intérieur.

Sisymbrium officinale Scop. *Fl. Carn.* ed. 2, II, 26 ; Batt. et Trab. *Alg.* I, 68.
>> Maroc septentrional : *Télouan :* porte de *Tanger* et plaine du *Rio Martil.*
> Décombres, bords des chemins, cultures.

S. Irio L. *Sp.* 659 ; Batt. et Trab. *Alg.* I, 67.
>> Maroc septentrional : *Télouan : Caverne des Potiers.*
>> Maroc occidental : *Ber Rechid, Settat, Guicer, Dar Chafaï.*
> Murailles, talus des chemins, champs, lieux incultes.

S. Columnæ Jacq. *Aust. t.* 323 ; Batt. et Trab. *Alg.* I, 66.
>> Maroc occidental : *Bou Znika.*
> Bords des chemins, endroits incultes.

Erucastrum varium DR. in *All. Fl. Alg.* t. 57 [1848]; *Brassica varia* DR. in Duch. *Rev. Bot* II, 434.
>> Maroc septentrional : *Tanger, Souani.*
>> Maroc occidental : *Casablanca,* entre *Dar Chafaï* et *Guicer.*
> Bords des chemins, décombres ; cultures.

Sinapis nigra L. *Sp.* 933 ; *Brassica nigra* Kch. ; Batt. et Trab. *Alg.* I, 59.
>> Maroc septentrional : *Tanger, Souani, Zinet, Télouan, Bouséja.*
>> Maroc occidental : *Casablanca.*
> Bords des chemins, décombres, moissons.

S. alba L. *Sp.* 668 ; Batt. et Trab. *Alg.* I, 53.
>> Maroc septentrional : *Télouan,* plaine du *Rio Martil.*
>> Maroc occidental : *Casablanca, Oued Cherrat.*
> Décombres, cultures, champs en friche.

S. arvensis L. *Sp.* 668 ; Batt. et Trab. *Alg.* I, 54.
>> Maroc septentrional : *Tanger, Souani.*
> Lieux incultes, bords des chemins, champs.

Hirschfeldia adpressa Mœnch *Meth.* 264 ; Batt. et Trab. *Alg.* I, 60.
Maroc occidental : *Ber Rechid, Oued bou Skoura, Sellal à Guicer, Camp Boulhaut.*
Décombres, lieux incultes, bords des chemins.

Brassica Napus L. *Cod. n.* 4852 ; Batt. et Trab. *Alg.* I, 57.
Maroc septentrional : *Tanger, Télouan.*
Maroc occidental : *Casablanca.*
Cultivé et subspontané.

Diplotaxis erucoides DC. *Syst.* II, 631 ; Batt. et Trab. *Alg.* I, 61.
Maroc septentrional : *Bou Bana.*
Maroc occidental : *Casablanca* (Moreau).
Cultures et champs en friche.

D. virgata DC. *Syst.* II, 628 ; Batt. et Trab. *Alg.* I, 61.
Maroc septentrional : *Tanger, Sarf.*
Lieux incultes, bords des chemins.

D. catholica DC. *Syst.* II, 632 ; Ball *Spicil. Fl. Maroc.* 329.
Maroc septentrional : *Djebel Kébir, Sarf, Télouan, Bou Semlen.*
Bords des chemins, lieux incultes.

D. siifolia Kunze ap Willk. *Fl. Hisp. exsic.* [1845] et in *Flora,* 685 ; Ball *Spic. Fl. Maroc.* 329.
Maroc septentrional : *Tanger, Sarf, Bahrain, Cap Spartel, Hammar, Arzila.*
Maroc occidental : *Casablanca, Aïne Diab, El Hank, Tilmellil, Dar el Hadj, Sidi bou Ziane, Médiouna, Oued bou Skoura, Sellal, Mechra ben Abou, Fedhala, Bou Znika, Camp Boulhaut.*
Décombres, bords des chemins, champs en friche, cultures.

D. tenuisiliqua DC. *Ind. Sem. horl. Monsp.* [1847], 7 ; *D. auriculata* DR. *All. Fl. Alg.* 76.
Maroc septentrional : *Télouan, Bouséja.*
Maroc occidental : *Tilmellil, Sellal, Bled Oulad Allel, Oued Tamdrost, Sidi Mohammed el Bahloul, Kasbah ben Ahmed, Guicer, Fedhala.*
Cultures, moissons, bords des chemins.

D. muralis DC. *Syst.* II, 634 ; Batt. et Trab. *Alg.* I, 62.
Maroc septentrional : *Ahouana, Télouan.*
Endroits incultes, talus des chemins.

D. repanda Coss. *Comp. Fl. Atl.*
Maroc occidental : *Mechra ben Abou.*
Endroits sablonneux incultes.

Eruca sativa Lam. *Fl. Fr.* II, 496 ; Batt. et Trab. *Alg.* I, 54.
Var. stenocarpa Coss. ; *E. stenocarpa* Boiss. et Reut. *Pug.* 8.
Maroc occidental : *Mechra ben Abou.*
Lieux incultes sablonneux.

Carrichtera Vellæ DC. *Syst.* II, 641 ; Batt. et Trab. *Alg.* I, 52.
Maroc occidental : *Mechra ben Abou.*
Lieux incultes.

Succovia balearica DC. *Syst.* II, 642 ; Ball *Spic. Fl. Maroc.* 330.
Maroc septentrional : *Télouan, Caverne des Potiers, Beni Hosmar* (7-900 m.).
Buissons et rochers herbeux, dans les endroits frais.

8   MISSION BOTANIQUE.

Capsella bursa-pastoris Mœnch. *Meth.* 271 ; Batt. et Trab. *Alg.* I, 41.
Maroc septentrional : *Télouan, Val Tissa.*
Maroc occidental : *Aïne Diab, Ferme Lamm, Sidi el Aïdi, Ber Rechid, Sellat, Sidi Barca, Msahal, Khemissel.*
Champs, endroits incultes, bords des chemins.

Senebiera Coronopus Poir. *Encycl.* VII, 76 ; Batt. et Trab. *Alg.* I, 42.
Maroc septentrional : *Sarf, Télouan,* plaine du *Rio Marlil.*
Maroc occidental : *Dar el Hadj, Ber Rechid, Sellat, Sidi Mohammed el Bahloul, Oued Tamdrosl, Kasbah ben Ahmed, Bled Oulad Allel, Bir Jdour, Sidi Barca, Si Senhadj, Si Rerha, Guicer, Khemissel, Mechra ben Abou, Bou Znika, Camp Boulhaul.*
Dépressions submergées l'hiver ; lieux incultes humides.

Lepidium sativum L. *Sp.* 644 ; Batt. et Trab. *Alg.* I, 45.
Maroc septentrional : *Tanger, Souani, Télouan.*
Maroc occidental : *Casablanca, Bou Azza, Sellat, Bir Jdour, Sidi Barca, Khemissel.*
Décombres, bords des champs, cultures.

Biscutella apula L. *Mant.* 254 ; Batt. et Trab. *Alg.* I, 38.
Maroc septentrional : *Djebel Kébir, Perdicaris, Bou Bana, Arzila, Andjéra, Fondak, Bouséja, Télouan, Semsa, Val Tissa* (600 m.), *Bou Semlen, Yarghil.*
Maroc occidental : *Aïne Diab, Ferme Lamm, Tihmellil, Oued Bou Skoura, Dar Oulad el Abbou, Dar Rhammdour, Sellat, Bled Oulad Allel, Sir Msahal, Bir Chafaï, Oued Tamdrosl, Sidi Feali.*
Collines incultes, endroits herbeux, steppe à Palmiers nains.

Iberis gibraltarica L. *Sp.* 905 ; Ball *Spic. Fl. Maroc.* 333.
Maroc septentrional : *Val Tissa* (800 m.), *Beni Hosmar* (1000 m.).
Fissures des rochers frais et ombragés de la région montagneuse.

Teesdalia Lepidium DC. *Syst.* II, 392 ; Batt. et Trab. *Alg.* I, 40.
Maroc occidental : *Oued Cherral.*
Alluvions sablonneuses ; lieux découverts et incultes.

Hutchinsia petræa R. Br. in *Hort. Kew.* ed. 2, IV, 258 ; Batt. et Trab. *Alg.* I, 41.
Maroc septentrional : *Djebel Dersa* (600 m.).
Endroits rocailleux humides de la région montagneuse.

Crambe tetuanensis Pitard sp. nov.
Maroc septentrional : *Semsa.*
Éboulis pierreux calcaires, secs et ensoleillés.

Rapistrum rugosum All. *Fl. Ped.* I, 257 ; Batt et Trab. *Alg.* I, 33.
Maroc septentrional : *Bou Bana, Tanger, Sarf.*
Maroc occidental : *Sellat.*
Bords des chemins, décombres, endroits incultes.

Cakile maritima Scop. *Fl. Carn.* ed. 2, II, 35 ; Batt. et Trab. *Alg.* I, 32.
Maroc septentrional : *Tanger : sardinerie.*
Maroc occidental : *Casablanca, Sidi Abderrhamane, Fedhala.*
Dunes et sables maritimes.

Hemicrambe fruticulosa Webb. in *Ann. Sc. Nat.* sér. 3, XVI, 248 ; Ball *Spic. Fl. Maroc.* 366.
Maroc septentrional : *Val Tissa* (800 m.), *Beni Hosmar* (9-1000 m.).

Fissures des rochers frais et ombragés de la région montagneuse.

Raphanus Raphanistrum L. *Sp.* 669 ; Batt. et Trab. *Alg.* I, 31.

    Maroc septentrional : *Télouan.*

    Maroc occidental : *Ferme Carlos, Titmellil, Ber Rechid, Mechra ben Abou.*

Champs cultivés et lieux incultes.

R. sativus L. *Sp.* 935 ; Batt. et Trab. *Alg.* I, 31.

    Maroc septentrional et occidental : cultivé et subspontané.

Champs, pâturages, endroits incultes.

RESEDACEÆ DC.

Reseda alba L. *Sp.* 645 ; Batt. et Trab. *Alg.* I, 83.

    Maroc septentrional : *Télouan,* plaine du *Rio Martil.*

    Maroc occidental : *Casablanca, El Hank, Dar Oulad Attafi, Dar el Hadj, Si Senhadj, Fedhala, Pont Blondin.*

Décombres, bords des chemins, champs cultivés.

R. media Lag. *Nov. Gen. et Sp.* 17 ; Ball *Spic. Fl. Maroc.* 339.

    Maroc septentrional : *Tanger, Djebel Kébir, Cap Spartel ; Marabout de Kithan, Oued Zarka.*

Éboulis rocheux, surtout dans les falaises maritimes.

R. tricuspis Coss. et Bal. in *Pl. Mar.* [1867] et Coss. *Spec. Nov. Maroc.* Bull. Soc. Bot. Fr. XX [1873].

    Maroc occidental : *Ber Rechid, Si Ali Mouley el Haouerra, Sidi el Aïdi, Sellat, Bir Chafaï, Bir Jdour, Oued Tamdrost, Sidi Mohammed el Bahloul, Kasbah ben Ahmed, Bled Oulad Allel, Si Rerha, Guicer, Sidi bou Zerlan, Khemissel, Sidi Feali.*

Moissons, champs incultes.

R. Battandieri Pitard, sp. nov.

Plante annuelle, dressée, haute de 50 centimètres à 1 mètre, à tige unique, élancée, ramifiée dès la base, rameaux étalés, allongés. Feuilles longues de 3 à 5 centimètres, larges de 1 millimètre à 1^{mm},5, linéaires-lancéolées, entières, glabres. Inflorescences en grappes longues de 10 à 40 centimètres, très effilées et étroites ; pédicelles longs de 3 à 4 millimètres, d'abord dressés, étalés lors de la fructification. Sépales 6, lancéolés, obtus, courts ; pétales 6, dont 4 longs de 3 millimètres, lancéolés, entiers, et 2 longs de 2^{mm},5, trilobés, blancs. Étamines 12-14, bien plus courtes que les pétales ; anthères jaunes. Styles et stigmates 4. Capsule globuleuse, haute et large de 2 millimètres, surmontée des 4 styles légèrement accrus. Graine haute et large de 0^{mm},5, subréniforme, à testa brun et brillant.

Cette espèce, remarquable par ses grappes très longues et très étroites, doit être rangée auprès des types à feuilles entières et à ovaire tétramère. Elle s'en différencie par sa végétation annuelle, son port spécial et surtout par ses fruits globuleux.

    Maroc occidental : *Dar Chafaï, Sidi Feali, Mechra ben Abou.*

Moissons et steppe aride.

R. luteola L. *Sp.* 643 ; Batt. et Trab. *Alg.* I, 86.
> Maroc septentrional : *Andjéra, Aïn Slaoua, Ksar Djédid, Bouséja.*
> Maroc occidental : *Bou Azza, Ferme Lamm, Fedhala.*
Bords des chemins, friches, cultures.

Astrocarpus Clusii J. Gay in Schultz *Arch.* 33 ; Batt. et Trab. *Alg.* I, 82.
> Maroc septentrional : Bords du *lac Hadjériin, Aïne Dalia Srira, Bougdour,* versant
> méridional du *Djebel Darziro.*
Endroits arides, surtout sablonneux.

CISTACEÆ Juss.

Cistus albidus L. *Sp.* 737 ; *C. polymorphus* Willk. var. *incanus* Batt. et Trab. *Alg.* I, 88.
> Maroc septentrional : *Djebel Dersa, Semsa, Andjéra.*
Pentes des collines pierreuses et très sèches.

C. crispus L. *Sp.* 738 ; Batt. et Trab. *Alg.* I, 89.
> Maroc septentrional : *Djebel Kébir, Cherf el Akab, Hammar, Djebel Darziro,* près *Arzila.*
Pentes des collines pierreuses et broussailleuses.

C. monspeliensis L. *Sp.* 738 ; Batt. et Trab. *Alg.* I, 89.
> Maroc septentrional : *Cherf el Akab, Djebel Darziro, Semsa, Djebel Dersa, Oued Zarka.*
> Maroc occidental : *Mechra bou Acheb,* vallée de l'*Oued Nefilikr, Camp Boulhaut, Oued
> Cherrat.*
Collines arides et broussailleuses.

C. salvifolius L. *Sp.* 738 ; Batt. et Trab. *Alg.* I, 90.
> Maroc septentrional : *Djebel Kébir, Hammar, Cherf el Akab, Djebel Dersa, Semsa,
> Oued Zarka, Fondak, Andjéra.*
> Maroc occidental : Vallée de l'*Oued Nefilikr, Camp Boulhaut, Oued Cherrat.*
Collines broussailleuses très sèches.

C. populifolius L. *Sp.* 736 ; Ball *Spic. Fl. Maroc.* 343.
> Maroc septentrional : *Djebel Kébir, Cap Spartel, Djebel Darziro.*
Collines broussailleuses sèches.

C. ladaniferus L. *Sp.* 737 ; Batt. et Trab. *Alg.* I, 90.
> Maroc septentrional : *Djebel Kébir, Djebel Dersa, Marabout de Kithan.*
Collines très sèches et broussailleuses.

Helianthemum Libanotis Willd. *Enum.* 570 ; Ball *Spic. Fl. Maroc.* 343.
> Maroc septentrional : *Anse Spartel,* vers *Arzila.*
Pentes des collines maritimes broussailleuses.

H. umbellatum Mill. *Dict.* nº 5 ; Batt. et Trab. *Alg.* I, 91.
> Maroc septentrional : *Djebel Dersa,* près du cimetière juif de *Tétouan.*
Collines calcaires broussailleuses.

H. halimifolium Pers. *Syn.* II, 75 ; *Halimium halimifolium* Willk. ; Batt. et Trab. *Alg.* I, 91.
> Maroc septentrional : *Djebel Dersa, Djebel Kébir, Bou Bana, Cherf el Akab, Djebel
> Darziro, Hammar.*
>> **Var. lasiocalycinum** Ball *Spic. Fl. Maroc.* 344 ; *H. hirsutissimum* Willk.
> Maroc septentrional : *Djebel Kébir.*
Collines arides, surtout littorales.

H. Tuberaria Mill. *Dict.* n° 10 ; Batt. et Trab. *Alg.* I, 92.

Maroc septentrional : *Djebel Kébir, Cap et Anse Spartel*, rives du *lac Hadjériin*, près *Arzila, Andjéra, Djebel Dersa, Oued Zarka, Marabout de Kithan.*

Collines broussailleuses sèches, surtout sablonneuses.

H. macrosepalum Dun. ap Salzm. *Pl. exsicc.* ; Batt. et Trab. *Alg.* I, 93.

Maroc septentrional : *Djebel Kébir, Bou Bana, Cap et Anse Spartel*, rives du *lac Hadjériin, Cherf el Akab, Arzila, Fondak, Andjéra, Djebel Dersa, Oued Zarka, Marabout de Kithan.*

Maroc occidental : *Si Abd en Naimi, Oued bou Skoura, Sidi bou Ziane, Médiouna, Sidi el Arbi, Camp Boulhaut.*

Pâturages arides et sablonneux ; steppe à Palmiers nains.

H. inconspicuum Thib. in Pers. *Syn.* II, 77 ; DC. *Prodr.* I, 271.

Maroc occidental : *Aïne Diab, Dar Rhamndour, Si Abd en Naimi, Camp Boulhaut.*

Endroits herbeux et sablonneux ; steppe à Palmiers nains.

H. echioides Pers. *Ench.* 2, 77.

Maroc occidental : *Dar Oulad ben Abbou, Si Abd en Naimi, Oued bou Skoura, Aïne Diab.*

Lieux arides ; steppe à Palmiers nains.

H. niloticum Pers. *Syn.* II, 78 ; Batt. et Trab. *Alg.* I, 94.

Maroc septentrional : *Bouséja*, plaine du *Rio Martil* à *Télouan.*

Maroc occidental : *Aïne Diab, El Hank, Tilmellil, Bou Azza, Dar el Hadj, Dar Rhamndour, Si Abd en Naimi, Oued bou Skoura, Sellat, Msahal, Bled Oulad Allel, Oued Tamdrost, Sidi Mohammed el Bahloul, Kasbah ben Ahmed, Guicer, Sidi bou Zerlan, Dar Oulad ben Abbou, Dar Chafaï, Camp Boulhaut, Oued Cherral.*

Champs en friche, lieux-arides ; steppe à Palmiers nains.

H. ægyptiacum Mill. *Dict.* n° 23 ; Batt. et Trab. *Alg.* I, 95.

Maroc occidental : *Aïne Diab, Bou Azza Tilmellil, Sidi bou Ziane, Médiouna, Dar Rhamndour.*

Endroits arides ; steppe à Palmiers nains.

H. salicifolium Pers. *Syn.* II, 78 ; Batt. et Trab. *Alg.* I, 94.

Maroc septentrional : *Bouséja*, plaine de *Télouan.*

Maroc occidental : *Si Senhadj, Dar Rhamndour ben Habib.*

Collines arides et dénudées ; steppe à Palmiers nains.

H. virgatum Pers. *Syn.* II, 79 ; Batt. et Trab. *Alg.* I, 100.

Maroc occidental : *Sellat, Bir Chafaï, Oued Tamdrost, Sidi Mohammed el Bahloul. Kasbah ben Ahmed, Dar Chafaï, Sidi Feali, Mechra ben Abou.*

Collines très sèches et très arides ; steppe à Palmiers nains.

Fumana glutinosa Boiss. *Or.* I, 449 ; Batt. et Trab. *Alg.* I, 102, et sa **var. viridis** Ball *Spic, Fl. Maroc.* 348.

Maroc septentrional : *Bou Bana, Cherf el Akab, Djebel Darziro, Bouséja, Semsa, Andjéra, Fondak.*

Pentes des collines arides et broussailleuses.

F. lævipes Spach. *Ann. Sc. Nat.* sér. 2, VI, 359 ; Batt. et Trab. *Alg.* I, 101.

Maroc septentrional : *Télouan, Djebel Dersa, Semsa, Andjéra.*

Fentes des rochers et collines pierreuses arides.

VIOLACEÆ Juss.

Viola odorata L. *Sp.* 1324 ; Batt. et Trab. *Alg.* I, 103.
    Maroc septentrional : *Semsa* (200 m.), *Val Tissa* (800 m.), *Djebel Dersa* (600 m.), *Beni Hosmar* (900 m.).
    Endroits ombragés et humides de la zone montagneuse.

V. arborescens L. *Sp.* 1325 ; Batt. et Trab. *Alg.* I, 1304.
    Var. serratifolia DC. *Prodr.* I, 299 ; *V. suberosa* Desf. *Fl. Atl.* 313.
    Maroc septentrional : *Cap Spartel, Djebel Dersa, Semsa, Andjéra, Oued Zarka, Maraboul de Kithan.*
    Collines broussailleuses.

POLYGALACEÆ Juss.

Polygala rosea Desf. *Fl. Atl.* II, 128 ; Ball *Spic. Fl. Maroc.* 350.
    Maroc septentrional : *Djebel Kébir, Cap Spartel, Andjéra, Djebel Dersa,* au-dessus de *Semsa, Oued Zarka, Maraboul de Kithan.*
    Collines incultes, au milieu des Bruyères et des Cistes.

P. monspeliaca L. *Sp.* 702 ; Batt. et Trab. *Alg.* I, 106.
    Maroc septentrional : *Mnimacada, Ahouana à Zinel, Andjéra.*
    Pentes herbeuses des collines sèches.

P. Webbiana Coss. in *Bull. Soc. Bot. Fr.* XX, 240 ; Ball *Spic. Fl. Maroc.* 351.
    Maroc septentrional : *Djebel Dersa* (600 m.), au-dessus de *Semsa* (400 m.), *Bou Semlen* (300 m.), *Val Tissa* (4-600 m.), *Beni Hosmar* (9-1 200 m.).
    Fissures des rochers humides de la zone montagneuse.

FRANKENIACEÆ St-Hil.

Frankenia pulverulenta L. *Sp.* 332 ; Batt. et Trab. *Alg.* I, 107.
    Maroc occidental : *Casablanca, Bou Znika, Fedhala.*
    Terrains inondés l'hiver, surtout dans la zone littorale.

F. hirsuta L. *Sp.* 333 ; Batt. et Trab. *Alg.* I, 107.
    Et sa *var. velutina* Ball *Spic. Fl. Maroc.* 353 ; *F. velutina* DC.
    Maroc septentrional : *Cap Spartel.*
    Maroc occidental : *El Hank, Aïne Diab, Sidi Abderrhamane, Oukacha, Bou Azza, Dar Oulad ben Abbou, Fedhala, Bou Znika.*
    Lieux rocheux ou sablonneux de la zone maritime.

F. lævis L. *Sp.* 331 ; Batt. et Trab. *Alg.* I, 108.
    Maroc septentrional : *Cap Spartel.*
    Maroc occidental : *Dar Oulad el Abbou, Bou Znika, Camp Boulhaut.*
    Endroits incultes rocheux ou sablonneux, surtout dans la zone maritime.

F. corymbosa Desf. *Atl.* I, 315 ; Batt. et Trab. *Alg.* I, 108.
    Maroc occidental : entre *Sidi Feali* et *Mechra ben Abou.*
    Steppe très aride, sèche et ensoleillée.

CARYOPHYLLEÆ Juss.

Dianthus lusitanus Brot. *Fl. Lusit.* II, 177 ; Ball *Spic. Fl. Maroc.* 354.
>   Maroc occidental : *Camp Boulhaut.*
>   Fissures des rochers gréseux, au milieu du camp.

D. virgineus L. *Sp.* 590 ; Ball *Spic. Fl. Maroc.* 354; Batt. et Trab. *Alg.* I, 146.
>   Maroc occidental : *Sidi Abderrhamane.*
>   Falaises calcaires arides.

Tunica compressa Fisch. et Mey. *Ind. IV^{tus} sem. hort. Petrop.* 50 ; *Dianthella compressa*
Claus. ; Batt. et Trab. *Alg.* I, 143.
>   Maroc occidental : *Sidi bou Ziane, Médiouna, Sellat, Bir Chafaï, Bled Oulad Allel, Sidi*
>   *Mohammed el Bahloul, Kasbah ben Ahmed, Sidi bou Zerlan, Guicer, Si Rerha, Djebel*
>   *Flatin, Ouamra, Dar Chafaï.*
>   Endroits pierreux arides ; steppe à Palmiers nains.

Saponaria Vaccaria L. *Sp.* 585 ; Batt. et Trab. *Alg.* I, 142 ; *Vaccaria parviflora* Mœnch.
>   Maroc occidental : *El Hank, Aïne Diab, Bou Azza, Tilmellil, Oued bou Skoura, Ber*
>   *Rechid, Sidi el Aïdi, Sellat, Bir Jdour, Bir Chafaï, Msahal, Oued Tamdrost, Sidi*
>   *Mohammed el Bahloul, Kasbah ben Ahmed, Sidi bou Ali, Dar el Hadj Salah, ben*
>   *Ameida, Sidi Barca, Khemisset.*
>   Endroits incultes, champs en friche et surtout moissons.

Silene inflata Sm. *Fl. Brit.* II, 467 ; Batt. et Trab. *Alg.* I, 129.
>   Maroc septentrional : *Tanger, Mnimacada, Arzila.*
>   Maroc occidental : *El Hank, Tilmellil, Bou Azza, Oued bou Skoura, Si Abd en Naimi,*
>   *Médiouna, Ber Rechid, Sidi el Aïdi, Sellat, Bir Chafaï, Bir Jdour, Oued Tamdrost,*
>   *Sidi bou Ali, Dar el Hadj Salah, Sidi Mohammed el Bahloul, Kasbah ben Ahmed, Dar*
>   *el Kébir.*
>   Champs cultivés et friches, moissons.

S. tridentata Desf. *Atl.* I, 349 ; Batt. et Trab. *Alg.* I, 130.
>   Maroc occidental : *Ber Rechid, Médiouna, Sellat, Sidi el Aïdi, Bir Chafaï, Bir Jdour,*
>   *Msahal, Bled Oulad Allel, Sidi Mohammed el Bahloul, Kasbah ben Ahmed, Sidi bou*
>   *Ali, Guicer.*
>   Bords des champs, moissons.

S. gallica L. *Sp.* 595 ; Batt. et Trab. *Alg.* I, 132.
>   Maroc septentrional : *Anse Spartel, Arzila, Tétouan,* plaine du *Rio Martil, Oued Zarka,*
>   *Marabout de Kithan.*
>   Maroc occidental : *Casablanca, El Hank, Aïne Diab, Ferme Lamm, Aïne Seba, Ferme*
>   *Boule, Sidi Abderrhamane, Bou Azza, Tilmellil, Sidi bou Ziane, Médiouna, Bou*
>   *Skoura, Si Abd en Naimi, Dar Rhamndour, Fedhala, Camp Boulhaut.*
>   Moissons, cultures, friches.

S. disticha Willd. *Enum.* 476 ; Batt. et Trab. *Alg.* I, 132.
>   Maroc occidental : *Camp Boulhaut.*
>   Champs herbeux incultes.

S. nocturna L. *Sp.* 595 ; Batt. et Trab. *Alg.* I, 132.

Maroc septentrional : *Andjéra, Télouan*, plaine du *Rio Martil.*

Maroc occidental : *Casablanca, Aïne Diab, Ber Rechid, Sellat, Bir Chafaï, Msahal, Bled Oulad Allel, Oulad Saïd, Sidi el Aïdi, Khemissel.*

Champs incultes et cultivés ; moissons.

S. imbricata Desf. *Fl. Atl.* I, 349 ; Batt. et Trab. *Alg.* I 133.

Maroc septentrional : *Tanger, Souani.*

Endroits herbeux incultes et sablonneux.

S. micropetala Lag. *Gen. et Sp.* n° 190.

Maroc occidental : *Casablanca, El Hank, Oukacha, Sidi Abderrhamane, Tilmellil, Dar el Hadj, Ferme Carlos, Aïne Diab, Ferme Boule, Médiouna, Sidi bou Ziane, Si Abd en Naimi, Oued bou Skoura.*

Moissons ; surtout abondant auprès du littoral.

S. apetala Willd. *Sp.* II, 703 ; Batt. et Trab. *Alg.* I, 134.

Maroc septentrional : *Télouan :* porte de *Tanger* et plaine du *Rio Martil.*

Maroc occidental : *Ber Rechid, Médiouna, Sidi el Djilali, Sellat, Msahal, Bir Chafaï, Bled Oulad Allel, Dar el Kébir, Bir Jdour, Oued Tamdrost, Khemissel.*

Bords des chemins, champs incultes, moissons.

S. setacea Viv. *Fl. Libyc.* 23, tab. 12, fig. 2 ; Batt. et Trab. *Alg.* I, 134.

Maroc occidental : *Sellat, Bled Oulad Allel, Oulad Saïd, Bir Jdour, Msahal, Dar Rhamndour, Dar el Kébir, Oued Tamdrost, Camp Boulhaut, Oued Cherrat.*

Moissons, champs herbeux incultes; steppe à Palmiers nains.

S. glauca Pourr. in *Elench. hort. Madril.* [1803] ; Batt. et Trab. *Alg.* I, 133.

Maroc septentrional : *Semsa*, plaine du *Rio Martil.*

Maroc occidental : *Casablanca, El Hank, Ferme Carlos, Sidi Abderrhamane, Tilmellil Dar Oulad ben Abbou.*

Champs cultivés et friches, moissons, endroits herbeux incultes.

S. mogadorensis Coss. *inéd.*

Maroc septentrional : Falaises du *Marchand*, à *Tanger.*

Éboulis des falaises maritimes.

S. colorata Poir. *Voy.* II, 163 ; Batt. et Trab. *Alg.* I, 134.

Maroc septentrional : *Tanger, Bou Bana, Zinet, Télouan*, plaine du *Rio Martil, Oued Zarka.*

Bords des chemins, champs incultes, cultures.

S. Behen L. *Sp.* 559 ; DC. *Prodr.* I, 368.

Maroc occidental : *Sidi Barca, Khemissel.*

Moissons.

S. rubella L. *Sp.* 600 ; Batt. et Trab. *Alg.* I, 137.

Maroc septentrional : *Tanger, Télouan, Zinet.*

Maroc occidental : *Sellat, Khemissel.*

Champs incultes, jardins, moissons.

S. Portensis L. *Cod.* n. 3263 ; Gren. et Grodr. *Fl. Fr.* I, 211.

Maroc septentrional : *Casablanca, Sidi el Djilali.*

Endroits sablonneux arides et ensoleillés.

S. inaperta L. *Sp.* 600 ; Ball *Spic. Fl. Maroc.* 360.

Maroc septentrional : Rives du lac *Hadjériin*.

Endroits sablonneux arides

S. pteropleura Boiss. et Reut. *Pug.* 18 ; Batt. et Trab. *Alg.* I, 134.
Maroc occidental : *El Hank, Sellal, Bir Chafaï, Bir Jdour, Dar el Hadj Salah*, entre *Sellal* et *Guicer*.
Champs incultes, surtout abondant dans les moissons.

S. muscipula L. *Sp.* 601 ; Batt. et Trab. *Alg.* I, 136.
Maroc occidental : *Ber Rechid, El Hank, Bou Azza, Médiouna, Sidi el Djilali, Msahal, Bled Oulad Allel, Oued Tamdrost, Kasbah ben Ahmed, Sidi bou Ali, Bir Chafaï, Dar el Hadj Salah*, entre *Sellal* et *Guicer*.
Bords des champs et des pistes ; moissons.

S. rosulata Soy.-Will et Godr. *Monogr.* 50 ; Batt. et Trab. *Alg.* I, 139.
Maroc septentrional : *Djebel Kébir, Perdicaris*.
Fissures des rochers des falaises maritimes.

S. tomentosa Otth. in DC. *Prodr.* 1, 383 ; Ball *Spic. Fl. Maroc.* 361 ; *S. gibraltarica* Boiss.
Maroc septentrional : *Semsa*.
Fissures des rochers calcaires ensoleillés.

Eudianthe læta Fenzl. ap Endl. *Gen. Suppl.* II, 78 ; Batt. et Trab. *Alg.* I, 141 ; *Silene læta* A. Br.
Maroc septentrional : *Cap Spartel*, rives du lac *Hadjériin, Cherf el Akab*.
Endroits herbeux marécageux ; bords des ruisseaux.

E. Cœli-rosa Fenzl. ap. Engl. *Gen. Suppl.* II, 78 ; Batt. et Trab. *Alg.* I, 140 ; *Silene Cœli-rosa* A. Br.
Maroc occidental : *Ferme Boule, Tilmellil, Dar el Hadj, Médiouna, Sidi bou Ziane Oued bou Skoura, Si Abd en Naimi, Sellat*.
Lieux herbeux arides ; steppe à palmiers nains.

Viscaria Lagrangei Coss. *Bull. Soc. bot. Fr.* XX [1873] ; *Agrostemma parviflora* Schousb.
Maroc septentrional : *Djebel Kébir*.
Endroits très humides des collines broussailleuses, au milieu des Cistes.

Lychnis macrocarpa Boiss. *Voy. Esp.* 722 ; *Melandrium macrocarpum* Willk. ; Batt. et Trab. *Alg.* I, 141.
Maroc septentrional : *Djebel Kébir*.
Maroc occidental : *Sidi Abderrhamane, Tilmellil, Oued Cherrat*.
Haies, broussailles, dans les endroits humides.

L. diurna Sibth. *Fl. Or.* 145 ; *L. silvestris* DC.
Maroc septentrional : *Djebel Kébir*.
Endroits broussailleux, haies.

Mœnchia erecta Gærtn. *Fl. Well.* II, 219.
Maroc septentrional : *Bou Bana, Hammar, Cap Spartel*.
Gazons humides, dans les endroits sablonneux.

Cerastium glomeratum Thuill. ; Batt. et Trab. *Alg.* I, 149.
Maroc septentrional : *Bou Bana, Djebel Kébir, Zinel, Andjéra*.
Maroc occidental : *Bir Jdour, Oued Cherrat*.
Champs cultivés et friches.

C. brachypetalum Desp. in Pers. *Syn.* I, 520.
>   Maroc septentrional : *Bou Semlen, Val Tissa* (400 m.), *Yarghil.*
>   Maroc occidental : *Tilmellil, Oued Cherral.*
> Pentes des collines herbeuses, champs incultes et cultivés.

C. siculum Guss. *Syn. Sic.* I, 107 ; Batt. et Trab. *Alg.* I, 148.
>   Maroc septentrional : *Djebel Kébir, Semsa.*
> Pelouses et endroits sablonneux.

Stellaria media Vill. *Hist. pl. Dauph.* III, 615 ; Batt. et Trab. *Alg.* I, 151.
>   Maroc septentrional : *Bougdour, Oued Zarka.*
>   Maroc occidental : *Casablanca.*
> Endroits herbeux humides et ombragés ; jardins.

Arenaria serpyllifolia L. *Sp.* 423 ; Batt. et Trab. *Alg.* I, 152.
>   Maroc septentrional : *Andjéra, Semsa.*
>   Maroc occidental : vallée de l'*oued Cherral.*
> Endroits herbeux frais et ombragés.

A. emarginata Brot. *Fl. Lus.* II, 202 ; *A. rosea* Salzm. *exsicc.*
>   Maroc septentrional : *Bou Bana, Médiouna, Cap Spartel,* rives du lac *Hadjériin, Cherf el
>   Akab, Djebel Darziro, Bougdour, Semsa.*
> Endroits herbeux découverts, pentes des collines arides, sables incultes.

A. spathulata Desf. *Fl. All.* I, 358 ; Ball *Spic. Fl. Maroc.* 364.
>   Maroc septentrional : *Hammar, Djebel Kébir, Souani, Zinel, Semsa, Val Tissa* (800 m.),
>   *Bou Semlen.*
> Champs argileux, cultures.

A. fallax Batt. in *Bull. Soc. Bot. Fr.* [1912].
>   Maroc septentrional : *Bou Bana.*
> Alluvions argileuses incultes.

A. trinervia L. *Sp.* 605 ; Batt. et Trab. *Alg.* I, 151.
>   Maroc septentrional : *Djebel Kébir, Oued Zarka.*
>   Maroc occidental : *Camp Boulhaut, Oued Cherral.*
> Endroits sablonneux très ombragés et frais.

Alsine procumbens Fenzl. ap. Endl. *Gen.* n° 965 ; Batt. et Trab. *Alg.* I, 154
>   Maroc septentrional : *Cap el Anse Spartel, Arzila, Djebel Dersa.*
>   Maroc occidental : *El Hank, Aïne Diab, Bou Azza.*
> Collines incultes ; sables maritimes.

A. tenuifolia Crantz *Inst.* II, 407 ; Batt. et Trab. *Alg.* I, 155.
>   Maroc septentrional : *Semsa, Andjéra, Val Tissa* (400 m.).
> Éboulis herbeux et ombragés.

Sagina maritima Don. in *Engl. Bot.* tab. 2195 ; Batt. et Trab. *Alg.* I 155.
>   Maroc septentrional : *Hammar.*
> Sables de la zone maritime.

S. apetala Ard. *Specim. aller.* 22, tab. 8, fig. 1 ; Batt. et Trab. *Alg.* I, 158.
>   Maroc septentrional : *Tanger, Sarf, Cap Spartel.*
> Bords des chemins, champs incultes.

S. procumbens L. *Sp*. 128 ; Batt. et Trab. *Alg*. 157.
> Maroc septentrional : *Cap Spartel, Bou Bana*, rives du lac *Hadjériin.*
> Maroc occidental : *Oukacha.*
> Bords des chemins ; pelouses sablonneuses.

Spergula arvensis L. *Sp*. 440 ; Batt. et Trab. *Alg*. 159.
> Maroc septentrional : *Djebel Kébir, Cherf el Akab, Tétouan*, plaine du *Rio Marlil.*
> Maroc occidental : *Casablanca* (Moreau).
> Endroits herbeux incultes ; champs.

Spergularia Pitardiana Hy sp. nov., in *Journ. de Bot.* [1912].

Souche ligneuse volumineuse, étalée sur les rochers, large de 2-8 centimètres, couverte de nodosités sur sa face supérieure, émettant des rameaux longs de 5-12 centimètres, filiformes, dressés, offrant 12-30 nœuds épais. Stipules scarieuses, longuement acuminées, presque égales ou dépassant les entre-nœuds supérieurs ; feuilles longues de 6-12 millimètres, filiformes, arquées. Inflorescences à pédicelles longs de 6-10 millimètres, filiformes, à bractées courtes. Sépales longs de 3 millimètres, lancéolés, obtus ; pétales dépassant le calice, roses ; étamines 10 ; styles libres. Capsule incluse, graines aptères, hautes de $0^{mm},5$, brunes, très finement papilleuses. Plante vivace, glabre, à partie supérieure seulement glanduleuse.

Cette espèce forme à elle seule, dans le tableau du genre que vient de publier M. l'abbé Hy, une série distincte qu'il appelle *Spergulariæ tuberosæ*. Son énorme souche tubériforme l'éloigne en effet manifestement de toutes les espèces actuellement connues.

> Maroc occidental : *Camp Boulhaut (Sokral en Nemra).*
> Fissures des rochers siliceux.

S. marginata Boiss. *Fl. Or.* I, 733 ; *S. media* Pers. ; Batt. et Trab. *Alg.* I, 161.
> **Var**. **crassa** Hy in *Journ. de Bot.* [1912].
> Maroc septentrional : *Tanger.*
> Sables de la région maritime.

S. fimbriata Boiss. et Reut. *Diagn. Pl. Or.* sér. 2, I, 94.
> Maroc septentrional : *Tanger.*
> Maroc occidental : *Casablanca, El Hank, Aïne Diab, Tilmellil, Dar Oulad ben Abbou, Oued bou Skoura, Si Abd en Naimi, Sellal* à *Guicer.*
> Endroits humides et incultes.

S. rubra Pers. *Syn.* I, 504 ; Batt. et Trab. *Alg.* I, 160.
> Maroc septentrional : *Sarf, Cap Spartel.*
> Maroc occidental : *El Hank, Aïne Seba, Dar Oulad ben Abbou, Oued bou Skoura, Sidi el Djilali, Mechra ben Abou.*
> Endroits incultes, cultures, moissons.

S. diandra Heldr. *Pl. Græc. exsicc.* ; Batt. et Trab. *Alg.* I, 160.
> Maroc occidental : *El Hank, Bou Znika.*
> Sables du littoral, moissons.

PARONYCHIEÆ St-Hil.

Polycarpon tetraphyllus L. *Sp.* 131 ; Batt. et Trab. *Alg.* I, 160.

> Maroc septentrional : *Souani, Bahrain, Sarf.*
> Maroc occidental : *Casablanca, El Hank, Aïne Diab, Bou Azza, Tilmellil, Bou Skoura, Ber Rechid, Si Abd en Naimi, Sidi el Djilali, Sellat, Msahal, Bir Chafaï, Bled Oulad Allel, Oued Tamdrost, Si Senhadj, Mechra ben Abou, Fedhala, Pont Blondin.*
> Décombres, bords des chemins, cultures.

Lœflingia micrantha Boiss. et Reut. *Pug.* 23.

> Maroc septentrional : Entre le lac *Hadjériin* et l'Océan.
> Sables de la région littorale.

L. hispanica L. *Sp.* 50 ; Batt. et Trab. *Alg.* I, 162.

> Maroc occidental : *El Hank, Aïne Diab, Bou Azza, Tilmellil, Oued bou Skoura, Ber Rechid, Dar Rhamndour, Sidi el Djilali.*
> Endroits arides et incultes ; moissons.

Herniaria hirsuta L. *Cod.* n. 1795 ; Batt. et Trab. *Alg.* I, 168.

> Maroc septentrional : *Sarf*, rives du lac *Hadjériin, Cherf el Akab.*
> Endroits incultes et sablonneux.

H. cinerea DC. *Fl. Fr.* 375 ; Batt. et Trab. *Alg.* I, 167.

> *Var.* **virescens** Ball. ; *H. virescens* Salzm. Exsicc.
> Maroc occidental : *Casablanca, El Hank, Ferme Lamm, Tilmellil, Médiouna, Sidi bou Ziane, Ber Rechid, Dar el Kébir, Sidi el Djilali, Sellat, Msahal, Bir Jdour, Bled Oulad Allel, Oued Tamdrost, Sidi Mohammed el Bahloul, Kasbah ben Ahmed, Bou Azza, Fedhala.*
> Bords des chemins, champs cultivés, moissons.

Paronychia cymosa DC. *Fl. Fr.* III, 402 ; Batt. et Trab. *Alg.* I, 165.

> Maroc septentrional : *Bou Bana*, pentes méridionales du *Djebel Kébir.*
> Endroits pierreux ensoleillés.

P. echinata Lam. *Fl. Fr.* III, 232 ; Batt. et Trab. *Alg.* I, 165.

> Maroc septentrional : *Anse et Cap Sparlel*, rives du lac *Hadjériin, Cherf el Akab, Villa Harris, Andjéra.*
> Maroc occidental : *Aïne Diab.*
> Endroits arides, bords des champs, gazons courts.

P. argentea Lam. *Fl. Fr.* III, 230 ; Batt. et Trab. *Alg.* I, 165, et sa **var. mauritanica** DC., *Prodr.* III, 371.

> Maroc septentrional : *Tanger, Sarf, Tétouan, Djebel Dersa, Bouséja.*
> Maroc occidental : *Casablanca, El Hank, Oukacha, Bou Azza, Dar el Hadj, Tilmellil, Médiouna, Ber Rechid, Sellat, Bled Oulad Allel, Oued Tamdrost, Sidi Mohammed el Bahloul, Kasbah ben Ahmed, Sidi bou Ali, Guicer, Sidi bou Zerlan, Djebel Flatin, Dar Chafaï, Fedhala, Bou Znika, Camp Boulhaut, Oued Cherrat.*
> Endroits arides et incultes, pâturages, bords des chemins, steppe à Palmiers nains.

P. nivea DC. ap. Lam. *Encycl.* V, 25 ; Batt. et Trab. *Alg.* I, 116.

> Maroc occidental : *El Hank, Oukacha, Dar Chafaï.*
> Endroits pierreux arides ; steppe à Palmiers nains.

Illecebrum verticillatum L. *Sp.* 298 ; Batt. et Trab. *Alg.* I, 165.

> Maroc septentrional : *Djebel Kébir, Anse Spartel,* rives du lac *Hadjériin, Cherf el Akab Djebel Darziro.*
>
> Maroc occidental : *Camp Boulhaut.*

Broussailles et endroits sablonneux très humides.

Corrigiola telephiifolia Pourr. *Chlor. Narb.* 20 ; Batt. et Trab. *Alg.* I, 169.

> Maroc septentrional : *Tanger* et *Télouan,* très abondant.
>
> Maroc occidental : *Casablanca, El Hank, Ferme Carlos, Ferme Lamm, Bou Azza, Bou Znika.*

Gazons, bords des chemins, endroits sablonneux incultes.

PORTULACEÆ Juss.

Portulaca oleracea L. *Sp.* 445 ; Batt. et Trab. *Alg.* I, 170.

> Maroc occidental : *Casablanca, Bou Azza, Settat, Sidi Feali, Oued Tamdrost, Fedhala, Bou Znika.*

Décombres, champs incultes, cultures.

Montia fontana L. *Sp.* 129 ; Batt. et Trab. *Alg.* I, 171.

> **Var. minor** Kch. : *M. minor* Gmel.
>
> Maroc septentrional : *Perdicaris, Sarf.*

Endroits humides ou marécageux.

TAMARISCINEÆ Desv.

Tamarix africana Poir. *Voy.* II, 139 ; Batt. et Trab. *Alg.* I, 322.

> Maroc septentrional : *Fondak, Zinet,* plaine du *Rio Martil.*
>
> Maroc occidental : *Sidi Feali, Mechra ben Abou, Fedhala, Pont Blondin, Camp Boulhaut, Oued Cherrat.*

Alluvions des rivières, bords des ruisseaux.

T. gallica L. *Sp.* 386 ; Batt. et Trab. *Alg.* 321.

> Maroc septentrional : *Ksar Djédid, Andjéra, Cap Spartel.*

Bord des eaux ; alluvions des cours d'eau.

HYPERICACEÆ Lindl.

Hypericum perforatum L. *Sp.* 1105 ; Batt. et Trab. *Alg.* I, 181.

> Maroc occidental : *Camp Boulhaut.*

Endroits broussailleux, sous-bois sec et herbeux.

H. australe Ten. in *Linnæa,* III [1828], 103 ; *H. repens* Poir. ; Batt. et Trab. *Alg.* I, 182.

> Maroc septentrional : Entre le *Maraboul de Kithan* et l'*oued Zarka.*

Pentes des montagnes broussailleuses.

H. ciliatum Lam. *Encycl.* IV, 170 ; Batt. et Trab. *Alg.* I, 181.

> Maroc septentrional : *Djebel Kébir, Perdicaris, Cap Spartel.*
>
> Maroc occidental : *Camp Boulhaut, Oued Cherrat.*

Collines broussailleuses ; endroits herbeux.

H. tomentosum L. *Sp.* 1106 ; Batt. et Trab. *Alg.* 1, 183.

    Maroc septentrional : *Souani, Zinel, Andjéra, Fondak, Bouséja, Bou Semlen, Oued Zarka, Marabout de Kilhan.*

    Maroc occidental : *Sidi Sérier, Camp Boulhaut, Oued Cherrat.*

Prairies humides ; rochers frais et découverts.

H. pubescens Boiss. *Voy. Esp.* 115 ; Batt. et Trab. *Alg.* 1, 183.

    Maroc occidental : *El Hank, Ferme Boute, Tilmellil, Dar Rhamndour, Dar el Hadj, Bou Azza, Ferme Carlos, Aïne Diab, Ferme Lamm, Aïne Seba, Sidi bou Ziane, Médiouna, Oued bou Skoura, Si Abd en Naimi, Ber Rechid, Sellat, Msahat, Bir Chajaï, Bled Oulad Allel, Oued Tamdrosl, Si Senhadj, Sidi Mohammed el Bahloul, Kasbah ben Ahmed, Dar el Hadj Salah, Sidi Feali, Fedhala, Bou Znika.*

Endroits herbeux incultes ; steppe à Palmiers nains.

ELATINEÆ Endl.

Elatine Alsinastrum L. *Cod.* n. 2909 ; Batt. et Trab. *Alg.* 1, 183.

    Maroc occidental : *Camp Boulhaut.*

Eaux marécageuses stagnantes.

E. campylosperma Seub. ; Batt. et Trab. *Alg.* 1, 183.

    Maroc occidental : *Camp Boulhaut.*

Eaux marécageuses stagnantes.

MALVACEÆ R. Br.

Malope malacoides L. Cod. n. 5069.

    Var. stipulacea Ball *Journ. Linn. Soc.* XVI, 375 ; *M. stipulacea* Cav.

    Maroc septentrional : *Bou Bana, Médiouna, Bouséja, Djebel Dersa, Andjéra, Fondak, Bahrain, Zinel, Bou Semlen.*

Pentes des collines buissonnantes ; pâturages, bords des sentiers.

M. trifida Cav. *Monad. diss.* II, 85 ; Batt. et Trab. *Alg.* I, 109.

    Maroc septentrional : *Tanger, Bou Bana, Aïne Slaoua, Andjéra.*

    Maroc occidental : *Dar el Kébir, Sellat, Dar Oulad ben Abbou, Oued Tamdrosl, Si Senhadj.*

Collines herbeuses, prairies.

Althæa hirsuta L. *Sp.* 687 ; Batt. et Trab. *Alg.* 1, 115.

    Var. grandiflora Ball *Journ. Bot.* [1873], 302.

    Maroc occidental : *Sidi el Aïdi, Bir Jdour, Ber Rechid, Bir Chafaï, Oued Tamdrosl, Kasbah ben Ahmed, Khemissel.*

Champs incultes ; moissons.

Lavatera trimestris L. *Sp.* 690 ; Batt. et Trab. *Alg.* I, 115.

    Maroc septentrional : *Andjéra, Tétouan,* plaine du *Rio Martil.*

    Maroc occidental : *Sellat, Bir Jdour, Bled Oulad Allel, Oued Tamdrosl, Kasbah ben Ahmed, Dar el Hadj Salah, Guicer, Khemissel.*

Cultures, champs en friche ; moissons.

L. Olbia L. *Sp.* 640 ; Batt. et Trab. *Fl. Alg.* 1, 114.

    Et sa **var. hispida** G. G. *Fl. Fr.* I, 293 ; *L. hispida* Desf.

Maroc septentrional : *Djebel Kébir, Perdicaris, Andjéra, Semsa.*
Maroc occidental : *Camp Boulhaut, Oued Cherral, Kasbah Mansouria, Mechra bou Acheb, Oued Nefilikr.*
Endroits broussailleux humides ; bords des ruisseaux.

L. cretica L. *Sp.* 691 ; Batt. et Trab. *Alg.* I, 113.
Maroc occidental : *Ber Rechid, Dar el Hadj.*
Endroits incultes, bords des chemins, moissons.

Malva hispanica L. *Sp.* 970 ; Batt. et Trab. *Alg.* I, 111.
Maroc septentrional : *Villa Harris, Andjéra, Télouan.*
Maroc occidental : *El Hank, Sidi Abderrhamane, Tilmellil, Dar el Hadj, Ferme Carlos, Aïne Diab, Ferme Lamm, Aïne Seba, Sidi bou Ziane, Médiouna, Oued bou Skoura, Si Abd en Naimi, Ber Rechid, Oued Tamdrosl, Sidi Mohammed el Bahloul, Kasbah ben Ahmed, Dar Chafaï, Sidi Feali, Mechra ben Abou, Fedhala, Camp Boulhaut, Oued Cherral.*
Moissons, cultures ; steppe herbeuse à Palmiers nains.

M. silvestris L. *Sp.* 689 ; Batt. et Trab. *Alg.* I, 111.
Maroc septentrional : *Tanger, Souani.*
Maroc occidental : *Casablanca* (Moreau).
Endroits herbeux incultes, champs en friche.

M. parviflora L. *Sp.* ed. 2, 960 ; Batt. et Trab. *Alg.* I, 112.
Maroc occidental : *Ferme Lamm, Dar el Hadj, Sidi bou Ziane, Oued bou Skoura, Ber Rechid, Mechra ben Abou.*
Décombres, bords des chemins, champs incultes.

M. rotundifolia L. *Sp.* 969 ; Batt. et Trab. *Alg.* I, 112.
Maroc septentrional : *Tanger, Bou Bana.*
Décombres, bords des chemins.

M. nicæensis All. *Fl. Ped.* II, 40 ; Batt. et Trab. *Alg.* I, 173.
Maroc occidental : *Aïne Seba, Fedhala, Oued Cherral.*
Bords des chemins ; champs incultes.

LINACEÆ DC.

Radiola linoides Gmel. *Syst.* I, 289 ; Batt. et Trab. *Alg.* I, 173.
Maroc septentrional : *Djebel Kébir, Cap Spartel, Djebel Darziro, Djebel Dersa, Andjéra.*
Maroc occidental : *Camp Boulhaut.*
Endroits herbeux humides des collines broussailleuses ou au bord des dayas.

Linum strictum L. *Sp.* 279 ; Batt. et Trab. *Alg.* I, 174.
Maroc septentrional : *Ahouana, Aïne Dalia, Andjéra, Aïne Slaoua.*
Maroc occidental : *Casablanca, Ferme Lamm, Aïne Seba, Sidi Abderrhamane, Dar Oulad ben Abbou, Sidi bou Ziane, Médiouna, Setlal, Msahal, Bled Oulad Allel, Oued Tamdrosl, Kasbah ben Ahmed, Camp Boulhaut.*
Endroits herbeux secs ; steppe à Palmiers nains.

L. tenue Desf. *Fl. Atl.* I, 280 ; Batt. et Trab. *Alg.* I, 175.
Maroc septentrional : *Chouikreuch,* près *Arzila.*

Maroc occidental : *El Hank, Dar Oulad ben Abbou, Médiouna, Sidi bou Ziane, Oued bou Skoura, Ber Rechid, Sellal, Msahal, Bled Oulad Allel, Oued Tamdrost, Si Senhadj, Sidi Mohammed el Bahloul, Kasbah ben Ahmed, Zaouiel en Nouesseur, Camp Boulhaut.* Endroits herbeux arides ; steppe à Palmiers nains.

L. Munbyanum Boiss. et Reut. *Pug.* 24 ; Batt. et Trab. *Alg.* I, 175.
Maroc septentrional : *Bou Bana.*
Endroits herbeux incultes.

L. setaceum Brot. *Phyl. Lus.* fasc. n° 21 ; DC. *Prodr.* 1, 423.
Maroc septentrional : entre *Tanger* et *Aïne Dalia, Ahouana, Andjéra.*
Collines herbeuses arides.

L. angustifolium Huds. *Fl. Angl.* 134 ; Batt. et Trab. *Alg.* I, 176.
Maroc septentrional : *Souani, Zinel, Andjéra, Bouséja, Bou Semlen.*
Maroc occidental : *El Hank, Bou Skoura, Si Abd en Naimi.*
Endroits herbeux ; pâturages.

L. usitatissimum L. *Sp.* 277 ; Batt. et Trab. *Alg.* I, 176.
Assez souvent cultivé dans le Maroc septentrional ; plus rare dans le Maroc occidental.

ZYGOPHYLLACEÆ R. Br.

Tribulus terrestris L. *Sp.* 387 ; Batt. et Trab. *Alg.* I, 177.
Maroc occidental : *Casablanca, Dar Oulad ben Abbou, Fedhala, Mechra ben Abou.*
Pâturages secs ; champs cultivés, lieux arides.

Fagonia cretica L. *Sp.* 386 ; Batt. et Trab. *Alg.* I, 178.
Maroc occidental : *Mechra ben Abou,* près de l'*oued Oum er Rbia.*
Lieux incultes.

Peganum Harmala L. *Sp.* 444 ; Batt. et Trab. *Alg.* I, 179.
Maroc occidental : *Oukacha, Ber Rechid, Sellal, Bir Chafaï, Si Senhadj.*
Endroits incultes, décombres.

GERANIACEÆ DC.

Geranium malvæflorum Boiss. et Reut. *Pug.* 27 ; Ball *Spic. Fl. Maroc.* 382.
Maroc septentrional : *Aïne Slaoua, Andjéra.*
Endroits broussailleux.

G. molle L. *Sp.* 995 ; Batt. et Trab. *Alg.* I, 120.
Maroc : *Tanger, Semsa, Bouséja, Beni Hosmar* (jusqu'à 1000 m.).
Endroits incultes, bords des chemins, gazons ras.

G. rotundifolium L. *Sp.* 957 ; Batt. et Trab. *Alg.* I, 120.
Maroc septentrional : *Andjéra, Hammar, Télouan.*
Maroc occidental : *Aïne Seba, Ferme Lamm, Bou Azza, Sidi Abderrhamane, Tilmellil, Sellat, Oued Tamdrost, Oued Cherrat.*
Bords des chemins, lieux incultes, champs.

G. dissectum L. *Sp.* 956 ; Batt. et Trab. *Alg.* I, 120.
Maroc septentrional : *Ksar Djédid, Mnimacada, Cap Spartel, Sarf, Télouan,* plaine du *Rio Martil, Semsa, Beni Hosmar* (800 m.).

Maroc occidental : *Ferme Lamm, Aïne Seba, Tilmellil, Oued Tamdrost, Oued Cherral.*
Endroits herbeux, prairies. ·

G. lucidum L. *Sp.* 955 ; Batt. et Trab. *Alg.* I, 120.
　Maroc septentrional : *Oued Zarka. Yarghil, Beni Hosmar* (7-900 m.).
　Maroc occidental : *Oued Cherral,* près *Camp Boulhaut.*
Rochers frais, surtout dans la région montagneuse.

G. Robertianum L. *Sp.* 955 ; Batt. et Trab. *Alg.* 1, 121.
　Maroc septentrional : *Djebel Kébir, Perdicaris, Djebel Darziro, Andjéra, Semsa, Bou
　　Semlen, Yarghil, Beni Hosmar* (900 m.), *Val Tissa* (5-800 m.), *Djebel Dersa* (600 m.).
　Maroc occidental : *Oued Cherral,* près *Camp Boulhaut.*
Rochers et buissons frais, surtout dans la région montagneuse.

Erodium cicutarium L'Her. *Geraniol.* 5, n° 12 ; Batt. et Trab. *Alg.* 1, 122.
　Maroc septentrional : *Tanger, Télouan* et *Arzila :* assez vulgaire.
　Maroc occidental : *Aïne Diab, Bou Azza, El Hank, Dar el Kébir, Tilmellil, Oued bou
　　Skoura, Sellat.*
Décombres, bords des chemins. champs cultivés et incultes.

E. moschatum Willd. L'Her. *Geraniol.* 6, n° 13 ; Batt. et Trab. *Alg.* I, 123.
　Maroc septentrional : *Tanjier el Balia, Bouséja, Aïne Slaoua.*
　Maroc occidental : *Sellat, Bir Jdour, Oued Tamdrost, Guicer, Dar Chafaï.*
Lieux incultes, bords des chemins, pâturages.

E. Moureti Pitard sp. nov.

Plante haute de 20-30 centimètres, à tiges, feuilles. pédoncules et pédicelles velus,
très glanduleux. Souche vivace à feuilles rapprochées en rosette à la base de la tige,
puis disséminées sur les tiges fleuries. Feuilles pennatiséquées à 2-4 paires de seg-
ments écartés, ovales, incisés-dentés, à dents aiguës; stipules longues de 6-12 millimètres, ovales, obtuses, scarieuses, glabres. Pédoncules longs de 8-20 centimètres,
multiflores (6-10 fleurs); bractées de l'ombelle longues de 3-4 millimètres. Fleurs
grandes, larges de 15 millimètres. Sépales longs de 7 millimètres, mucronés, à pointe
épaisse, à marge membraneuse et à bords ciliés. Pétales longs de 10 millimètres ; onglet
étroit, limbe obové à macule violet foncé à la base, blanc plus ou moins rosé au sommet.
Etamines fertiles biappendiculées à la base, munies d'une grosse glande violet foncé.
Ovaire haut de 2 millimètres, couvert de longs poils blancs ; colonne stylaire haute de
4 millimètres, pubescente ; stigmates 5, étalés lors de la floraison. Fruit long de
40 millimètres, la partie basilaire fertile longue de 5 millimètres, l'arète longue de
35 millimètres, valves du fruit couvertes de longs poils blancs déclinés des deux côtés ;
dépression du sommet subcirculaire à pli inférieur. et dans la dépression 8-10 grosses
glandes brievement pédicellées : arète du fruit tortillée à maturité, velue. Graine
longue de 4 millimètres, brun clair, lisse.
　Cette espèce rappelle les *Erodium moschatum* L'Her. et *E. tordylioides* Desf. Elle

doit se ranger à côté de cette dernière espèce qui s'en différenciera facilement au premier abord par les dimensions et la couleur bleu clair de ses fleurs.

Nous sommes heureux de dédier cette espèce à M. le lieutenant Mouret, dont les recherches botaniques contribuent si efficacement à faire connaître la flore du Maroc. ·

Maroc occidental : *Camp Boulhaut.*
Fentes des rochers siliceux.

E. ciconium L'Her. *Geraniol.* 7, n° 16 ; Batt. et Trab. *Alg.* I, 124.
Maroc septentrional : *Bou Bana, Bougdour, Andjéra.*
Maroc occidental : *Ferme Lamm, Aïne Diab, Tilmellil, Dar el Hadj, Dar Oulad ben Abbou, El Hank, Oued bou Skoura, Si Abd en Naimi, Sellal, Msahal, Bir Jdour, Sidi Mohammed el Bahloul, Guicer à Dar Chafaï.*
Endroits incultes ; steppe à Palmiers nains.

E. laciniatum Willd. *Sp.* III, 633 ; Batt. et Trab. *Alg.* I, 126.
Maroc occidental : *Oued bou Skoura, Si Abd en Naimi, Mechra ben Abou.*
Endroits herbeux arides et secs ; steppe à Palmiers nains.

E. Botrys Bert. *Amœn.* 35 ; Batt. et Trab. *Alg.* I, 123.
Maroc septentrional : *Bou Bana.*
Pente des collines arides.

E. malacoides L'Her. *Geraniol.* 9, n° 22 ; Batt. et Trab. *Alg.* I, 127.
Maroc septentrional : *Tanger, Arzila* et *Tétouan,* assez répandu.
Maroc occidental : *El Hank, Aïne Diab, Sellal, Msahal, ben Ameida, Mechra ben Abou.*
Chemins, décombres, cultures.

E. Chium Willd. *Sp.* III, 634 ; Batt. et Trab. *Alg.* I, 124.
Maroc septentrional : *Tanger, Sarf.*
Maroc occidental : *Casablanca* (Moreau).
Endroits herbeux incultes.

E. guttatum L'Hérit. *Geraniol.* 10, n° 26 ; Batt. et Trab. *Alg.* I, 124.
Maroc occidental : *Mechra ben Abou,* près l'*oued Oum er Rbia.*
Endroits arides et très secs.

OXALIDACEÆ DC.

Oxalis corniculata L. *Sp.* 435 ; Batt. et Trab. *Alg.* I, 173.
Maroc septentrional : *Perdicaris, Tétouan, Yarghil.*
Endroits rocheux, ombragés et frais.

O. libyca Viv. *Fl. Libyc.* 24, tab. 13 ; *O. cernua* Thunb. ; Batt. et Trab. *Alg.* I, 173.
Maroc septentrional : *Tanger* et *Tétouan :* abondant.
Maroc occidental : *Casablanca.*
Bords des chemins, champs, jardins.

RUTACEÆ Juss.

Ruta Chalepensis L. *Mant.* 69 ; Batt. et Trab. *Alg.* I, 188.
Maroc septentrional : *Semsa, Djebel Dersa.*

Maroc occidental : *Oued Cherraf*, près *Camp Boulhaut*.
Var. bracteosa Boiss. *Or.* 1, 992 ; *R. bracteosa* DC. ; Batt. et Trab. *Alg.* I, 180.
Maroc septentrional : *Bougdour, Bouséja*.
Rochers, pentes des collines arides.

RHAMNACEÆ R. Br.

Zizyphus Lotus Lam. *Encycl.* III, 317 ; Batt. et Trab. *Alg.* I, 188.
Maroc occidental : *Oued bou Skoura, Ber Rechid, Sidi el Djilali, Dar el Kébir, Sidi bou Ali, Sellal, Msahal, Bled Oulad Allel, Oued Tamdrosl, Si Senhadj, Kasbah ben Ahmed. Sidi bou Zerlan* (arborescent), *Guicer, Dar Chafaï, Sidi Feali, Mechra ben Abou, Khemissel, Pont Blondin* à *Camp Boulhaut*.
Endroits incultes ; steppe à Palmiers nains.

Z. vulgaris Lam. *Encycl.* III, 316 ; Batt. et Trab. *Alg.* I, 189.
Maroc septentrional : *Tanger* et *Télouan*.
Cultivé dans les jardins.

Rhamnus Alaternus L. *Sp.* 193 ; Batt. et Trab. *Alg.* I, 189.
Maroc septentrional : *Semsa*.
Haies et broussailles.

R. oleoides L. *Sp.* 279 ; Batt. et Trab. *Alg.* I, 171.
Maroc septentrional : *Télouan, Caverne des Potiers, Semsa*.
Maroc occidental : *Oued Cherraf*, près *Camp Boulhaut*.
Endroits boisés et ombragés, buissons.

AMPELIDEÆ Knth.

Vitis vinifera L. *Sp.* 293 ; Batt. et Trab. *Alg.* I, 171.
Maroc occidental : *Oued Cherraf*, près *Camp Boulhaut*.
Endroits frais et broussailleux.

MELIACEÆ Juss.

Melia Azedarach L. *Sp.* 550 ; Desf. *All.* I, 337.
Maroc occidental : *Oued Tamdrosl*.
Planté, au milieu des Figuiers.

TEREBINTHACEÆ Juss.

Rhus pentaphylla Desf. *All.* I, 267 ; Batt. et Trab. *Alg.* I, 192.
Maroc occidental : *El Hank, Tilmellil, Dar Chafaï, Sidi Feali, Mechra ben Abou, Bou Znika, Fedhala* à *Camp Boulhaut, Camp Boulhaut, Oued Cherraf, Kasbah Mansouria*.
Lieux arides et broussailleux ; steppe.

Pistacia Lentiscus L. *Sp.* 1026 ; Batt. et Trab. *Alg.* I, 191.
Maroc septentrional : *Tanger, Andjéra, Télouan* : très abondant.
Maroc occidental : *Kasbah Mansouria, Camp Boulhaut, Oued Cherraf*.
Pentes des montagnes et des collines ; broussailles, forêts.

P. atlantica Desf. *Fl. All.* 364 ; Batt. et Trab. *Alg.* I, 191.

> Maroc occidental : *Oued bou Skoura, Sidi Feali, Mechra ben Abou* (arborescent).
> Endroits arides et incultes ; steppe à Palmiers nains.

Schinus molle L. *Sp.* 1467 ; DC. *Prodr.* II, 74.

> Maroc occidental : *Sidi Feali.*
> Planté dans les jardins.

CORIARIACEÆ DC.

Coriaria myrtifolia L. *Sp.* 1037 ; Batt. et Trab. *Alg.* I, 172.

> Maroc septentrional : *Semsa.*
> Haies et buissons.

LEGUMINOSÆ Juss.

Anagyris fœtida L. *Sp.* 374 ; Batt. et Trab. *Alg.* I, 173.

> Maroc occidental : *Oued Tamdrost, Si Senhadj.*
> Endroits incultes et arides.

Lupinus hirsutus L. *Sp.* 721 ; Batt. et Trab. *Alg.* I, 208.

> Maroc occidental : *El Hank, Oued bou Skoura, Aïne Diab, Fedhala, Bou Znika.*
> Champs cultivés ; endroits herbeux incultes.

L. angustifolius L. *Sp.* 722 ; Batt. et Trab. *Alg.* I, 207.

> Maroc septentrional : *Tanger, Aïne Dalia, Bahrain,* etc.
> Cultivé et subspontané dans les champs en friche, les moissons.

L. luteus L. *Sp.* 721 ; Batt. et Trab. *Alg.* I, 208.

> Maroc septentrional : *Djebel Kébir.*
> Maroc occidental : *Casablanca* (Moreau).
> Pentes des collines herbeuses.

Argyrolobium Linnæanum Walp. in *Linnæa,* XIII, 506 ; Batt. et Trab. *Alg.* I, 207 ; *A. argenteum* Willk.

> Maroc septentrional : versant oriental du *Djebel Dersa.*
> Collines rocailleuses, calcaires et ensoleillées.

Adenocarpus telonensis Lois. *Fl. Gall.* éd. 1, 446 ; Ball *Spic. Fl. Maroc.* 396 ; *A. grandiflorus* Boiss.

> Maroc septentrional : versant oriental du *Djebel Dersa.*
> Rochers calcaires très ensoleillés.

Calycotome villosa Link ap. Schrad. *Neu. Journ.* II, pars 2, 50 ; Batt. et Trab. *Alg.* I, 204.

> Maroc septentrional : *Tanjier el Balia, Sarf, Hammar, Val Tissa* (500 m.).
> Haies ; collines broussailleuses.

C. intermedia Presl. *Botan. Bemerk.* 51 ; Batt. et Trab. *Alg.* I, 203.

> Maroc septentrional : *Tanger, Cap Spartel.*
> Pentes des collines broussailleuses.

Retama monosperma Boiss. *Voy. Esp.* 144 ; *Genista monosperma* Lam. ; Ball *Spic. Fl. Maroc.* 398.

Maroc septentrional : *Tanger, Souani.*
Maroc occidental : entre *Fedhala* et *Camp Boulhaut, Pont Blondin.*
Dunes maritimes et sables littoraux.

R. Bovei Spach. *An. Sc. Nat.* sér. 2, XIX, 290 (sub *Spartium*) ; *Genista monosperma* var. *Bovei* Ball *Spic. Fl. Maroc.* 398.
Maroc septentrional : *Tanger, Souani.*
Sables et dunes maritimes.

Genista triacanthos Brot. *Fl. Lus.* II, 89 ; Ball *Spic. Fl. Maroc.* 399.
Maroc septentrional : *Perdicaris, Djebel Kébir.*
Collines broussailleuses, au milieu des Cistes.

G. clavata Poir. *Dict. Suppl.* II, 717 ; Ball *Spic. Fl. Maroc.* 400.
Maroc septentrional : *Aïne Dalia, Chouikreuch, Bougdour, Aïne Slaoua, Andjéra, Ksar Djedid.*
Pentes des collines arides.

Ulex megalorites Webb *It. Hisp.* 30, tab. 25 ; *U. Boivini* var. *megalorites* Ball *Spic. Fl. Maroc.* 402.
Maroc septentrional : *Djebel Kébir, Perdicaris, Cap Sparlel, Djebel Dersa.*
Collines broussailleuses, parmi les Cistes.

U. bæticus Boiss. *El.* 30 ; *U. bæticus* var. *congestus* Ball *Spic. Fl. Maroc.* 401, *U. scaber* Knze.
Maroc septentrional : *Djebel Dersa* (600 m.), au-dessus de *Semsa* (300 m.) ; *Beni Hosmar* (8-1 000 m.).
Pentes des montagnes arides et très ensoleillées.

Sarothamnus gaditanus Boiss. et Reut. *Diagn. Pl. Hisp.* n° 15 ; *Cytisus bæticus* Webb ; Ball *Spic. Fl. Maroc.* 402.
Maroc septentrional : *Djebel Kébir, Cap Sparlel, Perdicaris, Bou Semlen, Val Tissa* (5-700 m.).
Maroc occidental : *Camp Boulhaut* à *El Aïoun.*
Endroits frais des collines broussailleuses.

Cytisus albidus DC. *Cat. Hort. Monsp.* 101, et *Prodr.* II, 155 ; Ball *Spic. Fl. Maroc.* 403.
Maroc occidental : *Ferme Boule, Aïne Seba, Ferme Lamm, Aïne Diab, Sidi Abderrhamane, Tilmellil, Sidi bou Ziane, Médiouna, Oued bou Skoura,* entre *Pont Blondin* et *Camp Boulhaut.*
Endroits arides et incultes ; steppe à Palmiers nains.

C. triflorus L'Her. *Stirp.* 184 ; Batt. et Trab. *Alg.* I, 102.
Maroc septentrional : *Perdicaris, Djebel Kébir, Cap Sparlel.*
Collines boisées, dans les endroits très ombragés.

C. candicans DC. *Fl. Fr.* IV, 504 ; Ball *Spic. Fl. Maroc.* 403.
Maroc septentrional : *Le Marchand, Perdicaris, Djebel Kébir, Cap Sparlel, Hammar, Djebel Darziro.*
Haies ; buissons ; collines broussailleuses.

C. Rosmarinois Coss. *Bull. Soc. bot. Fr.* XX, 225 (sub *Genista*), Ball *Spic. Fl. Maroc.* 404.
Maroc septentrional : *Val Tissa* (600 m.), *Beni Hosmar* (800 m.).
Auprès des ruisseaux, parmi les broussailles, dans la zone montagneuse.

C. linifolius Lam. *Dict.* ; Ball *Spic. Fl. Maroc.* 405.

    Maroc septentrional : *Perdicaris, Djebel Kébir, Cap Sparlel, Djebel Darziro.*

    Pentes des collines broussailleuses et rocheuses.

C. tridentatus Benth. *Gen.* Pl. I, 484 ; Ball *Spic. Fl. Maroc.* 405.

        Var. *lasiantha* Ball *l. c.* 405 ; *G. lasiantha* Spach.

    Maroc septentrional : *Djebel Kébir, Cap Sparlel.*

    Collines broussailleuses, parmi les Cistes.

Ononis Natrix L. *Sp.* 1008 ; Batt. et Trab. *Alg.* I, 212.

    Maroc occidental : *Sidi Mohammed el Bahloul.*

    Endroits arides et incultes ; steppe à Palmiers nains.

O. viscosa L. *Cod.* n. 5281 ; Ball *Spic. Fl. Maroc.* 406.

    Maroc occidental : *Sellal, Msahal.*

    Endroits arides ; steppe à Palmiers nains.

O. porrigens Salzm. *Exsicc.* ; Ball *Spic. Fl. Maroc.* 406 ; *O. fœtida* Schousb.

    Maroc occidental : *Camp Boulhaul, El Aïoun.*

    Endroits humides et ombragés de la forêt.

O. sicula Guss. *Adnot. catal. horl. Boccad.* 10 ; Batt. et Trab. *Alg.* I, 211.

    Maroc occidental : *Sellal, Bled Oulad Allel, Msahal, Oued Tamdrosl, Sidi Mohammed el Bahloul, Kasbah ben Ahmed, Dar el Hadj Salah, Sidi bou Zerlan, Guicer, Dar Chafaï, Sidi Feali, Mechra ben Abou.*

    Endroits arides ; steppe herbeuse à Palmiers nains.

O. breviflora DC. *Prodr.* II, 160 ; Batt. et Trab. *Alg.* I, 212.

    Maroc occidental : *Khemisset.*

    Champs cultivés ; endroits arides et incultes.

    Obs. — Notre échantillon s'éloigne du type de l'espèce par son extrême viscosité, ses sépales très longs et étroits et son fruit très hispide.

O. pubescens L. *Cod.* n. 5272 ; Ball *Spic. Fl. Maroc.* 405.

    Maroc occidental : *Sellal, Bled Oulad Allel, Msahal, Oued Tamdrosl, Sidi Mohammed el Bahloul, Kasbah ben Ahmed, Pont Blondin à Camp Boulhaul.*

    Champs incultes ; steppe aride à Palmiers nains.

Ononis sp.

    Maroc occidental : *Sidi Abderrhamane.*

    Moissons.

O. cintrana Brot. *Phys. Lus.* 138, tab. 57 ; Ball *Spic. Fl. All.* 407.

    Maroc occidental : Rive Zaër de l'*oued Cherral*, près *Camp Boulhaul.*

    Endroits sablonneux et découverts dans la forêt.

O. Maweana Ball *Journ. Bot.* [1873], 304, et *Spic. Fl. Maroc.* 407.

    Maroc septentrional : Rives du lac *Hadjériin.*

    Endroits sablonneux et découverts, entre le lac et l'Océan.

Ononis sp.

    Maroc occidental : *Pont Blondin à Camp Boulhaul, Camp Boulhaul à l'oued Cherral.*

    Endroits sablonneux et découverts dans la forêt.

O. Schousbœi Coss. *inéd.* ; *O. pinnata* Schousb. *in herb.*

Maroc occidental : Rive Zaër de l'*oued Cherral*, près *Camp Boulhaul.*
Endroits arides et découverts de la forêt.

O. pendula Desf. *Fl. All.* II, 147 ; Ball *Spic. Fl. Maroc.* 408.
Maroc septentrional : *Bou Bana, Anse Spartel, Aïne Slaoua.*
Maroc occidental : *Sellal, Msahal, Bir Chafaï, Bled Oulad Allel, Oued Tamdrost, Sidi Mohammed el Bahloul, Kasbah ben Ahmed, Khemisset, Ferme Lamm.*
Champs incultes ; moissons ; steppe herbeuse à Palmiers nains.

O. reclinata L. *Cod.* n. 5278 ; Batt. et Trab. *Alg.* I, 204.
Maroc occidental : *Sellal, Msahal, Oued Tamdrost.*
Endroits herbeux, moissons ; steppe à Palmiers nains.

O. laxiflora Desf. *All.* II, 146 ; Batt. et Trab. *Alg.* I, 214.
Maroc occidental : *Sidi Feali.*
Steppe herbeuse à Palmiers nains.

O. antiquorum L. *Sp.* 1006 ; Batt. et Trab. *Alg.* I, 215.
Maroc occidental : *Camp Boulhaul* à l'*oued Cherral.*
Endroits arides et incultes de la forêt.

O. mitissima L. *Sp.* 1007 ; Batt. et Trab. *Alg.* I, 216.
Maroc occidental : *Bir Jdour, Si Senhadj.*
Champs en friche ; moissons ; bords des champs.

O. serrata Forsk. *Fl. Æg.-Arab.*, 130 ; Batt. et Trab. *Alg.* I, 217.
Maroc septentrional : *Tanger, Anse Spartel, Sarf.*
Sables littoraux et champs sablonneux incultes.

O. diffusa Ten. *Fl. Nap.* I, XLI, tab. 169 ; Batt. et Trab. *Alg.* I, 217.
Maroc septentrional : *Tanger.*
Sables des dunes et champs sablonneux du littoral.

O. Cossoniana Boiss. et Reut. *Pug.* 33 ; Ball *Spic. Fl. Maroc.* 410.
Maroc septentrional : *Tanger* à *Aïne Dalia.*
Endroits sablonneux incultes.

O. alopecuroides L. *Sp.* 1008 ; Batt. et Trab. *Alg.* I, 215.
Var. **trifoliolata** Coss. *Pl. Crit.* 33 ; *O. Salzmanniana* Boiss. et Reut.
Maroc septentrional : *Tanger, Souani, Aïne Dalia, Chouïkreuch.*
Endroits herbeux.

O. variegata L. *Sp.* 1008 ; Batt. et Trab. *Alg.* I, 219.
Maroc occidental : *Bou Azza.*
Sables maritimes.

O. minutissima L. *Cod.* n. 6267 ; Ball *Spic. Fl. Maroc.* 411.
Maroc septentrional : *Télouan*, pentes du *Djebel Dersa.*
Pentes des collines calcaires, rocheuses et arides.

Trigonella Fœnum-græcum L. *Sp.* 1095 ; Batt. et Trab. *Alg.* I, 220.
Maroc septentrional et occidental : cultivée et échappée çà et là.

T. monspeliaca L. *Sp.* 1095 ; Batt. et Trab. *Alg.* I, 220.
Maroc septentrional : *Ahouana, Zinet, Bouséja*, plaine du *Rio Martil.*

Maroc occidental : *Sellal, Msahal, Bled Oulad Allel , Bir Chafaï, Bir Jdour, Sidi Mohammed el Bahloul, Kasbah ben Ahmed, Si Rerha, Guicer.*
Moissons, bords des chemins et des champs.

Medicago marina L. *Sp.* 1097 ; Batt. et Trab. *Alg.* I, 229.
Maroc septentrional : *Tanger, Anse Spartel.*
Maroc occidental : *Oukacha, Fedhala, Bou Znika.*
Dunes et sables maritimes.

M. orbicularis All. *Fl. Ped.* I, 314 ; Batt. et Trab. *Alg.* I, 226.
Maroc septentrional : *Tanger, Aïne Slaoua, Andjéra, Zinel.*
Maroc occidental : *Oued bou Skoura, Si Abd en Naimi, Dar ben Azouz, Sellal, Bir Jdour,
Bled Oulad Allel, Oued Tamdrosl, Sidi Barca, Sidi bou Ali, Sidi Feali.*
Collines herbeuses, champs incultes ; steppe à Palmiers nains.

M. scutellata All. *Fl. Ped.* I, 315 ; Batt. et Trab. *Alg.* I, 226.
Maroc occidental : *Khemissel.*
Champs cultivés.

M. ciliaris Willd. *Sp.* III, 1411 ; Batt. et Trab. *Alg.* I, 227.
Maroc septentrional : *Bahrain, Bougdour, Ksar Djédid, Aïne Slaoua, Zinel, Andjéra.*
Maroc occidental : *Tilmellil.*
Bords des chemins, pâturages, coteaux incultes.

M. Echinus DC. *Fl. Fr.* IV, 546 ; Batt. et Trab. *Alg.* I, 227.
Maroc septentrional : *Cherf el Akab.*
Pâturages très humides, inondés pendant l'hiver.

M. Helix Willd. *Sp. Pl.* III, 1409 ; Batt. et Trab. *Alg.* I, 228.
Maroc septentrional : *Tanger, Souani,* rives du lac *Hadjériin.*
Endroits incultes et herbeux.

M. littoralis Rohde ap. Lois. *Not.* 118 [1810] ; Batt. et Trab. *Alg.* I, 228.
Maroc occidental : *El Hank.*
Sables littoraux.

M. cylindracea DC. *Cat. Monsp. et Prodr.* II, 178 ; Batt. et Trab. *Alg.* I, 228.
Maroc occidental : *El Hank, Oukacha, Bou Azza, Fedhala.*
Endroits incultes, surtout sablonneux, du littoral.

M. tribuloides Desr. ap. Lam. *Encycl.* III, 635 ; *M. truncatula* Gærtn ; Batt. et Trab. *Alg.* I, 229.
Maroc septentrional : *Tanger, Aïne Dalia, Bougdour, Souani.*
Maroc occidental : *Sellal, Msahal, Bir Jdour, Sidi Barca.*
Champs incultes, collines herbeuses ; steppe à Palmiers nains.

M. turbinata Willd. *Sp. Pl.* III, 1409 ; Batt. et Trab. *Alg.* I, 229.
Maroc occidental : *Sellal, Sidi Barca, Guicer.*
Champs cultivés ; coteaux incultes.

M. sphærocarpa Bert. *Amœn.* 91 ; *M. murex* Willd. ; Batt. et Trab. *Alg.* I, 230.
Maroc septentrional : *Tanger à Aïne Dalia.*
Champs incultes, coteaux arides, bords des chemins.

M. denticulata Willd. *Sp. Pl.* III, 1414 ; Batt. et Trab. *Alg.* I, 231.
Maroc septentrional : *Bou Bana.*
Pentes herbeuses des collines.

M. lappacea Desr. ap. Lam. *Encycl.* III, 637 ; Batt. et Trab. *Alg.* I, 231.
Maroc septentrional : *Tanger, Aïne Dalia, Bougdour, Zinet, Télouan.*
Bords des chemins, champs incultes, cultures.

M. minima Desr. ap Lam. *Encycl.* III, 636 ; Batt. et Trab. *Alg.* I, 232.
Maroc septentrional : *Ahouana, Mnimacada, Sarf, Zinet.*
Maroc occidental : *Sellal, Bir Chafaï.*
Talus des chemins, collines arides ; steppe à Palmiers nains.

Melilotus sulcata Desf. *All.* II, 193 ; Batt. et Trab. *Alg.* I, 222.
Maroc septentrional : *Tanger, Souani.*
Maroc occidental : *Casablanca* (Moreau).
Décombres, bords des chemins.

M. leiosperma Pomel in Batt. et Trab. *Alg.* I, 223.
Maroc septentrional : Sentier de *Tanger* à *Aïne Dalia*, à la sortie de la ville.
Prairies, pâturages.

M. speciosa DR. *Rev. Duch.* I, 365 ; Batt. et Trab. *Alg.* I, 223.
Maroc occidental : *Camp Boulhaut* à l'*oued Cherrat.*
Endroits sablonneux frais et ombragés de la forêt.

M. indica L. *Sp.* 1077 ; Batt. et Trab. *Alg.* I, 224.
Maroc septentrional : *Tanger, Arzila, Télouan,* plaine du *Rio Martil.*
Maroc occidental : *Tilmellil, Oued bou Skoura, Sellal, Oued Tamdrost, Kasbah ben Ahmed.*
Décombres ; champs incultes et cultures.

Trifolium angustifolium L. *Sp.* 1083; Batt. et Trab. *Alg.* I, 283.
Maroc septentrional : *Djebel Kébir, Bougdour, Djebel Darziro, Andjéra.*
Maroc occidental : *El Hank, Sidi Abderrhamane, Ferme Carlos, Dar Oulad ben Abbou, Si Abd en Naimi, Médiouna, Dar Rhamndour, Oued bou Skoura, Tilmellil, Fedhala, Bou Znika, Camp Boulhaut, El Aïoun, Oued Cherrat.*
Champs incultes ; collines herbeuses ; steppe à Palmiers nains.

T. incarnatum L. *Cod.* n° 5661 ; Batt. et Trab. *Alg.* I, 223.
Maroc occidental : *Ferme Lamm.*
Subspontané au bord des champs.

T. stellatum L. *Sp.* 1083 ; Batt. et Trab. *Alg.* I, 233.
Maroc septentrional : *Bou Bana, Aïne Dalia, Arzila, Zinet, Andjéra, Djebel Dersa, Télouan.*
Bords des sentiers, pentes des collines arides.

T. bracteatum Schousb. in Willd. *Enum.* 792 ; Ball *Spic. Fl. Maroc.* 418.
Maroc occidental : *Tilmellil, El Aïoun* près *Camp Boulhaut.*
Endroits herbeux humides, auprès des sources.

T. Cherleri L. *Sp.* 1081 ; Batt. et Trab. *Alg.* I, 234.
Maroc septentrional : *Bou Bana, Médiouna,* rives du lac *Hadjériin, Aïne Slaoua, Ahouana, Zinet, Andjéru, Bouséfa, Semsa, Télouan.*
Maroc occidental : *Dar Rhamndour, Dar Oulad ben Abbou, Tilmellil, Médiouna, Oued bou Skoura, Si Abd en Naimi.*
Chemins, pâturages secs, endroits incultes et arides.

T. lappaceum L. *Sp.* 1082 ; Batt. et Trab. *Alg.* I, 285.
> Maroc septentrional : *Bou Bana, Aïne Dalia, Bougdour, Arzila, Ksar Djedid, Andjéra, Zinel.*
> Maroc occidental : *Ferme Lamm, Aïne Seba, El Hank, Tilmellil, Aïne Diab, Bou Azza, Oukacha, Oued bou Skoura, Si Abd en Naimi, Médiouna.*
> Pâturages secs, collines incultes.

T. maritimum Huds. *Pl. Angl.* 284 ; Batt. et Trab. *Alg.* I, 235.
> Maroc septentrional : *Tanger, Bou Bana, Ahouana, Sarf, Aïne Slaoua.*
> Endroits incultes et herbeux.

T. squarrosum DC. *Fl. Fr.* IV, 531 ; *T. Panormitanum* Presl ; Batt. et Trab. *Alg.* I, 235.
> Maroc occidental : *Dar Oulad ben Abbou.*
> Endroits arides.

T. arvense L. *Sp.* 1083 ; Batt. et Trab. *Alg.* I, 236.
> Maroc septentrional : *Bou Bana, Anse Spartel, Cherf el Akab,* rives du lac *Hadjériin, Arzila, Villa Harris, Ksar Djedid, Andjéra.*
> Maroc occidental : *Tilmellil, Dar Oulad ben Abbou, Médiouna, Oued bou Skoura, Si Abd en Naimi, Camp Boulhaut, Oued Cherrat.*
> Endroits incultes ; steppe à Palmiers nains.

T. Bocconi Savi in *All. Accad. It.* I, 191 ; Batt. et Trab. *Alg.* I, 237.
> Maroc septentrional : *Djebel Kébir.*
> Endroits herbeux humides.

T. strictum L. *Sp.* 1079 ; Batt. et Trab. *Alg.* I, 240.
> Maroc septentrional : *Djebel Kébir.*
> Endroits herbeux humides.

T. scabrum L. *Sp.* 1084 : Batt. et Trab. *Alg.* I, 238.
> Maroc septentrional : *Bou Bana, Djebel Kébir, Andjéra, Télouan.*
> Maroc occidental : *Ferme Lamm, Aïne Kaddour, Oued bou Skoura, Médiouna, Sellal, Msahal, Bir Chafaï, Si Rerha, Guicer.*
> Pâturages, bords des chemins, champs incultes.

T. subterraneum L. *Sp.* 1080 ; Batt. et Trab. *Alg.* I, 238.
> Maroc septentrional : *Cherf el Akab, Hammar, Maraboul de Kithan, Oued Zarka.*
> Coteaux herbeux, bords des chemins et des champs.

T. fragiferum L. *Sp.* 1086 ; Batt. et Trab. *Alg.* I, 238.
> Maroc septentrional : *Aïne Slaoua, Andjéra.*
> Maroc occidental : *Oued Tamdrost, Camp Boulhaut, El Aïoun.*
> Endroits herbeux humides, bords des ruisseaux.

T. resupinatum L. *Sp.* 1086 ; Batt. et Trab. *Alg.* I, 239.
> Maroc septentrional : *Tanger, Bou Bana, Cherf el Akab, Arzila, Télouan.*
> Maroc occidental : *Tilmellil, Médiouna, Oued bou Skoura, Sidi Séricr.*
> Lieux inondés l'hiver, bords des marais.

T. tomentosum L. *Sp.* 1086 ; Batt. et Trab. *Alg.* I, 239.
> Maroc septentrional : *Bou Bana, Médiouna, Bougdour, Aïne Dalia.*
> Maroc occidental : *Ferme Lamm, Aïne Seba, Dar el Hadj Salah, Bou Azza, Médiouna, Oued bou Skoura.*

Pâturages arides, endroits herbeux, bords des chemins.

T. spumosum L. *Cod.* n. 5672 ; Batt. et Trab. *Alg.* I, 239.
  Maroc septentrional : *Aïne Slaoua.*
  Maroc occidental : *Tilmellil.*
Endroits herbeux incultes.

T. glomeratum L. *Sp.* 1084 ; Batt. et Trab. *Alg.* I, 240.
  Maroc septentrional : *Djebel Kébir, Tétouan, Bou Semlen.*
  Maroc occidental : *Tilmellil, Si Rerha, Guicer.*
Coteaux arides, champs incultes.

T. suffocatum L. *Mant.* 276 ; Bratt. et Trab. *Alg.* I, 240.
  Maroc septentrional : *Ksar Djédid, Andjéra, Tétouan,* plaine du *Rio Marlil.*
Endroits ravinés, lieux herbeux secs.

T. repens L. *Sp.* 1080 ; Batt. et Trab. *Alg.* I, 240.
  Maroc septentrional : *Perdicaris, Tétouan.*
Prairies humides, bords des marais.

T. Michelianum Savi *Obs. Trif.* 93 ; Batt. et Trab. *Alg.* I, 241.
  .. Maroc septentrional : *Cherf el Akab.*
Prairies très humides, inondées l'hiver.

T. isthmocarpum Brot. *Phyt. Lus.* I, 148 ; Batt. et Trab. *Alg.* I, 241.
  Maroc septentrional : *Djebel Kébir, Aïne Dalia, Cherf el Akab, Arzila.*
  Maroc occidental : *Ferme Lamm, Tilmellil, Camp Boulhaut.*
Endroits herbeux frais.

T. campestre Schreb. in Sturm. *D. Fl.* fasc. 16 ; Batt. et Trab. *Alg.* I, 242.
  Maroc septentrional : *Anse Spartel,* rives du lac *Hadjériin, Cherf el Akab, Djebel Dersa.*
  Maroc occidental : *El Hank, Bou Azza, Tilmellil, Oued bou Skoura, Si Abd en Naimi,*
    Fedhala, Camp Boulhaut, Oued Cherrat.
Endroits herbeux humides.

T. minus Sm. *Brit.* 1403 ; Batt. et Trab. *Alg.* I, 242 ; *T. filiforme* DC.
  Maroc septentrional : *Cherf el Akab.*
Endroits herbeux humides.

Dorycnopsis Gerardi Boiss. *Voy. bot. Esp.* 163 ; *Anthyllis Gerardi* L. ; Batt. et Trab. *Alg.*
  213.
  Maroc septentrional : *Djebel Kébir.*
  Maroc occidental : *Camp Boulhaut à El Aïoun.*
Endroits broussailleux.

Anthyllis Dillenii Schult. ; *A. vulneraria* L. var. *Dillenii* Ball ; Batt. et Trab. *Alg.* I, 249.
  Maroc septentrional : *Bahrain, Aïne Dalia Srira, Anse Spartel, Arzila, Tétouan, Djebel*
    Dersa.
  Maroc occidental : *Ferme Boute, Aïne Diab, Sidi bou Ziane, Médiouna, Oued bou Skoura,*
    Si Abd en Naimi, Sellal, Msahal, Bir Chafaï, Oued Tamdrost, Bled Oulad Allel, Si
    Senhadj, Sidi Mohammed el Bahloul, Kasbah ben Ahmed.
Pentes des collines arides, endroits pierreux, steppe à Palmiers nains.

Cornicia hamosa Boiss. *Voy. Esp.* 162 ; Batt. et Trab. *Alg.* I, 248 ; *Anthyllis hamosa* Desf.

Maroc occidental : *Camp Boulhaut, Oued Cherrat.*
Sables incultes et découverts dans la forêt.

Physanthyllis tetraphylla Boiss. *Voy. Esp.* 162 ; *Anthyllis tetraphylla* L. ; Batt. et Trab. *Alg.* I, 250.

> Maroc septentrional : *Bou Bana, Bougdour, Arzila, Andjéra, Zinet, Bouséja, Télouan, Semsa.*
>
> Maroc occidental : *Settat, Msahal, Bled Oulad Allel, Bir Chafaï, Oued Tamdrost, Kasbah ben Ahmed.*

Collines incultes ; steppe à Palmiers nains.

Dorycnium rectum DC. *Prodr.* II, 208 ; *Bonjeania recta* Rchb. ; Batt. et Trab. *Alg.* I, 243.

> Maroc septentrional : *Perdicaris, Maraboul de Kilhan,* plaine du *Rio Martil.*
>
> Maroc septentrional : *Tilmellil, Oued bou Skoura, Oued Tamdrost, Camp Boulhaut, Oued Cherrat.*

Bords des ruisseaux et des marais.

Lotus edulis L. *Sp.* 774 ; Batt. et Trab. *Alg.* I, 248.

> Maroc occidental : *Tanger, Arzila, Télouan, Semsa.*

Coteaux herbeux ; champs incultes, cultures.

L. ornithopodioides L. *Sp.* 775 ; Batt. et Trab. *Alg.* I, 247.

> Maroc septentrional : *Tanger, Aïne Dalia, Andjéra, Bouséja, Semsa,* plaine de *Télouan.*
>
> Maroc occidental : *Bled Oulad Allel, Settat.*

Champs, pentes des collines.

L. conïmbricensis Brot. *Fl. Lus.* II, 118 ; Batt. et Trab. *Alg.* I, 245.

> **Var. granatensis** Willk et Lge *Fl. Hisp.* III, 346.
>
> Maroc septentrional : *Cherf el Akab.*

Endroits herbeux inondés l'hiver.

L. arenarius Brot. *Fl. Lus.* II, 120 ; DC. *Prodr.* II, 120.

> Maroc septentrional : *Tanger, Anse Spartel.*
>
> Maroc occidental : *El Hank, Aïne Diab, Sidi Abderrhamane.*

Sables et rochers maritimes.

L. creticus L. *Sp.* 775 ; Batt. et Trab. *Alg.* I, 246.

> Maroc occidental : *Bou Znika.*

Rochers du littoral.

L. Salzmanni Boiss. et Reut. *Pug.* 37 ; *L. commutatus* Guss.

> Maroc septentrional : *Tanger.*
>
> Maroc occidental : *El Hank, Aïne Diab, Oukacha.*

Dunes et rochers maritimes.

L. corniculatus L. *Sp.* 775 ; Batt. et Trab. *Alg.* I, 246.

> Maroc occidental : *Settat, Bled Oulad Allel, Oulad Saïd, Msahal, Oued Tamdrost, Sidi Mohammed el Bahloul, Kasbah ben Ahmed, Guicer, Sidi bou Zerlan, Djebel Flalin, Ouamra, Dar Chafaï.*

Endroits herbeux incultes ; steppe à Palmiers nains.

L. cytisoides L. *Sp.* 776 ; Batt. et Trab. *Alg.* I, 247.

> Maroc septentrional : *Télouan, Djebel Dersa, Bouséja, Semsa.*

Fentes des rochers, pentes des montagnes calcaires.

L. hispidus Desf. *Hort. Par.* 190 ; Batt. et Trab. *Alg.* I, 254.
>   Maroc septentrional : *Télouan, Djebel Dersa.*
>   Maroc occidental : *Camp Boulhaut.*
Endroits herbeux humides.

L. stagnalis Batt. et Trab. *Alg.* I, 244.
>   Maroc occidental : *Aïne Seba, Bou Azza, Tilmellil, Oued Tamdrosl.*
Bords des marais herbeux.

L. parviflorus Desf. *All.* II, 206 ; Batt. et Trab. *Alg.* I, 244.
>   Maroc septentrional : *Djebel Kébir, Djebel Darziro, Cap Spartel, Marabout de Kithan,*
>   *Oued Zarka, Bou Bana, Aïne Slaoua.*
>   Maroc occidental : *Aïne Seba, Si Abd en Naimi.*
Endroits humides, herbeux et découverts, au milieu des Cistes.

Tetragonolobus Requieni Fish. et Mey. ; *T. guttatus* Pomel ; Batt. et Trab. *Alg.* I, 244.
>   Maroc septentrional : *Ahouana à Zinel.*
Endroits herbeux frais.

T. purpureus Mœnch. *Meth.* 164 ; Batt. et Trab. *Alg.* I, 243.
>   Maroc septentrional : *Tanjier el Balia, Sarf, Aïne Slaoua, Zinel.*
Pâturages, champs herbeux.

T. siliquosus Roth *Tent. fl. Germ.* 323 ; Batt. et Trab. *Alg.* I, 244.
>   Maroc occidental : *Ferme Lamm, Tilmellil, Oued bou Skoura.*
Bords herbeux des ruisseaux.

Scorpiurus sulcatus L. *Sp.* 745 ; Batt. et Trab. *Alg.* I, 285.
>   Maroc septentrional : *Télouan,* plaine du *Rio Martil.*
>   Maroc occidental : *El Hank, Ferme Carlos, Bou Azza, Oued bou Skoura, Ber Rechid,*
>   *Sellal, Msahal, Bir Chafaï, Bir Jdour, Bled Oulad Allel, Oued Tamdrost, Kasbah ben*
>   *Ahmed, Khemissel, Sidi bou Ali.*
Bords des chemins, champs, moissons.

S. vermiculatus L. *Sp.* 774 ; Batt. et Trab. *Alg.* I, 284.
>   Maroc septentrional : *Cap Spartel, Djebel Kébir, Villa Harris, Andjéra.*
>   Maroc occidental : *Tilmellil, Dar Rhamndour, Oued bou Skoura, Camp Boulhaut.*
Champs, endroits sablonneux herbeux et humides.

Ornithopus compressus L. *Sp.* 741 ; Batt. et Trab. *Alg.* I, 288.
>   Maroc septentrional : *Djebel Kébir, Arzila, Cap Spartel, Villa Harris, Rio Martil, And-*
>   *jéra, Bouséja, Djebel Dersa, Bougdour.*
>   Maroc occidental : *Dar Rhamndour, Tilmellil.*
Endroits herbeux, champs incultes.

O. isthmocarpus Coss. *Not. pl. crit.* 36 ; Batt. et Trab. *Alg.* I, 288.
>   Maroc septentrional : Entre le lac *Hadjériin* et l'Océan.
>   Maroc occidental : *Ferme Alvarez, Dar Oulad ben Abbou, Sidi bou Ziane.*
Sables herbeux arides.

O. ebracteatus Brot. *Fl. Lus.* II, 159 ; Batt. et Trab. *Alg.* I, 287.
>   Maroc septentrional : *Djebel Kébir, Cap Spartel.*
Endroits sablonneux frais ou humides.

Coronilla glauca L. *God.* n. 5466 ; Batt. et Trab. *Alg.* I, 285.
>   Maroc septentrional : *Semsa, Djebel Dersa* (400 m.), *Oued Zarka, Val Tissa* (800 m.
>   *Beni Hosmar* (1 100 m.).
> Fentes des rochers calcaires de la région montagneuse.

C. valentina L. *Cod.* n. 5465 ; Batt. et Trab. *Alg.* I, 285.
>   Maroc occidental : *Camp Boulhaut.*
> Endroits sablonneux ombragés de la forêt.

C. atlantica Boiss. et Reut. in *litt.* ; Batt. et Trab. *Alg.* 1, 286.
>   Maroc occidental : *Oued Cherrat*, près *Camp Boulhaut.*
> Bords des ruisseaux broussailleux.

C. repanda Guss. *Syn.* II, 302 ; Batt. et Trab. *Alg.* 1, 287.
>   Maroc occidental : *Casablanca* (Moreau) ; *Camp Boulhaut.*
> Champs incultes ; endroits sablonneux et herbeux.

C. scorpioides Kch *Syn.* 289 ; Batt. et Trab. *Alg.* I, 287.
>   Maroc septentrional : *Ahouana, Zinet, Bouséja*, plaine du *Rio Martil.*
>   Maroc occidental : *Settat, Msahal, Bir Jdour, Guicer* à *Dar Chafaï, Sidi Barca, Khemissel.*
> Moissons ; steppe à Palmiers nains.

Hippocrepis multisiliquosa L. *Sp.* 744 ; Batt. et Trab. *Alg.* I, 289.
>   Maroc septentrional : *Tétouan, Bou Semlen, Semsa.*
>   Maroc occidental : *Sidi Abderrhamane, Ber Rechid, Msahal, Settal, Bir Chafaï, Oued
>   Tamdrost, Si Senhadj, Kasbah ben Ahmed, Bir Jdour, Sidi Barca, Khemissel.*
> Moissons, champs arides, steppe à Palmiers nains.

H. Salzmanni Boiss. et Reut. *Pug.* 42 ; Batt. et Trab. *Alg.* I, 289.
>   Maroc septentrional : *Cap Spartel* à l'*Anse Spartel.*
> Endroits herbeux très humides.

Psoralea bituminosa L. *Sp.* 763 ; Batt. et Trab. *Alg.* I, 265.
>   Maroc septentrional : *Bahrain, Djebel Dersa, Semsa, Beni Hosmar.*
> Collines pierreuses incultes.

P. dentata DC. *Prodr.* II, 221 ; Batt. et Trab. *Alg.* I, 266.
>   Maroc occidental : *Settat* au *Bled Tamdrost*, près de *Sidi Sérier.*
> Dépressions argileuses inondées l'hiver.

Erophaca bætica Boiss. *Voy. bot. Esp.* 177 ; Batt. et Trab. *Alg.* I, 252.
>   Maroc septentrional : *Aïne Slaoua, Andjéra.*
>   Maroc occidental : *Camp Boulhaut.*
> Endroits broussailleux ou boisés.

Astragalus epiglottis L. *Mant.* 274 ; Batt. et Trab. *Alg.* I, 252.
>   Maroc septentrional : *Aïne Dalia, Mnimacada, Bougdour, Bouséja*, plaine du *Rio Martil
>   Zinet* (*A. epiglottoides* Will.).
>   Maroc occidental : *Settat, Msahal, Bled Oulad Allel, Bir Chafaï.*
> Pentes argilo-calcaires des collines, endroits herbeux secs.

A. sesameus L. *Sp.* 759 ; Batt. et Trab. *Alg.* I, 255.
>   Maroc septentrional : *Mnimacada, Zinet.*
>   Maroc occidental : *Dar Chafaï* à *Mechra ben Abou, Settat.*
> Collines incultes ; champs arides.

A. gryphus Coss. et Dur. *inéd.* ; Munby *Cat.* ; Batt. et Trab. *Alg.* I, 257.
Maroc occidental : *Khemissel.*
Endroits herbeux incultes.

A. bæticus L. *Sp.* 758 ; Batt. et Trab. *Alg.* I, 256.
Maroc septentrional : *Mnimacada, Souani, Télouan, Bou Semlen.*
Maroc occidental : *Si Abd en Naimi, Bou Azza, Ferme Lamm, Ber Rechid, Oued bou Skoura, Bir Chafaï, Oued Tamdrosl, Si Senhadj, Kasbah ben Ahmed, Bir Jdour, Bled Oulad Allel, Sidi bou Ali, Fedhala.*
Champs incultes et cultivés, moissons.

A. pentaglottis L. *Manl.* 274 ; Batt. et Trab. *Alg.* I, 253.
Maroc septentrional : *Bou Bana, Mnimacada, Bougdour, Aïne Dalia.*
Pentes des collines herbeuses, champs incultes.

A. hamosus L. *Sp.* 758 ; Batt. et Trab. *Alg.* I, 258.
Maroc septentrional : *Bou Bana, Ahouana, Zinel.*
Maroc occidental : *Casablanca, Oued bou Skoura, Sellal, Bir Jdour.*
Bords des chemins, lieux incultes, steppe à Palmiers nains.

A. Solandri Lowe in Hook. *Journ. Bot.* VIII, 294 ; Ball *Spic. Fl. Maroc.* 431.
Maroc occidental : *Bou Azza.*
Endroits herbeux incultes.

A. caprinus L. *Sp.* ed. 2, 1070 ; Batt. et Trab. *Alg.* I, 261.
Maroc occidental : *Ber Rechid, Khemissel.*
Endroits herbeux aux bords des moissons.

A. Glaux L. *Sp.* 759 ; Batt. et Trab. *Alg.* I, 253.
Maroc septentrional : *Tanjier el Balia, Aïne Slaoua, Bahrain, Mnimacada, Zinel, Ksar Djedid, Andjéra.*
Maroc occidental : *Sidi bou Ziane, Médiouna, Ber Rechid, Msahal, Bir Chafaï, Sellal, Si Rerha, Guicer.*
Pentes des collines arides, champs incultes.

A. chlorocyaneus Boiss. et Reut. *Pug.* 39 ; Ball *Spic. Fl. Maroc.* 434.
Maroc septentrional : Base du *Djebel Dersa, Bouséja, Semsa.*
Pentes herbeuses des collines, au milieu des Cistes.

Bisserrula Pelecinus L. *Sp.* 762 ; Batt. et Trab. *Alg.* I, 263.
Maroc septentrional : *Bougdour, Djebel Darziro,* entre le lac *Hadjériin* et l'Océan, *Andjéra.*
Maroc occidental : *Ferme Lamm, Bou Azza, Dar Oulad ben Abbou.*
Sables herbeux ; champs, moissons.

Glycyrrhiza fœtida Desf. *All.* II, 170 ; Batt. et Trab. *Alg.* I, 264.
Maroc occidental : *Pont Blondin à Camp Boulhaut.*
Endroits argilo-sablonneux inondés l'hiver.

Hedysarum capitatum Desf. *All.* II, 177 ; Batt. et Trab. *Alg.* I, 293.
Maroc septentrional : *Bouséja, Semsa,* pentes inférieures du *Djebel Dersa.*
Pentes des collines herbeuses et broussailleuses.

H. flexuosum L. *Sp.* 750 ; Batt. et Trab. *Alg.* I, 295.
Maroc septentrional : *Tanger, Bou Bana.*

Maroc occidental : *Oued bou Skoura.*
Pâturages et lieux herbeux.

Onobrychis eriophora Desv. *Journ. Bot.* 1851 ; Ball *Spic. Fl. Maroc.* 436.
Maroc septentrional : *Aïne Slaoua, Andjéra.*
Collines rocailleuses arides.

O. Crista-Galli Lam. *Fl. Fr.* II, 652 ; Batt. et Trab. *Alg.* I, 291.
Maroc occidental : *Sellal, Msahal, Bir Chafaï, Oued Tamdrost, Guicer.*
Collines herbeuses arides.

Ebenus pinnata Desf. in *Act. Soc. hist. nat. Paris,* 21, tab. 3; Batt. et Trab. *Alg.* I, 290.
Maroc occidental : *Sidi Mohammed el Bahloul, Oued Tamdrost, Sidi Yssef.*
Collines rocailleuses et broussailleuses, très arides.

Vicia erviformis Boiss. *Voy. Esp.* 550 ; Ball *Spic. Fl. Maroc.* 438 ; *Ervum vicioides* Desf.
Maroc septentrional : *Cherf el Akab.*
Endroits herbeux incultes.

V. disperma DC. *Hort. Monsp.* 154 ; Batt. et Trab. *Alg.* I, 276.
Maroc septentrional : *Djebel Kébir.*
Endroits herbeux incultes.

V. nigricans M. Bieb. *Flor. Taur. Cauc.* II, 104 (sub *Lens*) ; *Lens nigricans* Batt. et Trab. *Alg.*
I, 276.
Maroc occidental : *Sellal, Msahal.*
Steppe herbeuse à Palmiers nains.

V. gracilis Lois. *Fl. Gall.* 460 ; *Ervum gracile* DC. ; Batt. et Trab. *Alg.* I, 276.
Maroc septentrional : *Andjéra, Anse Sparlel.*
Maroc occidental : *Bou Azza.*
Broussailles, lieux herbeux incultes.

V. sativa L. *Sp.* 736 ; Batt. et Trab. *Alg.* I, 267.
Maroc septentrional : *Tanger, Aïne Slaoua, Andjéra, Télouan, Arzila.*
Maroc occidental : *Casablanca.*
Champs, jardins, pâturages.

V. angustifolia Roth *Ten. fl. Germ.* I, 310 ; Batt. et Trab. *Alg.* I, 268.
Maroc septentrional : *Djebel Kébir, Cap Sparlel, Télouan.*
Maroc occidental : *Si Abd en Naimi.*
Moissons, champs incultes, endroits herbeux.

V. lutea L. *Sp.* 736 ; Batt. et Trab. *Alg.* I, 269.
Maroc septentrional : *Tanger, Aïne Dalia, Arzila, Andjéra, Télouan.*
Maroc occidental : *Ber Rechid, Sidi el Aïdi, Tilmellil, Oukacha, Sellal, Msahal, Khemissel.*
Champs, moissons, endroits incultes.

V. hirta Balb. *Miscell. All. Pers. Syn.* II, 308 ; Batt. et Trab. *Alg.* I, 269 ; *V. lutea* var. *hirta*
Boiss.
Maroc septentrional : *Tanger, Zinet, Andjéra, Télouan.*
Maroc occidental : *Oued bou Skoura, Khemissel, Sidi bou Ali, Dar el Hadj Salah.*
Collines incultes, moissons, champs incultes.

V. vestita Boiss. *Elench.* 67 ; Ball *Spic. Fl. Maroc.* 439 ; *V. lutea* var. *muricata* Seringe.

Maroc septentrional : *Cherf el Àkab.*
Endroits herbeux incultes, auprès des moissons.

V. Faba L. *Sp.* 737 ; Batt. et Trab. *Alg.* I, 269.
Maroc septentrional et occidental : Souvent cultivée, surtout dans le Nord.

V. narbonensis L. *Sp.* 737 ; Batt. et Trab. *Alg.* 1, 270.
Maroc occidental : *Camp Boulhaul.*
Champs en friche.

V. sicula Gus. ; Batt. et Trab. *Alg.* 1, 271.
Maroc occidental : *Casablanca* (Moreau).
Champs cultivés et en friche.

V. peregrina L. *Cod.* n. 5419 ; Batt. et Trab. *Alg.* 1, 269.
Maroc occidental : *Sellal, Msahal.*
Cultures, moissons.

V. atropurpurea Desf. *All.* II, 164 ; Ball *Spic. Fl. Maroc.* 438.
Maroc septentrional : *Djebel Kébir, Cap Spartel, Souani, Bougdour, Chouikreuch, And-jéra.*
Maroc occidental : *Sidi Abderrhamane, Ferme Lamm, Oued Tamdrosl.*
Cultures, champs, moissons.

V. calcarata Desf. *All.* II, 166 ; Batt. et Trab. *Alg.* I, 274.
Maroc occidental : *Ber Rechid.*
Moissons ; champs cultivés et incultes.

Lathyrus Aphaca L. *Sp.* 729 ; Batt. et Trab. *Alg.* I, 278.
Maroc septentrional : *Tanger, Aïne Slaoua, Bougdour, Cherf el Akab, Arzila, Maraboul de Kithan, Télouan,* plaine du *Rio Marlil.*
Endroits herbeux, cultures, moissons.

L. angulatus L. *Cod.* n. 5392 ; Gren. et Godr. *Fl. Fr.* 1, 490.
Maroc septentrional : *Cherf el Akab.*
Endroits sablonneux incultes.

L. sativus L. *Cod.* n. 5289 ; Gren. et Godr. *Fl. Fr.* I, 482.
Maroc septentrional : Cultivé.

L. annuus L. *Cod.* n. 5395 ; Gren. et Godr. *Fl. Fr.* I, 482.
Maroc septentrional : *Tanger.*
Bords des chemins, moissons.

L. tingitanus L. *Cod.* n. 5396 ; DC. *Prodr.* II, 374.
Maroc septentrional : *Djebel Kébir.*
Endroits herbeux incultes.

L. Clymenum L. *Sp.* 732 ; Batt. et Trab. *Alg.* 1, 277.
Maroc septentrional : *Anse Spartel, Djebel Kébir.*
Maroc occidental : *Casablanca* (Moreau) ; *El Hank.*
Broussailles, lieux herbeux, moissons.

L. Ochrus DC. *Fl. Fr.* IV, 578 ; Batt. et Trab. *Alg.* 1, 278.
Maroc septentrional : *Tanger, Arzila, Télouan, Bouséja.*
Maroc occidental : *Sidi bou Ali, Ber Rechid.*

Champs, cultures, moissons.

Cicer arietinum L. *Sp.* 738 ; Batt. et Trab. *Alg.* I, 267.
　　Maroc septentrional et occidental : Souvent cultivé, surtout dans le Nord.

Pisum elatius M. Bieb. *Fl. Taur. Cauc.* II, 151 ; Batt. et Trab. *Alg.* I, 283.
　　Maroc septentrional : *Djebel Kébir.*
　　Maroc occidental : *Oued Cherrat,* près *Camp Boulhaut.*
Lieux herbeux incultes.

Ceratonia Siliqua L. *Sp.* 1026 ; Batt. et Trab. *Alg.* I, 296.
　　Maroc septentrional : Cultivé et naturalisé, plus rare ou absent en Chaouïa.

Acacia gummifera Willd. *Sp.* Pl. IV, 1056 ; DC. *Prodr.* II, 455.
　　Maroc occidental : *Mechra ben Abou* à *Sidi Fcali.*
Très abondant dans la steppe aride et ensoleillée.

A. Farnesiana Willd. *Sp.* Pl. IV, 1083 ; DC. *Prodr.* II, 461.
　　Maroc occidental : *Casablanca, Ferme Alvarez.*
Décombres, échappé des jardins.

ROSACEÆ Juss.

Amygdalus communis L. *Sp.* 677 ; Batt. et Trab. *Alg.* I, 296.
　　Maroc septentrional : Cultivé dans les jardins.

Prunus domestica L. *Sp.* 630 ; Desf. *Atl.* I, 394.
　　Maroc septentrional : *Tanger.*
Cultivé dans les jardins.

P. Mahaleb L. *Sp.* 678 ; Gren. et Godr. *Fl. Fr.* I, 516.
　　Maroc septentrional : *Beni Hosmar* (800 m.).
Buissons des endroits frais de la région montagneuse.

Rubus discolor Weihe et Nees *Rub. Germ.* 46, tab. 20 ; Batt. et Trab. *Alg.* I, 301.
　　Maroc occidental : *Sellat, Oued Tamdrost, Camp Boulhaut, Oued Cherrat.*
Broussailles et forêts.

Potentilla reptans L. *Sp.* 714 ; Batt. et Trab. *Alg.* I, 303.
　　Maroc septentrional : *Perdicaris, Djebel Kébir, Télouan.*
　　Maroc occidental : *Aïne Seba, Ferme Lamm, Tilmellil, Oued Tamdrost, Camp Boul-
　　　　haut, El Aïoun* et *Oued Cherrat* près de *Camp Boulhaut.*
Bords des marais herbeux et des ruisseaux.

Alchemilla arvensis Scop. *Fl. Carn.* I, 115 ; *Aphanes cornucopioides,* Batt. et Trab. *Alg.* I, 308.
　　Maroc septentrional : *Andjéra, Djebel Kébir, Beni Hosmar, Yarghil.*
Endroits ravinés des coteaux broussailleux.

Agrimonia odorata Mill. *Dict.* n° 3 ; Ball *Spic. Fl. Maroc.* 444.
　　Maroc septentrional : *Andjéra, Bouséja, Oued Zarka.*
Endroits broussailleux frais et ombragés.

Poterium verrucosum Ehrenb. *Ind. horl. Berol.* [1829] ; Batt. et Trab. *Alg.* I, 308.
　　Maroc septentrional : *Tanger, Cherf el Akab, Andjéra, Aïne Slaoua, Bouséja.*
　　Maroc occidental : *Aïne Diab, Sidi bou Ziane, Médiouna, Oued bou Skoura, Ber Rechid,*

Sidi el Aïdi, Sellal, Msahal, Ouad Saïd, Bled Oulad Allel, Bir Jdour, Oued Tamdrost, Si Senhadj, Sidi Mohammed el Bahloul, Kasbah ben Ahmed, Camp Boulhaut.
Coteaux herbeux arides ; steppe à Palmiers nains.

P. multicaule Boiss. et Reut. *Pug.* 44 ; Ball *Spic. Fl. Maroc.* 445.
Maroc septentrional : *Cap et Anse Spartel,* vers *Arzila, Djebel Kébir, Djebel Dersa.*
Collines broussailleuses, parmi les Cistes.

Rosa sempervirens L. *Sp.* 704 ; Batt. et Trab. *Alg.* I, 299.
Maroc septentrional : *Tanger, Le Marchand,* plaine du *Rio Martil, Bou Semlen, Mara bout de Kithan.*
Maroc occidental : *Oued Tamdrost, Oued Cherrat, Camp Boulhaut.*
Haies et broussailles dans les endroits frais.

Pirus cordata Desv. *Obs. pl. d'Anjou,* 153.
Maroc septentrional : *Khemisset, Camp Boulhaut.*
Endroits boisés, forêt.

Cydonia vulgaris DC. *Prodr.* II, 638 ; *Pyrus Cydonia* L. ; Desf. *All.* I, 397.
Maroc septentrional : Cultivé ; subspontané sous *Bou Semlen.*
Maroc occidental : *Sellat, Oued Tamdrost, Oued Cherrat* près *Camp Boulhaut.*
Cultivé dans les jardins, plus rarement subspontané.

Cratægus oxyacantha L. *Sp.* 683; Batt. et Trab. *Alg.* I, 309, et *C. monogyna* Jacq. *Fl. Austr.* tab. 292, fig. I ; Batt. et Trab. *l. c.,* 310.
Maroc septentrional : *Ksar Djédid, Andjéra, Zinet, Fondouk, Aïne Slaoua, Hammar, Semsa, Val Tissa* (4-600 m.), *Marabout de Kithan,* vallée de l'*oued Zarka, Beni Hosmar* (6-900 m.).
Maroc occidental : *Oued Cherrat,* près *Camp Boulhaut.*
Endroits broussailleux ou boisés.

GRANATEÆ Don.

Punica granatum L. *Sp.* 676 ; Batt. et Trab. *Alg.* I, 314.
Maroc septentrional et occidental : Cultivé dans les jardins, surtout dans le Nord.

MYRTACEÆ R. Br.

Myrtus communis L. *Sp.* 673 ; Batt. et Trab. *Alg.* I, 314.
Maroc septentrional : Régions de *Tanger, Arzila, Andjéra, Télouan.*
Maroc occidental : *Fedhala* à *Camp Boulhaut, Kasbah Mansouria,* toute la forêt de *Camp Boulhaut,* rives de l'*oued Cherrat.*
Broussailles, forêts.

ONAGRARIEÆ Juss.

Epilobium hirsutum L. *Sp.* 494 ; Batt. et Trab. *Alg.* I, 310
Maroc septentrional : *Perdicaris.*
Maroc occidental : *Tilmellil, Oued Tamdrost.*
Bords des ruisseaux et des marais.

E. tetragonum L. *Sp.* 494 ; Batt. et Trab. *Alg.* I, 315.
>   Maroc septentrional : *Souani, Ahouana, Djebel Kébir.*
> Endroits très humides, au bord des eaux.

CALLITRICHINEÆ Link.

Callitriche vernalis Koch *Syn.* 271 ; Batt. et Trab. *Alg.* I, 107.
>   Maroc occidental : *Ferme Lamm, Settal, Camp Boulhaut (El Aïoun).*
> Marais et sources.

HALORAGEÆ R. Br.

Myriophyllum spicatum L. *Sp.* 1409 ; Batt. et Trab. *Alg.* I, 318.
>   Maroc occidental : *Camp Boulhaut à El Aïoun.*
> Eaux stagnantes.

M. verticillatum L. *Sp.* 1410 ; Batt. et Trab. *Alg.* I, 317.
>   Maroc occidental : *Camp Boulhaut (Daya aux pieds du Sokral en Nemra).*
> Eaux stagnantes.

LYTHRARIEÆ Juss.

Peplis nummulariæfolia Lois. *Not.* [1810], 74 ; Ball *Spic. Fl. Maroc.* 456.
>   Maroc occidental : *Camp Boulhaut.*
> Endroits herbeux inondés l'hiver.

Lythrum bicolor Battandier et Pitard, sp. nov.

Petite plante annuelle, glabre, dressée, haute de 1 à 2 décimètres, rameuse. Tiges grêles, anguleuses, à angles subailés, bien feuillées. Feuilles sessiles, les inférieures opposées, elliptiques-oblongues, les supérieures alternes, plus étroites. Fleurs axillaires, très courtement pédonculées, à pédoncules munis de deux bractéoles membraneuses. Calice longuement tubuleux, infundibuliforme, puis cylindrique, muni de 12 nervures longitudinales dont 6 plus faibles, à 12 dents dont 6 internes membraneuses et largement ovales et 6 externes herbacées, oblongues, peu aiguës, un peu plus longues que les internes, conniventes, jamais renversées en arrière. Pétales 6, aussi longs que le calice, à limbe oblong, longuement atténués et cunéiformes vers le bas, nettement bicolores, à nuances tranchées, blancs dans la moitié inférieure, d'un rose foncé dans la moitié supérieure. Étamines 8-12, à filets blancs et grêles. Style terminé par un stigmate capité.

Dans les échantillons récoltés il y avait deux formes de fleurs très tranchées : une forme brachystylée à style dépassant peu le calice et à étamines presque aussi longues que les pétales, et une forme dolichostylée à étamines dépassant peu le calice et à style atteignant presque la longueur des pétales. Capsule cylindrique, obtuse, un peu plus courte que le calice.

Ce joli petit *Lythrum* ressemble à certaines formes latifoliées et courtes du *L. hys-sopifolium*. Il en diffère par ses tiges anguleuses, par les dents externes du calice plus larges, plus courtes et moins aiguës, par sa corolle nettement bicolore. Il est beaucoup plus éloigné du *L. Græfferi* Ten.

> Maroc occidental : *Sellat* au *Bled Tamdrosl, Si Senhadj, Sidi Barca.*
> Dépressions inondées l'hiver où il forme un tapis parfois dense.

L. hyssopifolium L. *Sp.* 642 ; Batt. et Trab. *Alg.* I, 319.
> Maroc septentrional : *Andjéra.*
> Maroc occidental : *Aïne Diab, Dar Oulad ben Abbou, Tilmellil, Oued bou Skoura, Si Abd en Naimi, Camp Boulhaut, Oued Cherral.*
> Bords des marais ; dépressions inondées l'hiver.

L. thymifolium L. *Sp.* 642 ; Batt. et Trab. *Alg.* I, 319.
> Maroc septentrional : *Andjéra.*
> Endroits inondés l'hiver.

L. Græfferi Ten. *Prodr. Nap.* in *Fl. Nap.* I, p. LXVII ; *L. flexuosum* Lag. ; Batt. et Trab. *Alg.* I, 319.
> Maroc septentrional : *Djebel Kébir, Cap Spartel, Arzila, Cherf el Akab.*
> Maroc occidental : *Bou Azza, Tilmellil, Sidi Abderrhamane. Aïne Kaddour, Oued bou Skoura, Si Abd en Naimi, Sellal, Bir Jdour, Guicer, Oued Tamdrosl, Aïne Haleiba, Camp Boulhaut, Oued Cherral, Sidi Sérier.*
> Marais herbeux et bords des eaux.

L. Salicaria L. *Sp.* 640 ; Batt. et Trab. *Alg.* I, 319.
> **Var. tomentosa** DC.
> Maroc occidental : *Tilmellil, Kasbah Mansouria, Camp Boulhaut, Oued Cherral.*
> Bords des marais et ruisseaux.

CRASSULACEÆ DC.

Tillæa muscosa L. *Sp.* 186 ; Batt. et Trab. *Alg.* I, 323.
> Maroc septentrional : *Djebel Kébir, Cherf el Akab, Yarghil, Djebel Dersa.*
> Endroits sablonneux humides.

Umbilicus pendulinus DC. *Pl. grasses*, tab. 156 ; *Cotyledon pendulinus* Batt. et Trab. *Alg.* I, 329.
> Maroc occidental : *Casablanca* (Moreau) ; *Camp Boulhaut.*
> Fissures des rochers ; vieux murs.

U. horizontalis DC. *Prodr.* III, 400 ; *Cotyledon horizontalis* Guss. ; Batt. et Trab. *Alg.* I, 329.
> Maroc occidental : *El Hank, Sidi Abderrhamane, Sellal, Oued Tamdrosl, Kasbah ben Ahmed, Si Rerha.*
> Rochers ; vieux murs ombragés.

Pistorinia Salzmanni Boiss. *Voy. Esp.* 224 ; Batt. et Trab. *Alg.* I, 329.

Maroc occidental : *Tilmellil, Camp Boulhaut.*
Endroits sablonneux arides.

P. brachyantha Coss. *Index* in *Bull. Soc. bot. Fr.* [1875], 18 ; *Cotyledon Cossoniana* Ball *Journ. Bot.* [1873], 332.
Maroc occidental : *Tilmellil, Aïne Diab, Sidi Djilali.*
Endroits sablonneux incultes, moissons.

Sedum rubens L. *Sp.* 619 ; Batt. et Trab. *Alg.* I, 324.
Maroc occidental : *Dar el Kébir, Bir Chafaï, Bir Jdour, Bled Oued Allel, Sellat, Sidi bou Ali, Sidi el Aïdi, Oued Cherrat* près *Camp Boulhaut.*
Pentes des collines arides ; steppe à Palmiers nains.

S. cespitosum DC. *Prodr.* III, 405 ; Batt. et Trab. *Alg.* I, 324.
Maroc occidental : *Tilmellil, Sidi bou Ziane, Oued bou Skoura, Si Abd en Naimi, Oued Cherrat,* près *Camp Boulhaut.*
Endroits rocheux, dans les sables et les graviers.

S. brevifolium DC. *Rapp. Voy.* 1808 ; Ball *Spic. Fl. Maroc.* 452.
Var. induratum Coss. ; *S. nudum* Schousb. *Herb.*
Maroc septentrional : *Djebel Kébir.*
Sur les rochers gréseux.

S. pruinatum Brot. *Fl. Lus.* II, 209 ; Ball *Spic. Fl. Maroc.* 453 ; *S. elegans* Lej.
Maroc septentrional : *Télouan,* plaine du *Rio Martil,* région inférieure du *Djebel Dersa* et du *Beni Hosmar.*
Endroits rocheux.

FICOIDEÆ Juss.

Mesembryanthemum crystallinum L. *Sp.* 688 ; Batt. et Trab. *Alg.* I, 331.
Maroc occidental : *Oukacha, Lakriri, Bir Jdour, Oued Tamdrost, Mechra ben Abou.*
Décombres, bords des chemins, endroits sablonneux incultes.

M. nodiflorum L. *Sp.* 687 ; Batt. et Trab. *Alg.* I, 330.
Maroc occidental : *Bir Jdour, Sellat, Guicer.*
Endroits incultes, décombres, bords des chemins.

CACTEÆ DC.

Opuntia Ficus-indica Haw. *Syn.* 210 ; Batt. et Trab. *Alg.* I, 332.
Maroc septentrional et occidental : Cultivé en massifs pour la production des fruits ou en haies pour la protection des champs.

CUCURBITACEÆ Juss.

Citrullus Colocynthis Schrad. in *Linnæa,* XII, 414 ; Batt. et Trab. *Alg.* I, 332.
Maroc occidental : *Pont Blondin, Fedhala, Bou Znika, Mechra ben Abou.*
Sables maritimes, endroits sablonneux arides et incultes de l'intérieur.

Ecbalium Elaterium Rich. in *Dict. class. hist. nat.* VI, 19 ; Batt. et Trab. *Alg.* I, 333.

Maroc occidental : *Khemisset* (plante dioïque).
Cultures et champs incultes.

Bryonia dioïca Jacq. *Fl. Austr.* II, 59, tab. 199 ; Batt. et Trab. *Alg.* I, 333.
  Maroc septentrional : *Tanger, Djebel Kébir, Sarf, Andjéra, Semsa.*
  Maroc occidental : *Oued Tamdrosl, Guicer, Sidi Feali, Camp Boulhaut, Oued Cherral.*
Broussailles et haies dans les endroits humides et ombragés.

SAXIFRAGACEÆ Juss.

Saxifraga granulata L. *Sp.* 577 ; Ball *Spic. Fl. Maroc.* 448.
  Maroc septentrional : *Djebel Dersa* (600 m.).
Sur les rochers moussus de la région montagneuse.

S. tridactylites L. *Sp.* 578 ; Batt. et Trab. *Alg.* I, 335.
  Maroc septentrional : au-dessus de *Yarghil.*
Sur les rochers calcaires moussus de la région montagneuse.

S. Maweana Baker in *Gard. Chron.* [1871], 1355 ; Ball *Spic. Fl. Maroc.* 448.
  Maroc septentrional : *Oued Zarka* (entre la cascade et *Yarghil*), *Beni Hosmar* (800 m.).
Fissures des rochers humides et découverts de la région montagneuse.

DROSÉRACEÆ DC.

Drosophyllum lusitanicum Link in *Schrad. N. Journ.* [1806], 2 ; Ball *Spic. Fl. Maroc.* 455.
  Maroc septentrional : *Djebel Kébir, Anse et Cap Spartel, Djebel Darziro*, région inférieure
  orientale du *Djebel Dersa.*
Pentes des collines rocheuses et broussailleuses, au milieu des Cistes.

UMBELLIFERÆ Juss.

Eryngium atlanticum Battandier et Pitard, sp. nov.

Plante annuelle glabre, à souche courte, à racines noirâtres plus ou moins nombreuses ; tige haute de 3-10 centimètres, trifurquée, puis à ramifications grêles, longues de 5-20 centimètres, dichotomisées, de plus en plus courtes, offrant entre elles
un capitule sessile à involucre légèrement bleuté. Feuilles de la base à long pétiole,
limbe largement elliptique, obtusément denté, rapidement desséché : feuilles supérieures à pétiole de plus en plus court, à limbe linéaire oblong, à dents longues, légèrement spinescentes, peu nombreuses. Capitules petits, sessiles ou à peine pédonculés ;
involucre cupuliforme et rugueux à la base, à 4 pièces, dont 2 plus courtes, lancéolées-
aiguës, longuement spinescentes, bleutées sur leurs bords supérieurs et leur face ven-
trale. Fleurs peu nombreuses dans chaque capitule, généralement 4 ; sépales 5,
oblongs, mucronés, pétales 5, carénés ventralement, émarginés, à sommet infléchi en
dedans et lacinié ; étamines 5, à filet égalant le double de la longueur des sépales ;
styles 2, filiformes dressés, dépassant à peine le mucron des sépales ; stigmates légè-

rement capités. Fruits pourvus au moins sur leur moitié supérieure d'un revêtement de gros et longs poils coniques, visiblement couverts, à la loupe, d'une quantité
de petites aspérités.

Cette jolie espèce se rapproche de l'*Eryngium Barrelieri* Boiss.; elle présente le
même habitat et un certain nombre de caractères communs.

Elle croît dans les dayas, mais n'y forme pas, comme l'*E. Barrelieri*, un revêtement
dense : les individus, en petite colonie, y sont très éparpillés.

Elle s'éloigne enfin très nettement de cette espèce par son port rameux très étalé,
ses capitules pauciflores, le mucron plus court des sépales, enfin par son fruit non
écailleux.

> Maroc occidental : *Pont Blondin à Camp Boulhaut.*
> Dépressions humides l'hiver, rapidement asséchées et herbeuses.

E. campestre L. *Sp.* 337 ; Batt. et Trab. *Alg.* 1, 339.
> Maroc septentrional : *Tanger, Souani, Ahouana.*
> Endroits herbeux incultes, moissons.

E. maritimum L. *Sp.* 337 ; Batt. et Trab. *Alg.* I, 340.
> Maroc septentrional : *Tanger.*
> Maroc occidental : *Oukacha, Fedhala.*
> Sables maritimes.

E. triquetrum Vahl. *Symb.* II, 46 ; Batt. et Trab. *Alg.* I, 338.
> Maroc occidental : *Ferme Alvarez, Dar Oulad Saila, Oued bou Skoura, Si Abd en Naimi,
> Ber Rechid, Si el Djilali, Sellat, Msahal, Bir Chafaï, Bir Jdour, Oued Tamdrost, Bled
> Oulad Allel, Oulad Saïd, Si Senhadj, Sidi Mohammed el Bahloul, Kasbah ben Ahmed,
> Ben Ameida, Zaouiet en Nouesseur, Souk el Khremis, Sidi Barca, Khemissel, Pont
> Blondin à Camp Boulhaut, Camp Boulhaut, Oued Cherrat, Sidi Sérier.*
> Bords des champs, moissons, friches, steppe à Palmiers nains.

E. tricuspidatum L. *Sp.* 337 ; Batt. et Trab. *Alg.* I, 339.
> Maroc septentrional : *Tétouan, Djebel Dersa.*
> Maroc occidental : *El Hank, Aïne Diab, Sidi bou Ziane, Médiouna, Oued bou Skoura,
> Dar Rhamndour, Tilmellil, Ber Rechid, Sellat, Msahal, Bir Chafaï, Oued Tamdrost,
> Si Senhadj, Bled Oulad Allel, Sidi Mohammed el Bahloul, Kasbah ben Ahmed, Guicer,
> Dar Chafaï, Fedhala, Camp Boulhaut, de Camp Boulhaut à Bou Znika.*
> Champs incultes, lieux arides ; steppe à Palmiers nains.

E. ilicifolium Lam. *Encycl.* IV, 757 ; Batt. et Trab. *Alg.* I, 340.
> Maroc occidental : *Ber Rechid, Dar el Kebir ben Hammani, Sellat, Msahal, Bir Chafaï,
> Bled Oulad Allel, Dar Oulad Attaji, Si Rerha, Guicer, Djebel Flatin, Dar Chafaï,
> Mechra ben Abou.*
> Endroits très arides ; steppe à Palmiers nains.

E. tenue Lam. *Dict.* IV, 755 ; Ball *Spic. Fl. Maroc.* 462.
> Maroc occidental : *Camp Boulhaut.*
> Endroits sablonneux arides et découverts de la forêt.

Hippomarathrum pterochlænum Boiss. in *Ann. Sc. Nat.* sér. 3, II, 74 ; Batt. et Trab. *Alg.* I, 358.

> Maroc septentrional : *Mnimacada, Aïne Slaoua, Andjéra, Chouikreuk,* près *Arzila.*
> Pâturages, pentes des collines incultes.

H. Bocconi Boiss. *Ann. Sc. Nal.*, sér. 3, II, 74 ; Batt. et Trab. *Alg.* I, 358 ; *H. cristalum* DC.

> Maroc septentrional : Dunes de *Tanger.*
> Maroc occidental : *Ferme Boule, Souk el Khremis, Si Ali Mouley el Haoueria, Ber Rechid, Khemissel, Bir Chafaï, Kasbah ben Ahmed, Camp Boulhaut.*
> Moissons ; endroits arides et incultes.

Conium maculatum L. *Sp.* 349 ; Batt. et Trab. *Alg.* I, 359.

> Maroc septentrional : *Tanger, Ksar Djedid, Ahouana, Mnimacada, Télouan.*
> Décombres, bords des chemins.

Smyrnium Olusatrum L. *Sp.* 376 ; Batt. et Trab. *Alg.* I, 359.

> Maroc septentrional : *Semsa, Bou Semlen.*
> Maroc occidental : *Oukacha, Ferme Lamm, Sidi Abderrhamane, Oued Tamdrost, Guicer.*
> Haies, décombres, coteaux herbeux.

Buplevrum semicompositum L. *Sp.* 342 ; Batt. et Trab. *Alg.* I, 354.

> Maroc occidental : *Ber Rechid, Sidi bou Ali, Sidi bou Zerlan, Sellal, Msahal, Bir Chafaï, Bir Jdour, Bled Oulad Allel.*
> Endroits arides ; steppe à Palmiers nains.

B. protractum Link et Hoffm. *Fl. Port.* II, 387 ; Batt. et Trab. *Alg.* I, 353.

> Maroc septentrional : *Ksar Djedid, Arzila, Aïne Slaoua, Mnimacada, Aïne Dalia, Zinel.*
> Maroc occidental : *Tilmellil, Dar el Hadj Salah, Ben Ameida, Sellal, Msahal, Bir Chafaï, Oued Tamdrost, Kasbah ben Ahmed, Khemissel, Guicer.*
> Moissons, cultures et champs en friche.

B. fruticosum L. *Sp.* 343 ; Batt. et Trab. *Alg.* I, 356.

> Maroc septentrional : *Val Tissa* (600 m.).
> Fentes des rochers calcaires et broussailles de la région montagneuse.

Helosciadium nodiflorum Koch *Gen. Umbel.* 125 ; *Apium nodiflorum* Rchb. ; Batt. et Trab. *Alg.* I, 352.

> Maroc septentrional : *Bou Bana, Andjéra, Cherf el Akab.*
> Maroc occidental : *El Hank, Sidi Abderrhamane, Tilmellil, Aïne Kaddour, Bou Azza, Oued bou Skoura, Médiouna, Sidi el Aïdi, Sellal, Bir Jdour, Oued Tamdrost, Aïne Haleiba, Camp Boulhaut, El Aïoun, Si Rerha.*
> Endroits très humides, marais, ruisseaux.

H. inundatum Koch *Gen. Umbel.* 126 ; *Apium inundatum* Rchb.

> Maroc occidental : *Camp Boulhaut.*
> Dépressions remplies d'eau l'hiver, tardivement desséchées durant l'été.

Apium graveolens L. *Sp.* 379 ; Batt. et Trab. *Alg.* I, 351.

> Maroc occidental : *Aïne Kaddour, Sidi Abderrhamane, Tilmellil, Médiouna, Bou Skoura, Ferme Lamm, Aïne Seba, Bou Azza, Si Abd en Naïmi, Camp Boulhaut, El Aïoun.*
> Endroits herbeux très humides.

Ammi majus L. *Sp.* 349 ; Batt. et Trab. *Alg.* I, 349.

> Maroc septentrional : *Tanger, Arzila,* plaine du *Rio Marlil* à *Télouan.*

Maroc occidental : *El Hank, Ferme Lamm, Sidi Abderrhamane, Tilmellil, Dar Rhamn-dour, Si Abd en Naimi, Sidi bou Ziane, Médiouna, Dar el Hadj, Bou Skoura, Dar Oulad ben Abbou, Aïne Diab, Ber Rechid, Zaouiet en Nouesseur, Sellat, Msahal, Bir Chafaï, Oued Tamdrost, Bled Oulad Allel, Sidi Mohammed el Bahloul, Kasbah ben Ahmed, Sidi bou Ali, Guicer, Mechra ben Abou.*

Lieux incultes, bords des chemins, moissons.

A. Visnaga Lam. *Encycl.* 1, 132 ; Batt. et Trab. *Alg.* 1, 350.

Maroc septentrional : *Tanger, Bou Bana, Zinel.*

Maroc occidental : *Ferme Alvarez, Si Senhadj, Khemissel, Camp Boulhaut, Sidi Sérier, Fedhala.*

Décombres, bords des chemins et des dayas, cultures.

Ridolfia segetum Moris. *Fl. Sard.* 11, 212 ; Batt. et Trab. *Alg.* I, 352.

Maroc occidental : *Ber Rechid, Dar el Hadj Salah, Sellat, Bir Jdour, Msahal, Dar ben Azouz, Bir Chafaï, Oued Tamdrost, Zaouiet en Nouesseur, Fedhala, Camp Boulhaut.*

Moissons, champs cultivés et en friche.

Carum mauritanicum Boiss. et Reut. *Pug.* 49 ; *Bunium mauritanicum,* Batt. et Trab. *Alg.* I, 346.

Maroc septentrional : *Semsa.*

Maroc occidental : *Tilmellil, Bou Azza.*

Endroits herbeux incultes.

Pimpinella bubonoides Brot. *Fl. Lus.* I, 403 ; Ball *Spic. Fl. Maroc.* 471.

    Var. villosa Ball, *l. c.* 471 ; *P. villosa* Schousb.

Maroc septentrional : *Tanger.*

Maroc occidental : *Oukacha, Fedhala, Bou Znika, Pont Blondin, Bled Tamdrost.*

Sables maritimes et endroits sablonneux de l'intérieur.

Scandix Pecten-Veneris L. *Sp.* 368 ; Batt. et Trab. *Alg.* I, 342.

Maroc septentrional : *Bouséja, Télouan, Arzila, Cherf el Akab, Aïne Slaoua.*

Maroc occidental : *El Hank, Tilmellil, Ber Rechid, Sidi el Aïdi, Sellat, Bir Chafaï, Oued Tamdrost, Ben Ameida, Fedhala, Camp Boulhaut.*

Champs cultivés et incultes, moissons.

S. australis L. *Sp.* 369 ; Batt. et Trab. *Alg.* 1, 342.

Maroc septentrional : *Arzila.*

Moissons, champs cultivés.

Fœniculum vulgare Gærtn. *Fruct.* I, 105 ; Batt. et Trab. *Alg.* I, 362.

Maroc septentrional : *Semsa.*

Maroc occidental : *Ferme Lamm, Dar el Hadj, Sidi Abderrhamane, Ber Rechid, Oued Tamdrost, Sidi Mohammed el Bahloul, Kasbah ben Ahmed, Dar ben Azouz, Fedhala, Oued Cherral* près *Camp Boulhaut.*

Décombres, collines arides, champs incultes.

Kundmannia sicula DC. *Prodr.* IV, 143 ; Batt. et Trab. *Alg.* I, 364.

Maroc occidental : *El Hank, Ferme Lamm, Aïne Diab, Tilmellil, Oued bou Skoura, Médiouna, Ber Rechid, Sellat, Msahal, Bir Chafaï, Si Senhadj, Sidi Mohammed el Bahloul, Kasbah ben Ahmed, Oued Tamdrost, Guicer, Dar Oulad el Abbou, Dar Chafaï, Camp Boulhaut, Oued Cherral.*

Bords des chemins et des champs ; champs incultes.

Magydaris tomentosa Koch ap. DC. *Prodr.* IV, 241 ; Batt. et Trab. *Alg.* I, 360.
Maroc septentrional : *Ksar Djedid, Aïne Slaoua, Zinet.*
Alluvions des oueds, endroits broussailleux et herbeux.

Crithmum maritimum L. *Sp.* 354 ; Batt. et Trab. *Alg.* I, 363.
Maroc septentrional : Falaises de la *Rivière des Juifs*, près *Tanger.*
Maroc occidental : *El Hank.*
Rochers maritimes.

Œnanthe callosa Salzm. *Exsicc.* ; DC. *Prodr.* IV, 137 ; Ball *Spic. Fl. Maroc.* 473.
Maroc septentrional : *Djebel Kébir, Aïne Dalia, Cherf el Akab.*
Bords des ruisseaux broussailleux.

Œ. apiifolia Brot. *Fl. Lus.* I, 420 ; Ball *Spic. Fl. Maroc.* 473.
Maroc septentrional : *Djebel Kébir.*
Maroc occidental : *Camp Boulhaut.*
Bords des ruisseaux herbeux et ombragés.

Œ. globulosa L. *Sp.* 365 ; Batt. et Trab. *Alg.* I, 364.
Maroc septentrional : *Tanger* à *Aïne Dalia.*
Pâturages et prairies marécageuses.

Sclerosciadium nodiflorum Schousb. *Gew. Marok.* 120 (sub *Œnanthe*), Ball *Spic. Fl. Maroc.* 473.
Maroc occidental : *Aïne Seba, Oued bou Skoura.*
Endroits incultes.

Krubera peregrina Hoffm. *Gen. Umbell.* I, 104, tab. 3 ; *Capnophyllum peregrinum* Willk et Lge ; Batt. et Trab. *Alg.* I, 366.
Maroc septentrional : *Aïne Slaoua, Ksar Djedid, Aïne Dalia, Hammar.*
Maroc occidental : *Sidi el Djilali, Sellat, Bir Chafaï, Oued Tamdrost, Khemisset.*
Moissons, champs incultes et cultures.

Ferula tingitana L. *Sp.* 355 ; Batt. et Trab. *Alg.* I, 367.
Maroc septentrional : *Aïne Slaoua, Cavernes des Potiers de Télouan, Semsa.*
Endroits rocheux calcaires.

F. communis L. *Sp.* 355 ; Batt. et Trab. *Alg.* I, 367.
Maroc occidental : *Oukacha, Ferme Lamm, Titmellil, Oued bou Skoura, Sellat, Oued Tamdrost, Djebel Flatin, Oumara, Dar Chafaï, Fedhala, Bou Znika, Camp Boulhaut, Oued Cherrat.*
Champs incultes ; steppe à Palmiers nains.

Coriandrum sativum L. *Sp.* 367 ; Batt. et Trab. *Alg.* I, 385.
Maroc septentrional et occidental : Cultivé et échappé au milieu des moissons ; dans les champs incultes en de nombreuses localités.

Bifora testiculata DC. *Prodr.* IV, 249 ; Batt. et Trab. *Alg.* I, 385.
Maroc occidental : *Casablanca* à *Dar Rhamndour.*
Moissons, cultures.

Daucus muricatus L. *Sp.* 349 ; Batt. et Trab. *Alg.* I, 383.
Maroc septentrional : *Djebel Kébir, Andjéra.*
Maroc occidental : *Oued bou Skoura, Ber Rechid, Sidi el Djilali, Dar el Hadj Salah,*

50   MISSION BOTANIQUE.

Sellat, Bir Jdour, Bled Oulad Allel, Oued Tamdrost, Kasbah ben Ahmed, Si Abd en Naimi, Guicer.
Moissons ; lieux arides, steppe à Palmiers nains.

D. Carota L. *Sp.* 348 ; Batt. et Trab. *Alg.* I, 382.
Maroc occidental : *Casablanca, Oued bou Skoura.*
Cultures ; champs incultes.

D. parviflorus Desf. *Atl.* I, 241 ; Batt. et Trab. *Alg.* I, 382.
Maroc septentrional : *Perdicaris.*
Maroc occidental : *Khemisset, Oued Tamdrost, Sellat.*
Endroits incultes et herbeux.

D. maximus Desf. *Atl.* I, 241 ; Batt. et Trab. *Alg.* I, 382.
Maroc septentrional : *Djebel Kébir, Zinet,* plaine du *Rio Martil* à *Télouan.*
Maroc occidental : *Tilmellil, Dar Oulad ben Abbou, Si Abd en Naimi, Pont Blondin.*
Moissons ; endroits incultes et herbeux.

D. hispidus Desf. *Atl.* I, 243, tab. 63 ; Ball *Spic. Fl. Maroc.* 477.
Maroc occidental : *El Hank, Aïne Diab, Oukacha, Fedhala, Bou Znika.*
Sables et champs pierreux au bord immédiat de la mer.

D. Gingidium L. *Sp.* 348 ; Ball *Spic. Fl. Maroc.* 476.
Maroc septentrional : *Tanger.*
Endroits incultes du littoral.

D. crinitus Desf. *Atl.* I, 242 ; Batt. et Trab. *Alg.* I, 380.
Maroc septentrional : *Bou Bana, Djebel Kébir, Anse Spartel, Aïne Slaoua, Zinet, And-jéra.*
Maroc occidental : *Ferme Lamm, El Hank, Oukacha, Sidi Abderrhamane, Aïne Diab, Sellat, Bir Chafaï, Bled Oulad Allel, Sidi Yssef, Oued Tamdrost, Sidi Mohammed el Bahloul, Kasbah ben Ahmed, Si Rerha, Mechra ben Abou, Fedhala,* entre *Pont Blondin* et *Camp Boulhaut, Camp Boulhaut, Oued Cherrat.*
Lieux arides, bords des champs, steppe à Palmiers nains.

Orlaya maritima Koch *Gen. Umbellif.* I, 79 ; Batt. et Trab. *Alg.* I, 378.
Maroc septentrional : *Anse Spartel.*
Maroc occidental : *Casablanca, Oukacha, Fedhala.*
Sables maritimes.

Caucalis leptophylla L. *Sp.* 347 ; Batt. et Trab. *Alg.* I, 376.
Maroc occidental : *Ber Rechid, Dar Oulad Allafi, Sidi el Aïdi, Sellat, Sidi bou Ali, Bir Jdour, Dar el Hadj Salah, Dar ben Azouz, Dar el Kébir ben Hammani, Sidi el Arbi, Guicer, Khemisset.*
Champs incultes et moissons ; steppe à Palmiers nains.

Torilis nodosa Gærtn. *Fruct.* I, 82 ; Batt. et Trab. *Alg.* I, 374.
Maroc septentrional : *Tanger, Cap Spartel.*
Maroc occidental : *Bou Azza, Tilmellil, Oued bou Skoura, Sellat, Ber Rechid, Oued Tamdrost, Sidi Mohammed el Bahloul, Kasbah ben Ahmed, Dar ben Azouz, Guicer, Oued Cherrat.*
Lieux incultes, cultures ; endroits humides en Chaouïa.

T. infesta Hoffm. *Gen. Umbell.* I, 89 ; Batt. et Trab. *Alg.* I, 375.

Maroc septentrional : *Ahouana, Zinel, Andjéra.*
Maroc occidental : *Sellat, Oued Tamdrost, El Aïoun* et *Oued Cherrat* près *Camp Boulhaut.*
Haies et broussailles fraîches.

Thapsia garganica L. *Mant.* 57 ; Batt. et Trab. *Alg.* I, 371.
Maroc septentrional : *Tanger, Arzila, Andjéra, Télouan.*
Maroc occidental : *El Hank, Tilmellil, Dar Rhamndour, Dar el Hadj, Sidi bou Ziane, Médiouna, Oued bou Skoura, Ferme Lamm, Ber Rechid, Sellat, Oued Tamdrost, Kasbah ben Ahmed, Bled Oulad Allel, Dar Chafaï.*
Décombres, bords des chemins, pâturages, coteaux incultes.

T. villosa L. *Sp.* 375 ; Batt. et Trab. *Alg.* I, 372.
Maroc septentrional : *Bouséja.*
Endroits arides, collines incultes.

Elæoselinum meoides Koch ap. DC. *Prodr.* 215 ; Batt. et Trab. *Alg.* I, 373.
Maroc septentrional : *Aïne Slaoua, Bougdour, Andjéra.*
Maroc occidental : *Ferme Boule, Ferme Lamm, Oued bou Skoura, Oukacha, Tilmellil, Sellat, Oued Tamdrost, Bir Jdour, Sidi Mohammed el Bahloul, Kasbah ben Ahmed, Pont Blondin* à *Camp Boulhaut, Camp Boulhaut.*
Endroits incultes, bords des champs, steppe à Palmiers nains.

E. fœtidum Boiss. *Elench.* 91 ; Ball *Spic. Fl. Maroc.* 481.
Maroc septentrional : *Djebel Kébir, Cap Spartel.*
Collines broussailleuses.

ARALIACEÆ Juss.

Hedera helix L. *Sp.* 202 ; Batt. et Trab. *Alg.* I, 385.
Maroc septentrional : *Perdicaris, Djebel Kébir, Beni Hosmar* (800 m.).
Forêts et rochers ombragés.

CAPRIFOLIACEÆ Juss.

Sambucus Ebulus L. *Sp.* 269 ; Batt. et Trab. *Alg.* I, 386.
Maroc septentrional : *Bou Semlen.*
Haies fraîches et broussailles ombragées.

S. nigra L. *Sp.* 269 ; Batt. et Trab. *Alg.* I, 386.
Maroc septentrional : *Bougdour.*
Haies et broussailles.

Viburnum Tinus L. *Sp.* 267 ; Batt. et Trab. *Alg.* I, 386.
Maroc septentrional : *Djebel Kébir, Djebel Dersa* (3-400 m.), *Beni Hosmar* (7-900 m.).
Collines broussailleuses et région montagneuse boisée.

Lonicera etrusca Santi *Viagg.* I, 113, tab. 1 ; Batt. et Trab. *Alg.* I, 387.
Maroc septentrional : *Djebel Kébir, Perdicaris, Semsa.*
Haies et broussailles, dans les endroits frais.

L. implexa Ait. *Hort. Kew.* I, 138 ; Batt. et Trab. *Alg.* I, 387.
Maroc septentrional : *Bou Semlen.*

Maroc occidental : *Oued Tamdrost, Camp Boulhaut, Oued Cherrat.*
Haies et broussailles.

RUBIACEÆ Juss.

Vaillantia muralis L. *Sp.* 1051 ; Batt. et Trab. *Alg.* I, 402.
Maroc septentrional : *Télouan.*
Collines et rochers calcaires.

Rubia peregrina L. *Sp.* 109 ; Batt. et Trab. *Alg.* I, 394.
Maroc septentrional : *Semsa, Bouséja, Cavernes des Potiers* près *Télouan, Maraboul de Kilhan.*
Maroc occidental : *Aïne Diab,* environs de *Casablanca, Fedhala* à *Camp Boulhaut, Camp Boulhaut, Oued Cherrat.*
Haies, broussailles.

Galium ellipticum Willd. *Enum. Suppl.* 1813 ; Ball *Spic. Fl. Maroc.* 483.
Maroc septentrional : *Bou Semlen, Yarghil.*
Buissons frais de la région montagneuse.

G. campestre Schousb. in Willd. *Enum.* I, 152 ; *G. glomeratum* var. *campestre* Ball *Spic. Fl. Maroc.* 487.
Maroc occidental : *Aïne Seba, Dar Rhamndour, Ferme Lamm, Oued bou Skoura, Ber Rechid, Settat, Msahal, Bir Chafaï, Bir Jdour, Bled Oulad Allel, Oued Tamdrost, Sidi Mohammed el Bahloul, Kasbah ben Ahmed, Ben Ameida, Khemissel.*
Moissons, endroits incultes ; steppe à Palmiers nains.

G. parisiense L. *Sp.* 108 ; Batt. et Trab. *Alg.* I, 399.
Maroc occidental : *Msahal, Settat, Bir Chafaï, Camp Boulhaut.*
Champs incultes ; steppe à Palmiers nains.

G. setaceum Lam. *Encycl.* II, 584 ; Batt. et Trab. *Alg.* I, 399.
Maroc occidental : *Guicer.*
Endroits pierreux arides ; steppe à Palmiers nains.

G. saccharatum All. *Fl. Ped.* I, 9 ; Batt. et Trab. *Alg.* I, 401.
Maroc septentrional : *Bouséja, Télouan, Semsa, Andjéra, Zinel.*
Maroc occidental : *Ferme Carlos, Oued bou Skoura, Settat.*
Endroits incultes, moissons, jardins.

G. tricorne With. *Bot. Arrang.* ed. 2, I, 153 ; Batt. et Trab. *Alg.* I, 400.
Maroc septentrional : *Bouséja.*
Champs et moissons.

G. Aparine L. *Sp.* 108 ; Batt. et Trab. *Alg.* I, 400.
Maroc septentrional : *Ahouana, Zinel, Andjéra.*
Maroc occidental : *Settat, Msahal, Sidi Feali, Oued Cherrat.*
Broussailles et haies fraîches.

G. murale All. *Fl. Ped.* I, 8, tab. 77 ; Batt. et Trab. *Alg.* I, 401.
Maroc septentrional : *Djebel Kébir, Anse Sparlel, Andjéra, Semsa, Bouséja, Val Tissa* (800 m.).

Maroc occidental : *Sellal, Msahâl, Bir Chafaï, Oued Tamdrosl, Kasbah ben Ahmed, Sidi bou Zerlan, Guicer, Mechra ben Abou.*
Collines herbeuses sèches ; steppe à Palmiers nains.

Asperula arvensis L. *Sp.* 103 ; Batt. et Trab. *Alg.* I, 391.
Maroc occidental : Entre *Sellal* et *Guicer* (*Dar el Hadj Salah*).
Moissons et cultures.

A. hirsuta Desf. *All.* I, 127 ; Batt. et Trab. *Alg.* I, 391.
Maroc septentrional : *Cap et Anse Spartel, Djebel Kébir, Andjéra, Djebel Dersa, Semsa, Bouséja.*
Collines pierreuses et broussailleuses.

Crucianella angustifolia L. *Sp.* 109 ; Batt. et Trab. *Alg.* I, 391.
Maroc occidental : *Sellal, Msahal, Bir Chafaï, Bled Oulad Allel, Oued Tamdrosl, Sidi Mohammed el Bahloul, Sidi bou Zerlan, Ben Ameida, Guicer, Dar Chafaï.* ·
Steppe herbeuse à Palmiers nains.

C. maritima L. *Sp.* 109 ; Batt. et Trab. *Alg.* I, 390.
Maroc septentrional : *Tanger, Anse Spartel.*
Maroc occidental : *Oukacha, Fedhala, Bou Znika.*
Sables littoraux et dunes maritimes.

Sherardia arvensis L. *Sp.* 102 ; Batt. et Trab. *Alg.* I, 393.
Maroc septentrional : *Tanger, Arzila, Zinel, Andjéra, Bouséja, Télouan.*
Maroc occidental : *Oukacha, Ferme Boule, Sellal, Bir Chafaï, Bir Jdour, Oued Tamdrost, Sidi Mohammed el Bahloul, Kasbah ben Ahmed, Bled Oultd Allel, Pont Blondin, Camp Boulhaut.*
Lieux cultivés et incultes ; steppe à Palmiers nains.

VALERIANACEÆ DC.

Valeriana tuberosa L. *Sp.* 33 ; Batt. et Trab. *Alg.* I, 403.
Maroc septentrional : Au-dessus de *Semsa, Djebel Dersa* (600 m.).
Gazons de la région montagneuse.

Centranthus Calcitrapa Dufr. *Hist. Valerian.* 39 ; Batt. et Trab. *Alg.* I, 403.
Maroc septentrional : Falaises de la *Rivière des Juifs* près *Tanger, Semsa, Beni Hosmar, Bou Semlen, Yarghit.*
Maroc occidental : *Tilmellil, Bled Oulad Allel, Oued Tamdrost, Kasbah ben Ahmed, Sidi Yssef, Aïne Haleiba, Camp Boulhaut.*
Lieux incultes ou rocheux ; steppe à Palmiers nains.

Fedia Cornucopiæ Gærtn. *Fruct.* II, 37, tab. 86 ; Batt. et Trab. *Alg.* I, 404.
Maroc septentrional : *Tanger, Chekaouien* près *Larache, Arzila, Bahrain.*
Maroc occidental : *Casablanca* (Moreau) ; *Bir Chafaï, Sellal, Camp Boulhaut.*
Moissons, cultures.

F. graciliflora Fisch. et Mey. *Ind. VI^{us} sem. horl. Petrop.* 8.
Maroc septentrional : *Bouséja, Arzila.*
Maroc occidental : *Casablanca* (Moreau).
Cultures, endroits incultes, moissons.

Valerianella discoidea Lois. *Not.* 148 ; Batt. et Trab. *Alg.* I, 407.
    Maroc septentrional : *Mnimacada, Télouan, Val Tissa* (600 m.).
    Maroc occidental : *Sellat, Bir Jdour.*
  Lieux herbeux, cultures.

V. Auricula DC. *Fl. Fr. Suppl.* 492 ; Ball *Spic. Fl. Maroc.* 491.
    Maroc septentrional : *Télouan,* plaine du *Rio Martil.*
    Maroc occidental : *Tilmellil.*
  Endroits herbeux incultes.

V. microcarpa Lois. *Not.* 151 ; Batt. et Trab. *Alg.* 1, 408.
    Maroc septentrional : *Val Tissa* (6-800 m.), au-dessus de *Yarghil* (700 m.).
  Gazons frais de la région montagneuse.

DIPSACEÆ Vaill.

Dipsacus sylvestris Mill. *Dict.* 2 ; Batt. et Trab. *Alg.* I, 410.
    Maroc septentrional : *Souani* près *Tanger.*
  Coteaux et champs incultes.

Scabiosa maritima L. *Sp.* 114 ; Batt. et Trab. *Alg.* I, 413.
    Maroc occidental : *El Hank, Sidi Abderrhamane, Oukacha, Aïne Diab, Ferme Lamm,*
      Sellat, Bir Chafaï, Bled Oulad Allel, Oued Tamdrost, Si Senhadj, Msahal, Kasbah ben
      Ahmed, Khemisset, Pont Blondin, Fedhala, Bou Znika, Camp Boulhaut.
  Sables maritimes et de l'intérieur ; steppe à Palmiers nains.

S. rutæfolia Vahl *Symb.* II, 26 ; Batt. et Trab. *Alg.* I, 416.
    Maroc septentrional : *Tanger.*
    Maroc occidental : *Ferme Boule, Oued bou Skoura.*
  Sables maritimes, plus rarement de l'intérieur.

S. stellata L. *Sp.* 114 ; Batt. et Trab. *Alg.* I, 416.
    Maroc occidental : *Oued bou Skoura, Sellat, Msahal, Bir Chafaï, Bled Oulad Allel, Oued*
      Tamdrost, Sidi Mohammed el Bahloul, Khemissel, Zaouiet en Nouesseur, Sidi bou
      Zerlan, Dar Chafaï.
  Collines incultes, steppe à Palmiers nains.

COMPOSITÆ Vaill.

Bellis annua L. *Sp.* 887 ; Batt. et Trab. *Alg.* I, 421.
    Maroc septentrional : *Souani, Bahrain* (ligules violettes), *Perdicaris, Télouan, Bouséja,*
      marabout de *Kithan.*
    Maroc occidental : *Casablanca* (Moreau).
  Pelouses, pentes des collines.

B. sylvestris Cyrill. *Pl. rar. Neap.* 11, 12, tab. 4 ; Batt. et Trab. *Alg.* I, 422.
    Maroc septentrional : *Perdicaris, Bou Semlen, Semsa, Djebel Dersa, Andjèra, Bahrain,*
      Val Tissa (4-700 m.).
    Maroc occidental : *Casablanca* (Moreau) ; *Oued Cherral.*
  Endroits herbeux des collines broussailleuses.

Conyza ambigua DC. *Fl. Fr.* V, 468 ; Batt. et Trab. *Alg.* I, 424.
>   Maroc septentrional : *Sarf, Val Tissa* (500 m.), *Bou Semlen.*
>   Maroc occidental : *Casablanca, El Hank, Ber Rechid, Sellal.*
> Décombres, lieux incultes.

Asteriscus aquaticus Mœnch *Melh.* 592 ; Batt. et Trab. *Alg.* I, 433.
>   Maroc septentrional : *Mnimacada, Bougdour, Tétouan,* plaine du *Rio Marlil.*
> Endroits exondés, bords des oueds.

A. maritimus Mœnch *Melh.* 592 ; Batt. et Trab. *Alg.* I, 433.
>   Maroc septentrional : *Cavernes des Poliers* près *Tétouan,* base du *Djebel Dersa,* plaine du
>   *Rio Marlil, Semsa.*
> Fentes des rochers et collines pierreuses calcaires.

Pallenis spinosa Cass. in *Bull. Soc. Philom.* [1818], 166 ; Batt. et Trab. *Alg.* I, 434.
>   Maroc septentrional : *Ksar Djedid, Andjéra, Bougdour, Mnimacada, Bouséja, Djebel*
>   *Dersa.*
>   Maroc occidental : *El Hank, Dar el Hadj, Sidi bou Ziane, Médiouna, Oued bou Skoural,*
>   *Aïne Diab, Si Abd en Naimi, Ferme Lamm, Ber Rechid, Sellal, Bir Chafaï, Msahal,*
>   *Bled Oulad Allel, Oued Tamdrosl, Kasbah ben Ahmed, Guicer, Ben Ameida, Dar Chafaï,*
>   *Pont Blondin* à *Camp Boulhaut, Camp Boulhaut, Oued Cherral.*
> Endroits pierreux, collines arides, steppe à Palmiers nains.

Inula crithmoides L. *Sp.* 883 ; Batt. et Trab. *Alg.* I, 431.
>   Maroc occidental : *Rabat.*
> Bords des eaux saumâtres.

I. viscosa Ait. *Hort. Kew.* III, 223 ; Batt. et Trab. *Alg.* I, 430.
>   Maroc septentrional : *Djebel Kébir.*
>   Maroc occidental : *Camp Boulhaut, Mechra ben Abou.*
> Collines broussailleuses, dans les endroits humides.

Pulicaria inuloides DC. *Prodr.* V, 480 ; *P. longifolia* Boiss. ; Batt. et Trab. *Alg.* I, 427.
>   Maroc septentrional : *Aïne Dalia Srira, Bougdour.*
>   Maroc occidental : *Sidi bou Ziane, Oued bou Skoura, Médiouna, Sidi Feali, Mechra ben*
>   *Abou, Camp Boulhaut, Pont Blondin, Oued Cherral, Sidi Sérier.*
> Endroits inondés l'hiver ; bords des dayas asséchées l'été.

P. odora Rchb. *Fl. excurs.* 239 et *Ic.* XVI, tab. 41, fig. 11 ; Batt. et Trab. *Alg.* I, 428.
>   Maroc septentrional : *Djebel Kébir, Cap Sparlel, Djebel Darziro, Arzila, Andjéra, Djebel*
>   *Dersa, Semsa.*
>   Maroc occidental : *Aïne Diab, Dar Rhamndour, Fedhala* à *Camp Boulhaut, Camp Boul-*
>   *haut, Oued Cherral.*
> Collines broussailleuses, endroits pierreux incultes, steppe à Palmiers nains.

Phagnalon saxatile Cass. in *Bull. Soc. Philom.* [1819], 173 ; Batt. et Trab. *Alg.* I, 444.
>   Maroc septentrional : Ruines romaines de *Tanger, Djebel Kébir, Cavernes des Poliers*
>   près *Tétouan, Bouséja, Semsa, Bou Semlen, Val Tissa* (3-600 m.).
>   Maroc occidental : *Casablanca, Aïne Diab, Ferme Boulo, Bir Chafaï.*
> Rochers, endroits pierreux, haies et broussailles.

P. rupestre DC. *Prodr.* V, 396 ; Batt. et Trab. *Alg.* I, 444.
>   Maroc septentrional : *Semsa.*

Rochers, endroits pierreux.

Micropus supinus L. *Sp.* 927 ; Batt. et Trab. *Alg.* I, 443.
> Maroc septentrional : *Tanger, Djebel Kébir, Bahrain, Zinel, Andjéra, Télouan,* plaine du *Rio Martil, Val Tissa* (jusqu'à 800 m.).

Pentes des collines incultes, bords des chemins, gazons secs.

Evax pygmæa Pers. *Syn.* II, 422 ; Batt. et Trab. *Alg.* I, 437.
> Maroc septentrional : *Sarf, Anse Spartel, Aïne Dalia, Andjéra,* plaine du *Rio Martil, Val Tissa* (500 m.).
> Maroc occidental : *Sellat, Msahal.*

Gazons secs, endroits incultes, steppe à Palmiers nains.

Gnaphalium luteo-album L. *Sp.* 1196 ; Ball *Spic. Fl. Maroc.* 499.
> Maroc septentrional : *Djebel Kébir.*

Endroits marécageux ensoleillés.

Filago germanica L. *Sp.* ed. 2. 1311 ; Batt. et Trab. *Alg.* I, 439
> Maroc septentrional : *Tanger, Mnimacada, Ahouana, Zinel, Télouan.*
> Maroc occidental : *Aïne Diab, Dar el Hadj, Tilmellil, Médiouna, Oued bou Skoura, Dar Rhamndour, Si Abd en Naimi, Ber Rechid, Sellat, Bir Chafaï, Bled Oulad Allel, Oued Tamdrost, Kasbah ben Ahmed, Dar ben Azouz, Khemissel, Mechra ben Abou, Djebel Flalin, Sidi bou Ali, Dar Chafaï, Camp Boulhaut, Fedhala, Oued Cherrat.*

Endroits incultes, steppe à Palmiers nains.

F. spathulata Presl. *Del. Prag.* 93 ; Batt. et Trab. *Alg.* I, 440.
> Maroc septentrional : *Tanger, Souani.*
> Maroc occidental : *Casablanca* (Moreau).

Moissons, endroits herbeux incultes.

F. gallica L. *Sp.* ed. 2, 1312 ; Batt. et Trab. *Alg.* I, 443.
> Maroc septentrional : *Tanger, Cap Spartel, Ahouana, Zinel, Andjéra.*
> Maroc occidental : *Oued bou Skoura, Dar Rhamndour, Si Abd en Naimi.*

Endroits herbeux incultes ; steppe à Palmiers nains.

Diotis candidissima Sm. *Engl. fl.* III, 403 ; *D. candidissima* Desf. ; Batt. et Trab. *Alg.* I, 449.
> Maroc septentrional : *Anse Spartel.*

Sables maritimes.

Cladanthus arabicus Cass. in *Bull. Soc. Philom.* [1816], 199 ; Batt. et Trab. *Alg.* I, 450.
> Maroc occidental : *Dar Chafaï* à *Sidi Feali, Mechra ben Abou.*

Endroits pierreux incultes, steppe à Palmiers nains.

Lonas inodora Gærtn. *Fruct.* II, 396, tab. 165 ; Batt. et Trab. *Alg.* I, 451.
> Maroc occidental : *Pont Blondin* à *Camp Boulhaut, Camp Boulhaut* à *El Aïoun.*

Endroits sablonneux découverts de la forêt.

Anthemis tenuisecta Ball *Journ. Bot.* [1873], 368 et *Spic. Fl. Maroc.* 506.
> Maroc occidental : *Camp Boulhaut.*

Sables découverts de la forêt.

Ornemis mixta DC. *Prodr.* VI, 18 ; Batt. et Trab. *Alg.* I, 457.
> Maroc septentrional : *Cap Spartel, Arzila, Télouan.*

Maroc occidental : *Casablanca, Sidi Abderrhamane, Sidi el Djilali, Sellat.*
Champs cultivés, endroits sablonneux du littoral et de l'intérieur.

Perideræa fuscata Webb *Iter Hisp.* 37 ; Batt. et Trab. *Alg.* 1, 458.
Maroc septentrional : *Tanger, Arzila, Télouan, Djebel Dersa* (600 m.).
Maroc occidental : *Casablanca, Zaouiel en Nouesseur, Sellat.*
Dépressions inondées l'hiver ; endroits herbeux marécageux.

Anacyclus clavatus Pers. *Syn.* II, 465 ; Batt. et Trab. *Alg.* I, 451.
Maroc occidental : *Casablanca, Ferme Lamm, Dar el Kébir, Ber Rechid, Sellat, Bir Jdour,
  Bir Chafaï, Oued Tamdrost, Sidi Mohammed el Bahloul, Khasbah ben Ahmed, Ben
  Ameida, Fedhala, Bou Znika.*
Champs cultivés et en friche ; steppe à Palmiers nains.

A. radiatus Lois. *Fl. Gall.* 583 ; Ball *Spic. Fl. Maroc.* 504.
Maroc septentrional : *Tanger, Télouan, Bouséja.*
Maroc occidental : *Sellat, Bir Chafaï, Sidi Mohammed el Bahloul, Kasbah ben Ahmed,
  Mechra ben Abou, Bou Znika, Camp Boulhaut.*
Endroits incultes et arides, cultures.

A. valentinus L. *Sp.* 892 ; Batt. et Trab. *Alg.* 1, 452.
Var. maroccanus Ball *Spic. Fl. Maroc.* 503.
Maroc occidental : *Dar Chafaï, Mechra ben Abou.*
Steppe herbeuse aride.

Tanacetum annuum L. *Sp.* 1183 ; Ball *Spic. Fl. Maroc.* 513.
Maroc septentrional : *Tanger, Souani, Bahrain, Télouan.*
Bords des chemins, champs argileux incultes.

Otospermum glabrum Willk. in *Brol. Zeit.* [1864], 251.
Maroc septentrional : *Cherf el Akab.*
Champs argileux inondés l'hiver.

Leucanthemum paludosum Poir. *Voy.* II, 241 (sub *Chrysanthemo*); *L. glabrum* Boiss. et Reut.;
Batt. et Trab. *Alg.* 1, 460.
Maroc septentrional : Base du *Djebel Dersa, Semsa.*
Endroits herbeux humides.

Chrysanthemum segetum L. *Sp.* 889 ; Batt. et Trab. *Alg.* I, 462.
Maroc septentrional : *Tanger, Cap Spartel, Arzila, Télouan.*
Maroc occidental : *Bled Oulad Allel, Sellat, Bir Chafaï.*
Champs cultivés, moissons.

C. coronarium L. *Sp.* 890 ; Batt. et Trab. *Alg.* I, 461.
Maroc septentrional : *Tanger, Arzila, Andjéra, Télouan.*
Maroc occidental : *Casablanca, Tilmellil, Oued bou Skour, Ber Rechid, Sellat, Bir
  Chafaï, Bled Oulad Allel, Oulad Saïd, Sidi Mohammed el Bahloul, Kasbah ben Ahmed,
  Sidi bou Ali, Ben Ameida, Mechra ben Abou.*
Moissons, cultures, steppe à Palmiers nains.

C. Myconis L. *Sp.* ed. 2, 1254 ; Batt. et Trab. *Alg.* I, 463.
Maroc septentrional : *Mnimacada, Semsa, Bouséja.*
Maroc occidental : *Ferme Lamm, Aïne Seba, Bled Oulad Allel, Oued Tamdrost, Sidi
  Mohammed el Bahloul.*

Champs, endroits herbeux incultes.

C. viscosum Desf. *Cat. horl. Par.* 1821 et 1827 ; Batt. et Trab. *Alg.* 1, 462.
Maroc occidental : *Dar Oulad Saïla, Dar Oulad ben Abbou, Dar el Hadj Majoud, Oued bou Skoura,* rive Zaër de l'*oued Cherral* près *Camp Boulhaut.*
Bords des champs, endroits herbeux incultes.

C. Webbianum Coss. *inéd.* (sub. *Pyrethro*) ; Ball *Spic. Fl. Maroc.* 509.
Maroc septentrional : *Djebel Dersa* (600 m.), *Beni Hosmar* (1000 m.).
Rocailles de la région montagneuse.

C. Maresii Coss. in *Bull. Soc. bot. Fr.* II, 16 (sub. *Pyrethro*) ; Ball *Spic. Fl. Maroc.* 510.
Var. Hosmariense Ball *l. c.* 510.
Maroc septentrional : au-dessus de *Semsa* (2-300 m.), *Djebel Dersa* (4-600 m.).
Fissures des rochers calcaires, dans les endroits frais.

Senecio vulgaris L. *Sp.* 867 ; Batt. et Trab. *Alg.* I, 471.
Maroc septentrional : *Tanger, Arzila, Tétouan.*
Maroc occidental : *Camp Boulhaut.*
Jardins, endroits cultivés et incultes.

S. lividus L. *Sp.* 867 ; Batt. et Trab. *Alg.* I, 471.
Maroc septentrional : *Djebel Kébir, Souani, Bou Bana, Cap Spartel, Djebel Darziro.*
Pentes des collines herbeuses et broussailleuses.

S. leucanthemifolius Poir. *Voy.* II, 238 ; Batt. et Trab. *Alg.* I, 472.
Maroc septentrional : *Tanger, Bou Bana, Zinet, Andjéra, Djebel Dersa.*
Maroc occidental : *Casablanca* (Moreau).
Var. major Ball *Spic. Fl. Maroc.*
Maroc septentrional : *Yarghil* (600 m.), *Val Tissa* (7-800 m.).
Endroits herbeux, cultures.

S. crassifolius Willd. *Sp.* III, 1982 ; Batt. et Trab. *Alg.* I, 473.
Maroc occidental : *Bou Azza, Aïne Kaddour, Dar el Hadj.*
Endroits herbeux humides.

S. erraticus Bert. *Amœn.* 92 ; Batt. et Trab. *Alg.* I, 474.
Maroc septentrional : *Tanger, Souani, Sarf, Bahrain, Tétouan, Semsa.*
Prairies humides, bords des ruisseaux.

S. foliosus Salzm. *Pl. Ting. exsicc.* [1825] ; Ball in *Journ. Linn. Soc.* XVI, 515.
Maroc occidental : *Oued Tamdrosl, El Aïoun* et *El Kseub* près *Camp Boulhaut, Oued Cherral.*
Bord des eaux.

S. Doronicum L. *Sp.* 1222.
Var. Hosmariense Ball in *Journ. Bot.* [1873], 367.
Maroc septentrional : *Djebel Dersa* au-dessus de *Semsa* (400 m.).
Endroits rocailleux de la région montagneuse.

Calendula arvensis L. *Sp.* ed. 2, 1303 ; Batt. et Trab. *Alg.* I, 478.
Maroc septentrional : *Tétouan, Semsa.*
Maroc occidental : *Ferme Lamm, Aïne Nab.*
Jardins, cultures, endroits herbeux incultes.

C. bicolor Raf. *Carall.* 82 ; Ball *Spic. Fl. Maroc.* 516.
  Maroc occidental : *El Hank, Ber Rechid.*
Endroits herbeux incultes.

C. algeriensis Boiss. et Reut. *Diagn.* II, 109 ; Batt. et Trab. *Alg.* I, 478.
  Maroc septentrional : *Tanger, Mnimacada, Arzila, Zinel, Andjéra, Tétouan,* plaine du
    Rio Martil, Bouséja.
  Maroc occidental : *Dar el Kébir ben Hammani ?*
Pâturages, endroits herbeux, champs incultes.

C. ægyptiaca Pers. *Synops.* II, 492 [1807].
  Maroc occidental : *Mechra ben Abou,* près l'*oued Oum er Rbia.*
Sables arides incultes.

C. maroccana Ball *Journ. Bot.* [1873], 367.
  Maroc occidental : *Dar el Hadj, Oued bou Skoura, Ber Rechid, Sidi el Aïdi, Dar el
    Kébir, Sellal, Msahal, Bir Chafaï, Oued Tamdrost, Sidi Mohammed el Bahloul, Kasbah
    ben Ahmed, Bled Oulad Allel, Guicer, Khemissel, Sidi bou Ali, Dar el Hadj Salah,
    Ben Ameida, Zaouiet en Nouesseur, Dar Chafaï.*
Endroits incultes, champs en friche, steppe à Palmiers nains.

C. tomentosa Desf. *Fl. Atl.* III, 305 ; Batt. et Trab. *Alg.* I, 472.
  Maroc septentrional : Base du *Djebel Dersa, Semsa, Beni Hosmar* (6-1 000 m.).
Endroits rocheux de la région montagneuse calcaire.

Echinops spinosa L. *Mant.* 119 ; Batt. et Trab. *Alg.* I, 481.
  Maroc occidental : *El Hank, Aïne Diab, Ferme Lamm, Tilmellil, Oued bou Skoura,
    Médiouna, Ber Rechid, Sidi el Aïdi, Dar el Kébir, Sellal, Msahal, Bir Chafaï, Bled
    Oulad Allel, Oued Tamdrost, Kasbah ben Ahmed, Dar ben Azouz, Zaouiet en Noues-
    seur, Guicer, Dar Chafaï, Mechra ben Abou, Fedhala à Camp Boulhaut, Camp Boul-
    haut, Oued Cherrat.*
Endroits arides ; steppe à Palmiers nains.

E. strigosa L. *Sp.* 815 ; Batt. et Trab. *Alg.* I, 482.
  Maroc occidental : *Bir Jdour, Si Senhadj, Sellal au Bled Tamdrost.*
Coteaux arides ; steppe à Palmiers nains.

Carlina lanata L. *Sp.* 828 ; Batt. et Trab. *Alg.* I, 486.
  Maroc occidental : *Ber Rechid.*
Bords des champs et des chemins.

C. corymbosa L. *Sp.* 828 ; Batt. et Trab. *Alg.* I, 485.
  Maroc occidental : *Camp Boulhaut, Oued Cherrat.*
  Endroits incultes, broussailles.

C. sulphurea Desf. *Atl.* II, 251 ; *C. racemosa* L. ; Batt. et Trab. *Alg.* I, 486.
  Maroc occidental : *El Hank, Aïne Diab, Tilmellil, Médiouna, Sidi bou Ziane, Oued bou
    Skoura, Sidi el Djilali, Sellal, Bir Chafaï, Bled Oulad Allel, Ben Ameida, Si Rerha,
    Guicer, Pont Blondin, Bou Znika, Camp Boulhaut.*
Endroits incultes et très arides ; steppe à Palmiers nains.

Atractylis gummifera L. *Sp.* 829 ; Batt. et Trab. *Alg.* I, 489 ; *Carlina gummifera* Less.
  Maroc occidental : *Casablanca* (Moreau) ; *Ferme Boule, Aïne Diab, Sidi bou Ziane.*

Tilmellil, Oued bou Skoura, Médiouna, Sellal, Bir Chafaï, Bled Oulad Allel, Dar Oulad Allafi, Fedhala à *Camp Boulhaul, Camp Boulhaul.*

Champs incultes ; steppe à Palmiers nains.

A. cancellata L. *Sp.* 830 ; Batt. et Trab. *Alg.* 1, 489.

Maroc septentrional : *Bougdour, Djebel Darziro, Ahouana, Zinel, Ksar Djédid, Andjéra.*

Maroc occidental : *El Hank, Dar el Hadj, Sidi bou Ziane, Médiouna, Ber Rechid, Sellal, Msahal, Bir Chafaï, Bled Oulad Allel, Sidi Mohammed el Bahloul, Kasbah ben Ahmed, Ben Ameida, Sidi bou Zerlan, Djebel Flalin, Dar Chafaï.*

Endroits arides ; pentes des collines incultes, steppe à Palmiers nains.

Carduus leptocladus DR. *Rev. de Duch.* I, 361 ; Batt. et Trab. *Alg.* I, 525.

Maroc septentrional : *Tanger, Télouan, Semsa.*

Maroc occidental : *Tilmellil, Dar el Hadj, Sidi bou Ziane, Oued bou Skoura, Ber Rechid, Sellal, Bir Chafaï, Sidi Mohammed el Bahloul, Sidi bou Ali, Dar el Kébir, Dar el Hadj Salah, Bir Jdour, Si Rerha.*

Champs incultes, bords des chemins, moissons.

C. myriacanthus Salzm. *Exsicc.* ; DC. *Prodr.* VI, 624 ; Ball *Spic. Fl. Maroc.* 521.

Maroc septentrional : *Tanger, Souani.*

Maroc occidental : *Casablanca.*

Endroits herbeux incultes.

C. pycnocephalus L. *Sp.* ed. 2, 1151 ; Batt. et Trab. *Alg.* 1, 524.

Maroc occidental : *Dar el Kébir ben Hammani, Ber Rechid.*

Endroits incultes, bords des champs.

C. tenuiflorus Curt. *Fl. Lond.* VI, tab. 55.

Maroc septentrional : *Aïne Dalia, Télouan.*

Lieux incultes, bords des chemins.

C. macrocephalus Desf. *Atl.* II, 245 ; Batt. et Trab. *Alg.* I, 526.

Maroc septentrional : Base du *Djebel Dersa.*

Pentes des collines herbeuses.

Cirsium giganteum Spreng. *Syst.* III, 375 ; Batt. et Trab. *Alg.* I, 523 ; *C. scabrum* Poir.

Maroc septentrional : *Tanger.*

Maroc occidental : *Oued Tamdrosl, Guicer, Sidi Feali.*

Endroits broussailleux très humides.

Notobasis syriaca Cass. in *Dict. Sc. nat.* XXV, 225 ; *Cirsium syriacum* Gærtn. ; Batt. et Trab. *Alg.* I, 521.

Maroc septentrional : *Tanger, Souani, Ahouana, Zinel, Andjéra.*

Bords des chemins, champs incultes.

Galactites tomentosa Mœnch *Meth.* 558 ; Batt. et Trab. *Alg.* 1, 518.

Maroc septentrional : *Aïne Dalia, Djebel Kébir, Télouan, Bouséja, Semsa.*

Maroc occidental : *Dar el Kébir, Sellal, Camp Boulhaul, Oued Cherral.*

Lieux incultes, bords des champs et des chemins.

Silybum Marianum Gærtn. *Fruct.* II, 378 ; Batt. et Trab. *Alg.* I, 519.

Maroc septentrional : *Tanger, Arzila, Télouan.*

Maroc occidental : *Ber Rechid, Si Ali Mouley el Haoueria.*

Décombres, endroits herbeux incultes.

Cynara Cardunculus L. *Sp.* 827 ; Batt. et Trab. *Alg.* I, 516.

> Maroc occidental : *Oued Tamdrost, Mechra ben Abou* à *Khemisset, Bou Znika, Oued Cherrat* près *Camp Boulhaut.*
> Champs arides, steppe à Palmiers nains.

C. humilis L. *Sp.* 1159 ; Ball *Spic. Fl. Maroc.* 524.

> Maroc septentrional : *Ahouana, Zinet, Bouséja,* base du *Beni Hosmar.*
> Maroc occidental : *Casablanca, Ferme Carlos, Dar Oulad ben Abbou, Sidi bou Ziane, Médiouna, Oued bou Skoura, Bou Znika, Fedhala, Camp Boulhaut, Oued Cherrat, Sidi Sérier, Ber Rechid. Sellat, Msahal, Bir Chafaï, Bled Oulad Allel, Oued Tamdrost, Sidi Mohammed el Bahloul, Kasbah ben Ahmed, Souk el Khremis, Dar Chafaï.*
> Champs arides, pentes des collines incultes, steppe à Palmiers nains.

Onopordon macracanthum Schousb. *Gew. Mar.* 185, tab. 5 et 6 ; Ball *Spic. Fl. Maroc.* 523.

> Maroc septentrional : *Télouan,* plaine du *Rio Martil.*
> Maroc occidental : *Ber Rechid, Sidi el Aïdi, Dar el Kébir, Sellat, Msahal, Bir Jdour, Bir Chafaï, Si Senhadj, Bled Oulad Allel, Sidi bou Ali, Ben Ameida, Guicer, Sidi Barca, Khemisset, Dar Chafaï.*
> Champs en friche, moissons.

O. Sibthorpianum Boiss. et Held. in *Fl. Or.* III, 561 ; Ball *Spic. Fl. Maroc.* 524.

> **Var. viride** Ball *l. c.* 524.
> Maroc occidental : *El Hank, Aïne Diab, Tilmellil, Sidi bou Ziane, Médiouna, Ber Rechid, Oued bou Skoura.*
> Endroits rocailleux incultes, champs en friche.

Chamæpeuce Casabonæ DC. *Prodr.* VI, 658 ; *Cnicus Casabonæ* Willd. ; Ball *Spic. Fl. Maroc.* 523.

> Maroc septentrional : *Beni Hosmar* (4-900 m.).
> Pentes arides de la région montagneuse.

Stæhelina dubia L. *Sp.* 1176 ; Ball *Spic. Fl. Maroc.* 525.

> Maroc septentrional : entre *Télouan* et *Semsa,* versant occidental du *Djebel Dersa.*
> Pentes des collines rocailleuses calcaires, au milieu des Cistes.

Amberboa atlantica Pitard sp. nov.

Herbe annuelle. Tige dressée haute de 50 centimètres à 1 mètre et plus, striée, très papilleuse, ramifiée souvent dès sa partie inférieure ; ramifications étalées, puis subdressées, très allongées. Feuilles inférieures lancéolées plus ou moins découpées, les supérieures pennatifides étroites, aiguës, atténuées en pétiole court. Pédoncules allongés, de 2-10 centimètres. Capitules peu nombreux, cupuliformes à la base, hauts de 15 millimètres, larges de 8-10 millimètres ; involucre à bractées externes courtes, réfléchies, à bractées moyennes lancéolées-aiguës à marge membraneuse, parfois légèrement tachées de noir, à face dorsale couverte de longs poils blancs, à bractées supérieures de même forme, à larges bords membraneux, blanchâtres. Fleurs neutres 9-10, longues de 15-17 millimètres, tube glabre, blanchâtre, limbe à 4 divisions, larges, violettes. Fleurs hermaphrodites longues de 7-8 millimètres, à tube long de 4 millimètres, revêtu de longs poils blancs ; pétales 5, recourbés en dedans après la floraison ; fleurs violettes. Anthères dépassant le tube de 3,5-4 millimètres, brun verdâtre. Akènes longs de 3^{mm},5, gris clair, à 8-10 côtes longitudinales, blanchâtres, peu saillantes ; testa ponctué dans l'intervalle des côtes, velu et à poils dressés ; hile latéral ; aigrette longue de 2 millimètres.

Cette espèce, du groupe de l'*A. crupinoides* DC., doit se ranger à côté de l'*A. maroccana* Bar. et Murb. (*Contr. Fl. Nord-Ouest Afriq.*, IIe sér., 59) qui se différencie facilement de notre *A. atlantica* par ses capitules à base conique, plus étroits (5-7 millimètres de large) et à involucre glabre, ses fleurs hermaphrodites à tube glabre, ses pétales dressés après l'anthère, enfin par l'aigrette de ses akènes plus longue (3-4 millimètres).

Maroc occidental : *Guicer* à *Dar Chafaï.*
Endroits incultes, bords des champs, moissons.

A. ramosissima Pitard sp. nov.

Herbe annuelle. Tige dressée, haute de 80 centimètres à 1 mètre environ, striée, papilleuse, abondamment ramifiée presque dès la base, et formant une énorme touffe par ses ramifications étalées longues de 30 à 60 centimètres, terminées par de nombreux petits capitules. Feuilles lancéolées, plus ou moins découpées à la base, plus étroites et de plus en plus rétrécies au sommet, toujours pennatifides aiguës. Capitules longs de 10-12 millimètres, larges de 6-7 millimètres ; écailles de l'involucre lancéolées-aiguës à marge membraneuse blanc jaunâtre et à région dorsale verdâtre, couverte de longs poils blancs. Fleurs neutres saillantes absentes ; fleurs hermaphrodites longues de 5-5,5 millimètres, à tube long de 3^{mm},5, velu, blanc, violacé au sommet ; pétales 5, dressés à la floraison. Anthères brun clair. Akène haut de 3 millimètres, à testa gris clair à peu près lisse, à peine creusé, à la loupe, de petites cavités punctiformes noirâtres, velu, à poils dressés ; hile latéral ; aigrette longue de 2^{mm},5.

Cette espèce appartient également au groupe de l'*A. maroccana* Bar. et Murb. Elle se différencie facilement de cette espèce et de notre *A. atlantica* par son port à la fois élevé et très rameux, ses très petits capitules, l'absence de fleurs neutres longuement saillantes et la brièveté des fleurs hermaphrodites. Elle se rapproche davantage de l'*A. maroccana* Bar. et Murb. par ses fleurs hermaphrodites à pétales dressés, la forme de l'akène, la longueur de son aigrette, mais s'en éloigne aussi par le tube des fleurs longuement velu, la dimension plus petite de son akène (3 millimètres au lieu de 4-4,2 millimètres), etc.

Maroc occidental : *Mechra ben Abou.*
Berges sablonneuses incultes de l'*oued Oum er Rbia.*

Leuzea conifera DC. *Fl. Fr.* IV, 109 ; Batt. et Trab. *Alg.* I, 517.
Maroc septentrional : Versant oriental du *Djebel Dersa*.
Collines pierreuses ensoleillées.

Rhaponticum acaule DC. *Prodr.* VI, 664 ; Batt. et Trab. *Alg.* I. 507 ; *Centaurea Chamærha-ponticum* Ball.
Maroc occidental : *Ber Rechid, Khemissel, Ouamra, Djebel Flatin*.
Champs incultes, bords des moissons.

Centaurea sempervirens L. *Sp.* 1291 ; Batt. et Trab. *Alg.* I, 493.
Maroc septentrional : *Semsa*.
Broussailles des endroits ombragés et frais.

C. Tagana Brot. *Fl. Lus.* I, 369 ; Batt. et Trab. *Alg.* I, 493.
Maroc septentrional : *Djebel Kébir*.
Maroc occidental : *Fedhala à Camp Boulhaut, Camp Boulhaut à l'oued Cherral*.
Endroits herbeux et broussailleux des forêts.

C. Clementei Bois. ap. DC. *Prodr.* VII, 303 ; Ball *Spic. Fl. Maroc.* 528.
Maroc septentrional : *Bou Semlen* (300 m.), *Val Tissa* (900 m.).
Fissures des hautes falaises calcaires de la région montagneuse.

C. pullata L. *Sp.* 911 ; Batt. et Trab. *Alg.* I, 496.
Maroc septentrional : *Tanger, Djebel Kébir, Arzila, Zinel, Andjéra, Semsa*.
Maroc occidental : *Dar Rhamndour, Oued bou Skoura, Médiouna, Ber Rechid, Sellat, Bir Jdour, Bled Oulad Allel, Sidi Mohammed el Bahloul, Kasbah ben Ahmed, Souk el Khremis, Dar el Hadj Salah, Sidi bou Zerlan, Khemissel*.
Pâturages, endroits herbeux incultes, cultures.

C. eriophora L. *Sp.* 916 ; Batt. et Trab. *Alg.* I, 498.
Maroc occidental : *El Hank, Oukacha, Sidi Abderrhamane, Tilmellil, Sidi bou Ziane, Médiouna, Ferme Lamm, Aïne Diab, Dar el Hadj, Oued bou Skoura, Si Abd en Naimi, Ber Rechid, Zaouiel en Nouesseur, Sellat, Bled Oulad Allel, Oued Tamdrosl, Sidi Mohammed el Bahloul, Kasbah ben Ahmed, Guicer, Sidi Barca, Ben Ameida*.
Champs incultes, bords des chemins, steppe à Palmiers nains.

C. maroccana Ball in *Journ. Bot.* [1873], 370 et *Spic. Fl. Maroc.* 530.
Maroc occidental : *Guicer, Sidi bou Zerlan, Dar Chafaï à Sidi Feali.*
Champs arides, bords des chemins, steppe à Palmiers nains.

Obs. — On rencontre en grande abondance auprès du poste de *Guicer* l'hybride de *C. eriophora* × *C. maroccana*. Tous les intermédiaires existent entre les deux parents.

C. sulphurea Willd. *Enum.* n° 391 ; Ball *Spic. Fl. Maroc.* 530.
Maroc occidental : *Camp Boulhaut (Sokral en Nemra)*.
Rochers siliceux, herbeux et ensoleillés de la forêt.

C. melitensis L. *Sp.* 917 ; Batt. et Trab. *Alg.* I, 499.
Maroc occidental : *Camp Boulhaut*.
Sables herbeux et arides des clairières de la forêt.

C. algeriensis Coss. et DR. *Not. pl. crit.* 136 ; Batt. et Trab. *Alg.* I, 500.
Maroc occidental : *Oued bou Skoura, Si Abd en Naimi, Sidi el Arbi, Zaouiel en Nouesseur, Si Ali Mouley el Haoueria, Ber Rechid*.
Champs incultes, moissons.

C. Calcitrapa L. *Sp.* 717 ; Batt. et Trab. *Alg.* I, 501.
> Maroc septentrional : *Tanger, Souani, Télouan, Bou Semlen.*
> Bords des chemins, endroits incultes, champs en friche.

C. diluta Ait. *Hort. Kew.* III, 261 ; Ball *Spic. Fl. Maroc.* 531 ; *C. elongata* Schousb.
> Maroc occidental : *Ber Rechid, Dar Oulad Allafi, Dar el Kébir ben Hammani, Sellat, Khemisset.*
> Champs en friche, moissons.

C. sphærocephala L. *Sp.* 916 ; Batt. et Trab. *Alg.* I, 502.
> Maroc occidental : *Aïne Diab, Fedhala, Pont Blondin, Bou Znika.*
> Sables maritimes.

C. fragilis Durieu in *Rev. Bot.* II, 429 ; Batt. et Trab. *Alg.* I, 503.
> Maroc septentrional : *Cap Spartel, Djebel Dersa, Télouan, Semsa, Bouséja.*
> Maroc occidental : *Casablanca* (Moreau), *Tilmellil.*
> Haies, endroits herbeux, pentes rocailleuses des collines calcaires.

C. polyacantha Willd. *Sp. Pl.* III, 2312 ; Ball *Spic. Fl. Maroc.* 530.
> Maroc septentrional : *Anse Spartel, Tanger, Souani, Cherf el Akab.*
> Sables maritimes et dunes littorales.

Microlonchus salmanticus DC. *Prodr.* VI, 565 ; Batt. et Trab. *Alg.* I, 505.
> Maroc occidental : *El Hank, Sidi Abderrhamane, Ferme Lamm, Sidi bou Ziane, Médiouna, Dar el Hadj, Oued bou Skoura, Si Abd en Naimi, Sellat, Bled Oulad Allel, Bir Chafaï, Oued Tamdrost, Si Senhadj, Sidi Mohammed el Bahloul, Kasbah ben Ahmed, Sidi bou Ali, Ben Ameida, Ouamra, Djebel Flalin, Dar Chafaï, Sidi Feali, Camp Boulhaut.*
> Bords des chemins et des champs, moissons.

M. leptolonchus Spach in *Ann. Sc. nat.* sér. 3, IV, 166 ; Batt. et Trab. *Alg.* I, 505.
> Maroc occidental : *Dar Chafaï.*
> Bords des moissons.

Kentrophyllum lanatum DC. in *Dub. bot.* 293 ; Batt. et Trab. *Alg.* I, 508.
> Maroc occidental : *Casablanca* (Moreau) ; *Sidi bou Ziane, Médiouna, Oued bou Skoura, Sellat, Bir Chafaï, Si Senhadj, Zaouiel en Nouesseur, Oued Cherrat.*
> Lieux stériles et arides ; steppe à Palmiers nains.

Carthamus cæruleus L. *Sp.* 830 ; Batt. et Trab. *Alg.* I, 509.
> **Var. tingitanus** Ball *Spic. Fl. Maroc.* 532 ; *C. tingitanus* L.
> Maroc septentrional : *Tanger, Ahouana, Andjéra.*
> Maroc occidental : *Oued bou Skoura, Si Abd en Naimi, Ber Rechid, Sellat, Bir Jdour.*
> Champs cultivés et friches, moissons.

Carduncellus pinnatus DC. *Prodr.* VI, 614 ; Batt. et Trab. *Alg.* I, 512.
> Maroc septentrional : *Andjéra, Beni Hosmar* (jusqu'à 1000 m.), *Zinet.*
> Endroits arides et pierreux, pentes des collines herbeuses calcaires.

Scolymus maculatus L. *Sp.* 1143 ; Batt. et Trab. *Alg.* I, 528.
> Maroc occidental : *Ferme Carlos, Oued bou Skoura, Sidi bou Ali, Ber Rechid, Sellat, Bir Chafaï, Bir Jdour, Dar el Kébir, Zaouiel en Nouesseur, Mechra ben Abou, Bled Oulad Allel, Fedhala, Camp Boulhaut.*
> Champs cultivés et friches ; steppe à Palmiers nains.

S. hispanicus L. *Sp.* 1143 ; Batt. et Trab. *Alg.* I, 527.

Maroc occidental : *El Hank, Oukacha, Sidi Abderrhamane, Tilmellil, Oued bou Skoura, Ber Rechid, Sellal, Bir Jdour, Bled Oulad Allel, Si Mohammed el Bahloul, Kasbah ben Ahmed, Dar el Kébir, Guicer, Khemissel, Fedhala, Bou Znika, Camp Boulhaut, Oued Cherrat.*

Décombres, champs cultivés et incultes, steppe à Palmiers nains.

Catananche lutea L. *Sp.* 1142 ; Batt. et Trab. *Alg.* I, 534.

Maroc septentrional : *Tanger, Bou Bana, Djebel Kébir, Aïne Dalia, Andjéra.*

Maroc occidental : *Si Senhadj.*

Pelouses des collines, champs argilo-calcaires incultes.

Cichorium pumilum Jacq. *Obs.* IV, 3 tab. 80 [1791] ; Batt. et Trab. *Alg.* I, 529.

Maroc occidental : *El Hank, Aïne Diab, Ferme Lamm, Aïne Seba, Dar Oulad ben Abbou, Sidi bou Ali, Oued bou Skoura, Médiouna, Ber Rechid, Bir Chafaï, Bled Oulad Allel, Oued Tamdrost, Kasbah ben Ahmed, Ben Ameida, Zaouiet en Nouesseur, Fedhala, Camp Boulhaut, Oued Cherrat.*

Champs cultivés et en friche, bords des chemins.

Hyoseris radiata L. *Sp.* 1127 ; Batt. et Trab. *Alg.* I, 532.

Maroc septentrional : *Tanger, Perdicaris, Andjéra, Télouan, Djebel Dersa.*

Maroc occidental : *Oued Cherrat, près Camp Boulhaut.*

Pâturages des collines et broussailles, dans les endroits frais.

H. scabra L. *Sp.* 1138 ; Batt. et Trab. *Alg.* I, 532.

Maroc septentrional : plaine du *Rio Martil*, au-dessous de *Télouan.*

Endroits rocheux herbeux et incultes.

Hedypnois polymorpha DC. *Prodr.* VII, 81 ; Batt. et Trab. *Alg.* I, 531.

Maroc septentrional : *Aïne Dalia, Andjéra, Bouséja, Semsa.*

Maroc occidental : *Aïne Kaddour, Ferme Lamm, Ber Rechid, Sellal, Oued Tamdrost, Bir Jdour, Bled Oulad Allel, Sellal, Ben Ameida, Guicer.*

Bords des champs, champs en friche, moissons.

H. pendula DC. *Prodr.* VII, 82 ; Batt. et Trab. *Alg.* I, 531.

Maroc occidental : *Tilmellil, Dar Oulad ben Abbou.*

Moissons, champs incultes.

Rhagadiolus stellatus Willd. *Sp.* III, 1625 ; Batt. et Trab. *Alg.* I, 532.

Maroc septentrional : *Tanger, Souani.*

Maroc occidental : *Ber Rechid, Sidi el Aïdi, Dar el Kébir, Sidi bou Ali, Dar el Hadj Salah, Sellal, Oued Tamdrost, Khemissel.*

Moissons, champs cultivés et friches.

Tolpis barbata Gærtn. *Fruct.* II, 371 ; Batt. et Trab. *Alg.* I, 530.

Var. grandiflora Ball *Spic. Fl. Maroc.*

Maroc septentrional : *Djebel Kébir, Anse Spartel, Djebel Darziro, Aïne Dalia.*

Collines herbeuses, au milieu des Cistes.

T. umbellata Bert. *Amœn.* 66 ; Batt. et Trab. *Alg.* I, 530.

Maroc occidental : *El Hank, Sidi Abderrhamane, Si Abd en Naimi, Médiouna, Oued bou Skoura, Ber Rechid, Bled Oulad Allel, Sellal, Bir Chafaï, Oued Tamdrost, Sidi Mohammed el Bahloul, Kasbah ben Ahmed, Msahal, Ben Ameida, Guicer, Sidi Barca,*

Djebel Flatin, Dar Chafaï, Fedhala, Bou Znika, Camp Boulhaut, Oued Cherral.
Champs incultes, steppe herbeuse à Palmiers nains.

Hypochœris glabra L. *Sp.* 1140 ; Batt. et Trab. *Alg.* I, 535.
Maroc septentrional : *Djebel Kébir.*
Maroc occidental : *Ber Rechid, Sellal, Bled Oulad Allel.*
Collines incultes ; steppe à Palmiers nains.

H. Salzmanniana DC. *Prodr.* VII, 91 ; *H. glabra* var. *Salzmanniana* Coss. *mss.* ; Ball *Spic.*
Fl. Maroc. 541.
Maroc septentrional : *Tanger, Bou Bana.*
Pâturages des collines.

H. radicata L. *Sp.* 1140 ; Batt. et Trab. *Alg.* I, 536.
Var. **heterocarpa** Moris *Fl. Sard.* II, 487 ; *H. neapolitana* DC.
Maroc septentrional : *Ahouana, Zinet, Télouan.*
Maroc occidental : *Dar Rhamndour, Bir Chafaï.*
Pâturages des collines ; steppe herbeuse à Palmiers nains.

Seriola æthnensis L. *Sp.* 1139 ; Batt. et Trab. *Alg.* I, 537.
Maroc septentrional : *Bled Oulad Allel, Msahal, Bir Chafaï.*
Endroits incultes, steppe à Palmiers nains.

Thrincia tuberosa DC. *Fl. fr.* IV, 52 ; Batt. et Trab. *Alg.* I, 539.
Maroc septentrional : *Djebel Kébir, Andjéra, Bouséja.*
Maroc occidental : *Camp Boulhaut.*
Pâturages, endroits herbeux des collines incultes.

T. macrorhiza Boiss. et Reut.
Maroc septentrional : *Bou Bana.*
Endroits herbeux et incultes.

T. hispida Roth. *Catal. bot.* I, 99 ; Batt. et Trab. *Alg.* I, 538.
Maroc septentrional : *Télouan, Bouséja.*
Maroc occidental : *Casablanca, Bou Znika.*
Endroits herbeux incultes.

T. maroccana Pers. *Syn.* II, 308 ; Batt. et Trab. *Alg.* I, 538.
Maroc occidental : *Casablanca, Tilmellil, Dar el Hadj Salah, Si Abd en Naimi, Bir
Chafaï, Bled Oulad Allel, Camp Boulhaut, Oued Cherral.*
Endroits herbeux, champs incultes.

Kalbfussia Mulleri Sch. Bip. in *Flora* [1833], 725 ; Batt. et Trab. *Alg.* I, 539.
Maroc septentrional : *Bou Bana.*
Bords des chemins, champs incultes.

K. Salzmanni Sch. Bip. in *Flora* [1833], 733 ; Batt. et Trab. *Alg.* I, 545.
Maroc occidental : *Tilmellil, Dar Oulad ben Abbou.*
Endroits herbeux incultes.

Spitzelia cupuligera DR. ap. Duchartre, *Rev. Bot.* II, 431 ; Batt. et Trab. *Alg.* I, 542.
Maroc occidental : *El Hank, Ferme Alvarez, Oued bou Skoura, Ber Rechid, Sellal, Bir
Jdour, Bled Oulad Allel, Msahal, Sidi bou Ali, Oued Tamdrost, Sidi Mohammed el
Bahloul, Mechra ben Abou.*
Champs herbeux, moissons, steppe à Palmiers nains.

Helminthia echioides Gærtn. *Fruct.* II; 368, tab. 159 ; Batt. et Trab. *Alg.* I, 545.
    Maroc septentrional : *Tanger, Aïne Dalia, Andjéra.*
    Maroc occidental : *Oued Tamdrosl, Si Senhadj, Bir Jdour, Oued bou Skoura, Dar ben Azouz, Zaouïel en Nouesseur, Khemissel.*
Haies, collines broussailleuses ; bords des oueds broussailleux en Chaouïa.

Dekera aculeata Sch. Bip. in *Flora* [1834], 479 ; Batt. et Trab. *Alg.* I, 543.
    Maroc septentrional : *Bou Bana, Cap Sparlel,* entre le lac *Hadjériin* et l'Océan.
    Maroc occidental : *Camp Boulhaut, Oued Cherrat.*
Coteaux arides, endroits broussailleux.

Urospermum Dalechampii Desf. *Tabl. éc. bot. Mus.* 90 ; Batt. et Trab. *Alg.* I, 546.
    Maroc septentrional : *Andjéra, Zinel.*
Bords herbeux des chemins ; pâturages des collines.

U. picroides Desf. *Tabl. éc. bot. Mus.* 90 ; Batt. et Trab. *Alg.* I, 546.
    Maroc septentrional : *Ahouana, Zinel, Andjéra, Djebel Kébir, Télouan, Semsa.*
    Maroc occidental : *El Hank, Oued bou Skoura, Dar el Kébir, Bèr Rechid, Sellal, Oued Tamdrosl, Sidi bou Ali, Bled Oulad Allel, Oued Tamdrosl, Dar ben Azouz, Sidi Barca, Sidi Feali, Camp Boulhaut, Oued Cherrat.*
Décombres, jardins, cultures, steppe à Palmiers nains.

Geropogon glaber L. *Sp.* 1109 ; Batt. et Trab. *Alg.* I, 550.
    Maroc septentrional : *Aïne Dalia, Andjéra.*
    Maroc occidental : *Oued bou Skoura, Ber Rechid, Sidi el Aïdi, Sellal, Bir Jdour, Ben Ameida, Sidi Barca, Khemissel.*
Moissons, champs cultivés et friches.

Scorzonera undulata Vahl *Symb.* II, 86 ; Batt. et Trab. *Alg.* I, 548.
    Maroc septentrional : *Aïne Slaoua, Andjéra, Zinel, Bouséja, Télouan.*
Collines herbeuses argilo-calcaires.

S. hispanica L. *Sp.* 1112 ; DC. *Fl. fr.* IV, 59.
    Maroc septentrional : *Aïne Slaoua, Mnimacada, Zinel, Andjéra.*
    Maroc occidental : *Ber Rechid, Si Senhadj, Khemissel.*
Pâturages très humides, endroits herbeux.

Podospermum laciniatum DC. *Fl. fr.* IV, 62 ; Batt. et Trab. *Alg.* I, 547.
    Maroc septentrional : *Bou Bana, Villa Harris.*
    Maroc occidental : *Ber Rechid, Dar el Kébir, Sidi el Aïdi, Sidi bou Ali.*
Pâturages, endroits herbeux incultes, champs cultivés.

Sonchus oleraceus L. *Sp.* 1116 ; Batt. et Trab. *Alg.* I, 556.
    Maroc occidental : *Oued bou Skoura, Sidi bou Ali, Ber Rechid.*
Endroits cultivés et incultes.

S. asper Will. *Hist. pl. Dauph.* III, 158 ; Batt. et Trab. *Alg.* I, 555.
    Maroc septentrional : *Souani.*
Champs cultivés.

S. tenerrimus L. *Sp.* 1117 ; Batt. et Trab. *Alg.* I, 554.
    Maroc septentrional : *Tanger, Semsa, Télouan, Cap Sparlel.*
    Maroc occidental : *El Hank, Oukacha.*
Décombres, murailles, rochers.

S. fragilis Ball in *Journ. Bot.* [1873], 372 et *Spic. Fl. Maroc.* 549.
> Maroc septentrional : *Télouan*, base du *Djebel Dersa, Semsa*.

Fissures des rochers calcaires ensoleillés.

S. maritimus L. *Sp.* 1116 ; Batt. et Trab. *Alg.* I, 555.
> Maroc occidental : *Rabat* (Moreau), *Casablanca*.

Endroits herbeux près des ruisseaux.

Lactuca Scariola L. *Sp.* 1119 ; Batt. et Trab. *Alg.* I, 553.
> Maroc occidental : *Ber Rechid, Settat, Guicer, Khemissel*.

Décombres et endroits incultes.

Picridium tingitanum Desf. *All.* II, 220 ; Batt. et Trab. *Alg.* I, 559.
> Maroc septentrional : *Tanger*.

Sables et dunes maritimes.

P. vulgare Desf. *All.* II, 221 ; Batt. et Trab. *Alg.* I, 559.
> Maroc septentrional : *Sarf, Tanger.*
> Maroc occidental : *El Hank, Ber Rechid, Bir Chafaï, Bled Oulad Allel, Settat, Sidi bou Ali, Dar ben Azouz, Bou Znika, Camp Boulhaut*.

Collines arides, champs pierreux, cultures.

Crepis tingitana Ball *Spic. Fl. Maroc.* 537 ; *Hieracium tingitanum* Salzm. *Exsicc.*
> Maroc septentrional : *Bou Bana, Djebel Kébir, Cap Spartel, Djebel Dersa*.

Endroits broussailleux frais des collines, au milieu des Cistes.

C. taraxacifolia Thuill. *Fl. Par.* 409 [1799] ; Batt. et Trab. *Alg.* I, 562.
> Maroc septentrional : *Tanger, Aïne Dalia, Bouséja, Andjéra, Cap Spartel*.
> Maroc occidental : *Sidi el Aïdi, Sidi bou Ali, Ber Rechid, Oued Cherrat*.

Bords des chemins et des moissons, champs cultivés.

C. bulbosa Tausch in *Flora Ergänz.* [1828], 78.
> Maroc septentrional : *Tanger, Ksar Djédid*.

Sables et dunes maritimes.

Andryala mogadorensis Cass. in *Bull. Soc. bot. Fr.* XX, 252 ; Ball *Spic. Fl. Maroc.* 540.
> Maroc occidental : *Bou Azza, Pont Blondin*.

Sables et dunes maritimes.

A. integrifolia L. *Sp.* 1136 ; Batt. et Trab. *Alg.* I, 567.
> Maroc septentrional : *Tanger, Semsa, Télouan*.
> Maroc occidental : *Oued bou Skoura, Dar Oulad ben Abbou, Pont Blondin*.

Champs incultes, bords des moissons.

A. arenaria Boiss. et Reut. *Pug.* 71 ; Batt. et Trab. *Alg.* I, 567.
> Maroc occidental : *Settat, Msahal, Bled Oulad Allel, Oued Tamdrosl, Sidi Mohammed el Bahloul, Kasbah ben Ahmed, Ouamra, Djebel Flalin, Dar Chafaï*.

Endroits herbeux arides ; steppe à Palmiers nains.

A. laxiflora DC. *Prodr.* VII, 246 ; Batt. et Trab. *Alg.* I, 568.
> Maroc occidental : *Ferme Boule, Ferme Lamm, Sidi Abderrhamane, Dar el Hadj, Titmellil, Sidi bou Ziane, Médiouna, Dar Oulad ben Abbou, Oued bou Skoura, Si Abd en Naimi*.

Endroits incultes ; steppe à Palmiers nains.

AMBROSIACEÆ Link.

Xanthium antiquorum Wallr. *Beitr.* I, 229 ; Batt. et Trab. *Alg.* I, 568.
  Maroc occidental : *Ferme Alvarez, Sellat, Bled Oulad Allel.*
Décombres, endroits humides incultes.

LOBELIACEÆ Juss.

Lobelia urens L. *Sp.* 1321 ; DC. *Fl. fr.* III, 715.
  Maroc occidental : *Camp Monod* (Mouret).
Bois humides et dayas des terrains siliceux. Doit se rencontrer aussi dans la forêt de *Camp
  Boulhaut.*

Laurentia Michelii DC. *Prodr.* VII, 409 ; Batt. et Trab. *Alg.* I, 569.
  Maroc septentrional : *Djebel Kébir, Djebel Darziro, Cap Sparlel.*
  Maroc occidental : *Camp Boulhaut.*
Endroits herbeux très humides.

CAMPANULACEÆ Juss.

Jasione corymbosa Poir. *Dict. Suppl.* III, 131 ; Batt. et Trab. *Alg.* I, 570.
  Maroc septentrional : *Souani, Arzila, Larache.*
  Maroc occidental : *El Hank, Oukacha.*
Sables maritimes et dunes littorales.

J. blepharodon Boiss. et Reut. *Pug.* 72 ; Batt. et Trab. *Alg.* I, 571.
  Maroc occidental : *Sellat, Msahal, Oued Tamdrost, Sidi Mohammed el Bahloul, Bled
    Oulad Allel, Oulad Saïd.*
Steppe herbeuse et aride à Palmiers nains.

J. cornuta Ball in *Journ. Bot.* [1873], 373 et *Spic. Fl. Maroc.* 552.
  Maroc occidental : Entre *Guicer* et *Dar Chafaï.*
Champs incultes, steppe à Palmiers nains.

J. montana L. *Sp.* 1317 ; Batt. et Trab. *Alg.* I, 571.
  Maroc occidental : *Fedhala* à *Camp Boulhaut, Camp Boulhaut, Oued Cherrat.*
Endroits herbeux et découverts de la forêt, dans les sables.

Campanula dichotoma L. ap. Torner *Cent. pl.* II, n° 123 ; Batt. et Trab. *Alg.* I, 573.
  Maroc occidental : *Ferme Lamm, Ferme Carlos, Aïne Diab, Aïne Séba, Sellat, Msahal,
    Bir Chafaï, Oued Tamdrost, Sidi Mohammed el Bahloul, Kasbah ben Ahmed, Bled
    Oulad Allel, Khemissel, Ouamra, Djebel Flatin, Fedhala* à *Camp Boulhaut, Camp
    Boulhaut.*
Endroits arides, steppe à Palmiers nains.

C. Erinus L. *Sp.* 169 ; Batt. et Trab. *Alg.* I, 574.
  Maroc septentrional : *Anse Sparlel, Ahouana, Djebel Doroa, Bou Semlen.*
  Maroc occidental : *El Hank, Ferme Lamm, Ferme Boule, Ber Rechid, Sidi bou Ali,
    Sellat, Bled Oulad Allel, Bir Jdour, Msahal, Oued Tamdrost, Camp Boulhaut, Oued
    Cherrat.*

Endroits incultes ; steppe herbeuse à Palmiers nains.

C. Lœfflingii Brot. *Phyl. Lus.* t. 18 ; Ball *Spic. Fl. Maroc.* 554.

Maroc occidental : *El Hank, Sidi Abderrhamane, Ferme Boule, Ferme Lamm, Oued bou Skoura, Ber Rechid, Sellal, Msahal, Bir Chafaï, Si Senhadj, Bled Oulad Allel, Sidi Mohammed el Bahloul, Oued Tamdrosl, Kasbah ben Ahmed, Zaouiet en Nouesseur, Camp Boulhaut, Oued Cherral.*

Broussailles, champs incultes, moissons.

C. Rapunculus L. *Sp.* 165 ; Batt. et Trab. *Alg.* I, 576.

Maroc septentrional : *Djebel Kébir, Perdicaris, Aïne Slaoua, Ksar Djédid, Zinel, Andjéra, Cherf el Akab.*

Maroc occidental : *Oued Tamdrosl.*

Haies, broussailles, endroits boisés ou herbeux.

C. verrucosa Link et Hoff. *Fl. Port.* II, 12, tab. 81.

Maroc occidental : *Ferme Boule, Aïne Diab, Ferme Lamm, Tilmellil, Sidi Abderrhamane, Oued bou Skoura, Si Abd en Naimi, Sidi bou Ziane, Médiouna, Bled Oulad Allel, Kasbah ben Ahmed, Fedhala à Camp Boulhaut, Camp Boulhaut, Oued Cherral.*

Haies, broussailles, steppe à Palmiers nains.

Specularia falcata A. DC. *Monogr. Campanul.* 345 ; Batt. et Trab. *Alg.* I, 273.

Maroc occidental : *Casablanca* (Moreau).

Moissons.

Trachelium cæruleum L. *Hort. Ups.* 41 ; Batt. et Trab. *Alg.* I, 570 .

Maroc septentrional : *Perdicaris, Semsa.*

Maroc occidental : *Oued Cherral, près Camp Boulhaut.*

Rochers humides, dans les endroits frais et humides ou cascades ensoleillées.

ERICACEÆ Lindl.

Arbutus Unedo L. *Sp.* 395 ; Batt. et Trab. *Alg.* I, 578.

Maroc septentrional : *Djebel Kébir, Djebel Dersa, Andjéra.*

Maroc occidental : *Camp Boulhaut.*

Collines broussailleuses, forêts de Chênes-lièges.

Erica arborea L. *Sp.* 353 ; Batt. et Trab. *Alg.* I, 579.

Maroc septentrional : *Djebel Kébir, Djebel Dersa, Andjéra.*

Bois et broussailles de la région montagneuse.

E. scoparia L. *Sp.* 353 ; Batt. et Trab. *Alg.* I, 573.

Maroc septentrional : *Djebel Kébir, Djebel Darziro, Djebel Dersa.*

Pentes des montagnes broussailleuses.

E. multiflora L. *Sp.* 353 ; Batt. et Trab. *Alg.* I, 579.

Maroc septentrional : *Djebel Dersa, Semsa.*

Collines broussailleuses, au milieu des Cistes.

E. umbellata L. *Sp.* 501 ; Ball *Spic. Fl. Maroc.* 556.

Maroc septentrional : *Djebel Kébir, Djebel Darziro, Cap Spartel.*

Collines broussailleuses, au milieu des Cistes.

E. australis L. *Manl.* 231 ; Ball *Spic. Fl. Maroc.* 556.

Maroc septentrional : *Djebel Kébir, Bou Bana, Médiouna, Cap Spartel.*
Collines broussailleuses, au milieu des Cistes.

E. ciliaris L. *Sp.* 503 ; Ball *Spic. Fl. Maroc.* 556.
Maroc septentrional : *Djebel Darziro.*
Collines broussailleuses.

Calluna vulgaris Salisb. in *Trans. Linn.* VI, 317 ; Batt. et Trab. *Alg.* I, 556.
Maroc septentrional : *Djebel Kébir, Cap Spartel.*
Collines broussailleuses, avec les Cistes.

PRIMULACEÆ Vent.

Coris monspeliensis L. *Sp.* 177 ; Batt. et Trab. *Alg.* I, 722.
Maroc septentrional : Pentes inférieures du *Djebel Dersa.*
Pentes des collines calcaires arides.

Asterolinum stellatum Hoffm. et Link *Fl. Port.* I, 332 ; Batt. et Trab. *Alg.* I, 721.
Maroc septentrional : *Bou Bana, Djebel Kébir, Sarf, Cap Spartel, Andjéra, Télouan.*
Maroc occidental : *Camp Boulhaut.*
Endroits herbeux frais ou humides.

Anagallis arvensis L. *Sp.* 148 ; Batt. et Trab. *Alg.* I, 722.
Maroc septentrional : Vulgaire dans les cultures.
Maroc occidental : *Oukacha, Bir Chafaï, Bled Oulad Allel, Ber Rechid, Sellal, Dar el Hadj Salah, Oued Tamdrosl, Camp Boulhaut.*
Cultures, jardins, champs incultes.

A. parviflora Hoffm. et Link *Fl. Port.* 1, 325, tab. 64 ; Batt. et Trab. *Alg.* I, 722.
Maroc septentrional : *Cap Spartel, Djebel Darziro.*
Maroc occidental : *Ferme Lamm, Oued Tamdrosl, Camp Boulhaut.*
Lieux herbeux frais, bords des dayas.

A. collina Schousb. *Jagttag. Marokko,* 78 ; *A. linifolia* var. *rubriflora* Batt. et Trab. *Alg.* I, 723.
Maroc septentrional : *Mnimacada, Ahouana, Zinet.*
Maroc occidental : *Sidi Abderrhamane, Ferme Lamm, Sidi bou Ziane, Médiouna, Oued bou Skoura, Si Abd en Naimi.*
Endroits broussailleux, pentes des collines arides.

A. crassifolia Thore *Choris Land.* 62 ; Batt. et Trab. *Alg.* I, 723.
Maroc septentrional : *Djebel Kébir, Cap Spartel, Bougdour, Djebel Darziro.*
Bords des eaux et des marais sur les pentes des collines.

A. tenella L. *Mant. Sp.* 171 ; Batt. et Trab. *Alg.* I, 724.
Maroc septentrional : *Val Tissa* (800 m.).
Endroits marécageux de la région montagneuse.

Samolus Valerandi L. *Sp.* 171 ; Batt. et Trab. *Alg.* I, 724.
Maroc septentrional : Bords du lac *Hadjériin, Semsa.*
Maroc occidental : *Oukacha, Sidi Abderrhamane, Ferme Lamm, Aïne Seba, Titmellil, Oued bou Skoura, Si Abd en Naimi, Oued Tamdrosl, Si Senhadj, Camp Boulhaut, El Aïoun de Camp Boulhaut, Oued Cherral.*
Bords des eaux, endroits très humides.

OLEACEÆ Lindl.

Fraxinus angustifolia Vahl *Enum.* I, 52 ; *F. oxyphylla* M.-Bieb. ; Batt. et Trab. *Alg.* I, 582.
    • **Var. obtusa** Gren. et Godr. *Fl. Fr.* II.
       Maroc septentrional : *Zinet, Fondak, Andjéra, Bou Semlen.*
       Var. rostrata Gren. et Godr. *l. c.*
       Maroc septentrional : Cascade de l'*oued Zarka.*
   Broussailles des forêts humides ; bords des oueds de la région montagneuse.

Phillyrea latifolia L. *Sp.* 10 ; Batt. et Trab. *Alg.* I, 581.
       Maroc septentrional : *Djebel Kébir, Beni Hosmar* (800 m.), *Semsa.*
   Collines broussailleuses, forêts des montagnes.

P. media L. *Sp.* 10 ; Batt. et Trab. *Alg.* I, 581.
       Maroc septentrional : *Djebel Kébir, Cap Spartel.*
       Maroc occidental : *Camp Boulhaut.*
   Broussailles des collines.

P. angustifolia L. *Sp.* 10 ; Batt. et Trab. *Alg.* I, 581.
       Maroc septentrional : *Djebel Kébir, Cap Spartel, Djebel Dersa.*
   Collines broussailleuses.

Olea europæa L. *Sp.* 11 ; Batt. et Trab. *Alg.* I, 581.
       Maroc septentrional et occidental : Souvent cultivé dans le Nord, plus rare dans la
         Chaouïa où il abonde cependant sous forme de petits buissons dans la steppe voisine
         de *Mechra ben Abou.*

APOCYNACEÆ R. Br.

Vinca media Link et Hoffm. *Fl. Port.* tab. 90 ; Batt. et Trab. *Alg.* I, 583.
       Maroc septentrional : *Djebel Kébir, Sarf, Andjéra, Semsa, Bou Semlen* (fl. blanches).
   Haies et buissons frais ; endroits boisés.

Nerium Oleander L. *Sp.* 209 ; Batt. et Trab. *Alg.* I, 583.
       Maroc septentrional : *Zinet, Andjéra,* vallée du *Rio Marlil, Beni Hosmar* (900 m.), etc.
       Maroc occidental : *Camp Boulhaut.*
   Lieux humides, bords des eaux.

ASCLEPIADEÆ R. Br.

Gomphocarpus fruticosus R. Br. in *Wern. Soc.* I, 38 ; Batt. et Trab. *Alg.* I, 586.
       Maroc septentrional : Pont de *Bouséja, Semsa.*
   Alluvions des oueds, endroits arides.

Cynanchum acutum L. *Sp.* 310 ; Batt. et Trab. *Alg.* I, 586.
       Maroc occidental : *Rabat* (Moreau), *Bou Znika.*
   Sables maritimes.

GENTIANACEÆ Juss.

Erythræa maritima Pers. *Syn.* I, 283 ; Batt. et Trab. *Alg.* I 589.

Maroc septentrional : *Bou Baña, Cap Spartel*, rives du lac *Hadjériin, Arzila, Aïne Slaoua*.

Endroits herbeux humides des collines broussailleuses.

E. spicata Pers. *Syn.* I, 283 ; Batt. et Trab. *Alg.* I, 589.

Maroc occidental : *Oued bou Skoura*.

Dépressions herbeuses desséchées pendant l'été.

E. ramosissima Pers. *Syn.* I, 283 ; Batt. et Trab. *Alg.* I, 589.

Maroc occidental : *Aïne Diab, Bou Azza, Tilmellil, Oued bou Skoura, Si Abd en Naimi, Médiouna, Sellal, Bir Jdour, Si Senhadj, Oued Tamdrost, Kasbah ben Ahmed, Bled Oulad Allel, Camp Boulhaut, Oued Cherral*.

Endroits inondés l'hiver de la steppe à Palmiers nains.

E. Centaurium Pers. *Syn.* I, 283 ; Batt. et Trab. *Alg.* I, 588.

Var. suffruticosa Griseb. *Gen. el Sp. Gent.* 140.

Maroc septentrional : *Djebel Kébir, Médiouna, Djebel Dersa, Semsa, Bahrain*.

Maroc occidental : *Aïne Diab, Sidi Abderrhamane, Si Abd en Naimi, Oued bou Skoura, Sidi bou Ziane, Dar Oulad Saïla, Sellal, Oued Tamdrost, Sidi Mohammed el Bahloul, Kasbah ben Ahmed, Bled Oulad Allel, Oulad Saïd*.

Collines broussailleuses ; steppe à Palmiers nains.

Microcala filiformis Link et Hoffm. *Fl. Port.* I, 359 ; Batt. et Trab. *Alg.* I, 589.

Maroc septentrional : *Djebel Kébir, Cap Spartel, Djebel Darziro, Cherf el Akab, Bou Bana*.

Maroc occidental : *Camp Boulhaut*.

Endroits herbeux humides ; bords des dayas.

Cicendia pusilla Griseb. *Mon. Gent.* 156 ; Batt. et Trab. *Alg.* I, 590.

Maroc occidental : *Camp Boulhaut*.

Dayas asséchées pendant l'été.

Chlora grandiflora Viv. *Append. All. Fl. Cors.* 4 ; Batt. et Trab. *Alg.* I, 590.

Maroc septentrional : *Ahouana, Djebel Dersa, Bou Semlen, Marabout de Kithan, Val Tissa* (500 m.), *Semsa*.

Maroc occidental : *Oued Cherral*, près *Camp Boulhaut*.

Pâturages et lieux incultes de la région montagneuse.

C. imperfoliata L. fil. *Suppl.* 218 ; Ball *Spic. Fl. Maroc.* 567.

Maroc occidental : *Oued bou Skoura*.

Endroits incultes, près des marais, dans la steppe à Palmiers nains.

CONVOLVULACEÆ Vent.

Calystegia sepium R. Br. *Prodr.* 483 ; Batt. et Trab. *Alg.* I, 591.

Maroc septentrional : *Djebel Kébir, Andjéra, Semsa*.

Haies et broussailles humides.

Convolvulus tricolor L. *Sp.* 225 ; Batt. et Trab. *Alg.* I, 594.

Maroc septentrional : *Ksar Djedid, Andjéra*.

Maroc occidental : *Dar Oulad ben Abbou, Dar Oulad Saïla, Oued bou Skoura, Oued Tamdrost, Sidi el Aïdi, Khemissel, Guicer, Dar Chafaï*.

Pâturages herbeux des collines, bords des chemins, champs incultes.

C. arvensis L. *Sp.* 218 ; Batt. et Trab. *Alg.* I, 592.

> Maroc septentrional : *Tanger, Arzila, Tétouan.*
>
> Maroc occidental : *Ferme Alvarez, Ferme Carlos, Dar el Kébir, Ber Rechid, Dar Oulad ben Abbou, Sidi Ali Mouley el Haouerra, Sidi bou Ali, Sellal, Bir Jdour, Oued Tamdrosl, Si Rerha, Guicer, Sidi Feali.*
>
> Cultures, moissons, champs incultes.

C. siculus L. *Sp.* 223 ; Batt. et Trab. *Alg.* I, 594.

> Maroc occidental : *Ferme Lamm, Ber Rechid, Sellal, Bir Chafaï, Oued Tamdrosl, Camp Boulhaut.*
>
> Endroits herbeux, steppe à Palmiers nains.

C. Pitardi Battandier, sp. nov. — Sect. Scandentes Boiss. *Fl. Or.*

Racine vivace ; tiges robustes, un peu volubiles, pubescentes, un peu sillonnées. Pétioles grêles, longs de 2-3 centimètres, pubescents ; limbe cordé à la base à large sinus hasté, un peu plus long que le pétiole, glabre, fortement nervié, à bords généralement droits, grossièrement denté ou sinueux. Fleurs grandes, rougeâtres, axillaires, solitaires sur des pédoncules nuls, remplacés par un pédicelle pédonculiforme pubescent, long de 1 décimètre dans les fleurs inférieures, plus court dans les supérieures. robuste, portant à sa base dans l'aisselle de la feuille deux longues bractées filiformes poilues, de 10-15 millimètres de longueur. Bouton floral oblong, gros, toujours solitaire, à pubescence dense, argentée, un peu hérissée. Sépales oblongs, un peu inégaux, marginés sur le bord, obtus, mucronulés ; corolle grande, poilue au sommet dans le bouton ; style court et bifide ; étamines plus courtes que la corolle à anthères oblongues, à la fin sagittées à la base. Fruit et graines inconnus.

Cette curieuse espèce simule à s'y méprendre le *C. althæoides* L. Elle en diffère par ses feuilles à limbe glabre, moins divisées dans le haut de la tige, plus nettement hastées, et surtout par ses bractées basilaires à la base d'un long et gros pédicelle remplaçant le pédoncule nul, par son bouton floral unique, bien plus hispide, etc.

> Maroc occidental : *Oued Cherral*, sur la rive *Zaër* voisine de *Camp Boulhaut.*
>
> Buissons, sur le sable dans les clairières de la forêt.

C. althæoides L. *Sp.* 222 ; Batt. et Trab. *Alg.* I, 592.

> Maroc septentrional : *Tanger, Arzila.*
>
> Maroc occidental : *El Hank, Tilmellil, Oued bou Skoura, Sellal, Dar el Kébir, Sidi bou Ali, Bled Oulad Allel, Oued Tamdrosl, Sidi Mohammed el Bahloul, Kasbah ben Ahmed, Fedhala.*
>
> Broussailles, haies.

C. Gharbensis Battandier et Pitard sp. nov. — Sect. Annui Boiss. *Fl. Or.*

Plante herbacée, annuelle, multicaule à tiges fermes, dressées non volubiles, finement pubescentes à la loupe, hautes d'environ 2 à 3 décimètres, portant quelques rameaux dressés terminés comme elles par un capitule floral. Feuilles linéaires oblongues, longuement atténuées en pétiole mince, glabres, entières. Fleurs subsessiles, 8-12 en gros capitule terminal involucré. Involucre foliacé à pièces vertes, ovales, sessiles, aiguës, les 3 ou 4 extérieures très larges, les internes à peu près en même nombre plus étroites. Capitule formé de plusieurs axes floraux très raccourcis, munis de bractées linéaires-aiguës, hispides ; fleurs subsessiles avec deux bractées linéaires hispides sous le calice. Calice à 5 sépales étroits, membraneux, atténués en longue pointe herbacée et hispide, dépassant de beaucoup la capsule. Corolle à bord entier, d'un bleu foncé, jaunâtre dans le fond, velue soyeuse en dehors sur les angles. Étamines 5, plus courtes que la corolle, à filets un peu élargis vers le bas ; anthères oblongues, à la fin un peu sagittées à la base. Style bifide à stigmates lamelleux allongés, acuminés. Capsule globuleuse, glabre ; graines 4, brunes, à testa aréolé, avec des aréoles bordées de crêtes saillantes et sinueuses.

Cette belle espèce paraît ne se rapprocher d'aucune autre. Toutefois, sans son inflorescence en gros capitules, elle montrerait de réelles affinités avec le groupe du *C. tricolor* L., surtout avec le *C. maroccanus* Batt. in *Bull. Soc. bot. Fr.* [1911], 187.

> Maroc occidental : *Dar ben Azouz, Dar el Kébir, Dar Oulad Allafi, Sellat* à l'*Oued Tamdrost, Sellat* à *Guicer, Khemisset.*
> Champs incultes, dépressions humides l'hiver, moissons.

Cressa cretica L. *Sp.* 325 ; Batt. et Trab. *Alg.* I, 596.
> Maroc occidental : *Casablanca* (Moreau), *Fedhala, Bou Znika.*
> Sables du littoral, humides l'hiver.

Cuscuta epithymum L. *Syst. Murr.* 140 ; Batt. et Trab. *Alg.* I, 596.
> Maroc septentrional : *Mnimacada* (sur *Plantago serraria*), *Aïne Slaoua* (*Romulea Bulbocodium, Daucus crinitus,* etc.), *Bouséja* et *Semsa* (*Thymus Munbyanus*).
> Parasite de nombreuses plantes herbacées.

C. epilinum Weihe. *Arch. Apoth.* VIII, 54 ; Gren. et Godr. *Fl. Fr.* II, 503.
> Maroc occidental : *Bou Azza.*
> Dans les champs de Lin.

C. planiflora Ten. *Fl. Nap.* III, 250 ; Batt. et Trab. *Alg.* I, 597.
> Maroc occidental : *Oukacha* (sur *Pimpinella bubonoides*), *Mechra ben Abou* (sur *Zizyphus Lotus*), *Camp Boulhaut* (sur *Myrtus communis*).
> Parasite de diverses espèces.

BORAGINEÆ Juss.

Heliotropium supinum L. *Sp.* 187 ; Batt. et Trab. *Alg.* I, 617.
> Maroc septentrional : *Tanger, Souani.*
> Maroc occidental : *Bou Azza, Oued Tamdrost.*
> Décombres, champs incultes et cultures, moissons.

H. europæum L. *Sp.* 187 ; Batt. et Trab. *Alg.* I, 617.

Maroc septentrional : *Tanger.*
Maroc occidental : *El Hank, Ferme Carlos, Ferme Lamm, Bou Azza, Dar el Kébir, Ber Rechid, Sellat, Ben Hammani, Sidi bou Ali, Ben Ameida, Guicer, Si Rerha, Khemissel, Sidi Feali, Fedhala.*
Décombres, cultures, endroits incultes.

Cynoglossum pictum Ait. *Hort. Kew.* I, 179 ; Batt. et Trab. *Alg.* I, 614.
Maroc septentrional : *Télouan, Bouséja, Semsa.*
Pâturages, bords des chemins et des champs.

C. clandestinum Desf. *Atl.* I, 159, tab. 42 ; Batt. et Trab. *Alg.* I, 614.
Maroc septentrional : *Bahrain, Sarf, Tanjier el Balia, Djebel Dersa, Télouan.*
Maroc occidental : *Casablanca, Sellal, Bled Oulad Allel, Oued Tamdrosl, Sidi Mohammed el Bahloul, Zaouiet en Nouesseur, Camp Boulhaul, Oued Cherral.*
Cultures, endroits arides argilo-calcaires.

C. cheirifolium L. *Sp.* 193 ; Batt. et Trab. *Alg.* I, 615.
Maroc septentrional : *Sarf, Bouséja, Semsa, Télouan, Beni Hosmar* (900 m.), plaine du *Rio Marlil, Andjéra.*
Maroc occidental : *Casablanca, Ferme Lamm, Guicer.*
Collines arides, bords des chemins.

Borago officinalis L. *Sp.* 193 ; Batt. et Trab. *Alg.* I, 599.
Maroc septentrional : *Tanger, Arzila, Télouan.*
Maroc occidental : *Ber Rechid, Zaouiet en Nouesseur, Sellal.*
Endroits cultivés, décombres, champs incultes.

Anchusa italica Retz. *Obs.* I, 12 ; Batt. et Trab. *Alg.* I, 600.
Maroc septentrional : *Aïne Dalia* ; plaine du *Rio Marlil* (fl. blanches).
Champs cultivés, moissons.

A. undulata L. *Sp.* 191 ; Ball *Spic. Fl. Maroc.* 571.
Maroc occidental : *Camp Boulhaul.*
Endroits herbeux incultes.

Nonnea nigricans DC. *Fl. fr.* III, 626 ; Batt. et Trab. *Alg.* I, 601.
Maroc septentrional : *Télouan,* plaine du *Rio Marlil.*
Maroc occidental : *Ber Rechid, Bir Chafaï, Si Rerha.*
Champs incultes et cultivés.

N. phaneranthera Viv. *Fl. Libyc.* 9, tab. I, fig. 3 ; Batt. et Trab. *Alg.* I, 601.
Maroc occidental : *Oukacha, Aïne Diab, El Hank, Bou Azza, Sidi Abderrhamane, Bir Jdour, Ouamra, Djebel Flatin.*
Champs incultes, moissons.

Myosotis lingulata Lehm. *Asper.* 110 ; Batt. et Trab. *Alg.* I, 602.
Var. foliosa Ball *Spic. Fl. Maroc.* 572.
Maroc septentrional : *Cap Spartel,* entre le lac *Hadjériin* et *Arzila.*
Endroits herbeux très marécageux.

M. sicula Guss. *Syn.* I, 214 ; Batt. et Trab. *Alg.* I, 603.
Maroc occidental : *Camp Boulhaul.*
Dayas herbeuses, tardivement humides durant l'été.

M. hispida Schlecht. in *Mag. nat. Ber.* VIII, 229 ; Batt. et Trab. *Alg.* I, 604.
    Maroc septentrional : *Djébel Kébir, Cap Spartel, Hammar, Yarghil, Oued Zarka, Semsa, Beni Hosmar* (800 m.).
Collines herbeuses, surtout dans les endroits frais.

Lithospermum arvense L. *Sp.* 190 ; Batt. et Trab. *Alg.* I, 605.
    Maroc septentrional : *Télouan*, plaine du *Rio Martil.*
    Maroc occidental : *Casablanca* (Moreau).
Endroits incultes et moissons.

L. apulum Vahl *Symb.* II, 33 ; Batt. et Trab. *Alg.* I, 605.
    Maroc septentrional : *Mnimacada, Zinet, Andjéra, Télouan, Semsa, Djebel Dersa.*
    Maroc occidental : *Sidi Mohammed el Bahloul, Oued Tamdrosl, Sellal, Kasbah ben Ahmed.*
Collines argilo-calcaires, arides et dénudées.

L. fruticosum L. *Sp.* 190 ; Ball *Spic. Fl. Maroc.* 574.
    Maroc septentrional : *Cap Spartel, Djebel Kébir, Marabout de Kithan, Djebel Dersa.*
Collines broussailleuses, au milieu des Cistes.

Echium maritimum Willd. *Sp.* I, 788 ; Batt. et Trab. *Alg.* I, 610.
    Maroc septentrional : *Tanger, Djebel Dersa.*
Bords des chemins, champs incultes.

E. sabulicolum Pomel in Batt. et Trab. *Alg.* I, 610.
    Maroc occidental : *Guicer* à *Dar Chafaï, Sidi Feali, Mechra ben Abou.*
Steppe herbeuse très aride.

E. horridum Batt. in *Bull. Soc. Bot. Fr.* [1892], 136 ; *E. longifolium* var. *maroccanum* Ball ; *E. maroccanum* Murbeck.
    Maroc occidental : *Guicer* à *Dar Chafaï.*
Steppe herbeuse très aride.

E. dumosum Coincy *Rev. Gen. Echium.*
    Maroc occidental : *Casablanca, Aïne Diab, Dar el Hadj, Ferme Lamm, Sidi bou Ziane, Oued bou Skoura, Si Abd en Naimi, Médiouna, Ber Rechid, Tilmellil, Sellal, Oued Tamdrosl, Kasbah ben Ahmed, Bled Oulad Allel, Oulad Saïd, Fedhala, Pont Blondin.*
Endroits arides et incultes ; steppe à Palmiers nains.

E. plantagineum L. *Mant.* 202 ; Batt. et Trab. *Alg.* I, 611.
    Maroc septentrional : *Bou Bana, Djebel Kébir, Ksar Djédid, Aïne Slaoua, Andjéra, Télouan.*
    Maroc occidental : *Ferme Lamm, Si Abd en Naimi, Oued bou Skoura, Msahal, Oued Tamdrosl, Sidi Mohammed el Bahloul, Kasbah ben Ahmed, Sidi Barca, Si Rerha, Guicer.*
Champs cultivés et incultes, steppe herbeuse à Palmiers nains.

E. pomponium Boiss. *Diagn. Pl. Or.* sér. I, 93 ; Ball *Spic. Fl. Maroc.* 577.
    Maroc septentrional : *Mnimacada, Andjéra.*
Collines herbeuses, incultes et ensoleillées.

Cerinthe major L. *Sp.* 195 ; *C. aspera* Batt. et Trab. *Alg.* I, 616 (non Roth).
    Maroc septentrional : *Andjéra, Zinet, Tanger, Sarf.*
    Maroc occidental : *Ferme Alvarez, Dar el Hadj, Tilmellil, Oued bou Skoura, Sellal, Bled*

Oulad Allel, Bir Chafaï, Si Senhadj, Khemissel, Si Rerha, Guicer, Fedhala, Oued Cherral.

Décombres, bords des chemins, cultures, pâturages.

C. gymnandra Gasparr. in *Rend. Accad. Sc. Nat.* I, 72 ; Batt. et Trab. *Alg.* I, 616.

     Maroc septentrional : *Télouan, Semsa.*

Décombres, bords des chemins.

SOLANACEÆ Juss.

Solanum nigrum L. *Sp.* 186 ; Batt. et Trab. *Alg.* I, 620.

     Maroc occidental : *Ferme Boule, Mechra ben Abou, Oued Cherral.*

Décombres, endroits incultes.

S. miniatum Bernh. ap. Willd. *Enum.* I, 236 ; Batt. et Trab. *Alg.* I, 620.

     Maroc occidental : *Dar Oulad ben Abbou.*

   Décombres, lieux incultes.

S. chlorocarpum Spenn. *Fl. Frib.* 1074 ; Batt. et Trab. *Alg.* I, 620.

     Maroc occidental : *Dar Rhamndour.*

Endroits incultes.

S. Sodomæum L. *Sp.* 187 ; Batt. et Trab. *Alg.* I, 620.

     Maroc septentrional : *Tanger, Arzila.*

     Maroc occidental : *El Hank, Ferme Boule, Aïne Diab, Oued bou Skoura.*

Décombres, endroits incultes.

Physalis peruviana L. *Sp.* 2, 1670 ; DC. *Prodr.* XIII, I, 440.

     Maroc septentrional : *Semsa.*

Champs incultes.

Withania somnifera Dun. ap. DC. *Prodr.* XIII, I, 453 ; Batt. et Trab. *Alg.* I, 621.

     Maroc occidental : *Ber Rechid.*

Décombres, endroits incultes.

W. frutescens Pauq. *Diss. de Bellad.* ; Batt. et Trab. *Alg.* I, 621.

     Maroc septentrional : *Télouan*, plaine du *Rio Martil, Bouséja.*

     Maroc occidental : *El Hank, Aïne Diab, Ferme Lamm, Sidi Abderrhamane, Mechra ben Abou, Mechra ben Abou à Dar Chafaï, Fedhala à Camp Boulhaul.*

Endroits incultes, steppe aride.

Triguera ambrosiaca Cav. *Diss. app.* I ; Batt. et Trab. *Alg.* I, 619.

     Maroc occidental : *Casablanca* (Moreau), *Bir Jdour, Sellat, Sidi Barca, Khemissel.*

Champs argileux incultes, au bord des moissons.

Lycium afrum L. *Sp.* 277 ; Batt. et Trab. *Alg.* I, 623.

     Maroc occidental : *El Hank, Pont Blondin, Mechra ben Abou.*

Rochers calcaires, surtout auprès du littoral.

Mandragora autumnalis Spreng. *Syst.* I, 693 ; Batt. et Trab. *Alg.* I, 622.

     Maroc septentrional : *Télouan*, plaine du *Rio Martil, Bouséja, Hammar.*

     Maroc occidental : *Aïne Diab, Oukacha, El Hank, Dar el Kébir, Ber Rechid, Sellat, Si Rerha, Guicer, Khemissel, Fedhala.*

Pâturages, bords des chemins, champs incultes.

Datura Stramonium L. *Sp.* 179 ; Batt. et Trab. *Alg.* I, 623.
> Maroc septentrional : *Télouan, Bou Semlen, Tanger, Souani.*
> Maroc occidental : *Sellal.*

Décombres, bords des chemins, endroits incultes.

Hyoscyamus albus L. *Sp.* 180 ; Batt. et Trab. *Alg.* I, 624.
> Maroc septentrional : *Ksar Djedid, Télouan.*
> Maroc occidental : *Ferme Alvarez, Casablanca, Ber Rechid, Sellal, Dar Chafaï, Fedhala.*

Décombres, murailles, bords des chemins.

Nicotiana glauca Grah. in *Bot. Mag.* t. 2837 ; Batt. et Trab. *Alg.* I, 624.
> Maroc septentrional : *Tanger.*
> Maroc occidental : *Casablanca* (Moreau).

Sables du littoral, endroits incultes.

VERBASCEÆ Bartl.

Verbascum sinuatum L. *Sp.* 254 ; Batt. et Trab. *Alg.* I, 626.
> Maroc occidental : *El Hank, Aïne Diab, Dar el Hadj, Dar Rhamndour, Tilmellil, Ferme Lamm, Si Abd en Naimi, Oued bou Skoura, Sidi bou Ziane, Médiouna, Ber Rechid, Sellal, Bir Chafaï, Bled Oulad Allel, Oulad Saïd, Oued Tamdrost, Sidi Mohammed el Bahloul, Kasbah ben Ahmed, Sidi bou Ali, Ben Ameida, Si Rerha, Guicer, Fedhala, Camp Boulhaut, Oued Cherral.*

Endroits incultes, champs en friche, steppe à Palmiers nains.

Celsia sinuata Cavan. in *Anal. Cienc. Nat.* III, 68 ; *C. cretica* var. *Cavanillesii* Willk. ; Ball *Spic. Fl. Maroc.* 584.
> Maroc occidental : *El Hank, Sidi Abderrhamane, Tilmellil, Dar el Hadj, Sidi bou Ziane, Médiouna, Oued bou Skoura, Aïne Diab, Sellal, Msahal, Sidi bou Zerlan, Sidi Barca, Si Rerha, Guicer, Dar Chafaï, Sidi el Arbi, Bou Znika.*

Endroits arides et incultes ; steppe à Palmiers nains.

C. pinnatifida Boiss. et Reut. *Diagn. Pl. Hisp.* 22 ; *C. Barnadesii* Vahl ; Ball *Spic. Fl. Maroc.* 585.
> Maroc occidental : *Bled Oulad Allel, Oulad Saïd, Sidi Mohammed el Bahloul, Khemisset, Fedhala à Camp Boulhaut, Camp Boulhaut, Oued Cherral.*

Champs incultes ; steppe à Palmiers nains.

C. betonicæfolia Desf. *Atl.* II, 58 ; Batt. et Trab. *Alg.* 629.
> Maroc occidental : *Sellal.*

Endroits incultes.

SCROPHULARIACEÆ Lindl.

Scrophularia arguta Soland. ap. Ait. *Hort. Kew.* II, 342 ; Batt. et Trab. *Alg.* I, 631.
> Maroc occidental : *Sidi Feali à Mechra ben Abou, Mechra ben Abou, Camp Boulhaut, Oued Cherral.*

Endroits rocheux frais.

S. sambucifolia L. *Sp*. 865 ; Batt. et Trab. *Alg*. I, 631.

> Maroc septentrional : *Tanger, Sarf, Tanjier el Balia, Zinet, Andjéra, Télouan, Bouséja, Bou Semlen.*
>
> Maroc occidental : *Sellat, Msahal, Bir Chafaï, Oued Tamdrosl, Si Senhadj, Oued Cherral.*
>
> Pâturages, endroits herbeux frais, près des ruisseaux.

S. lævigata Vahl *Symb*. II, 67 ; Batt. et Trab. *Alg*. I, 632.

> Maroc septentrional : *Oued Zarka, Yarghil.*
>
> Fentes des rochers calcaires, dans les endroits frais et ombragés.

S. papillaris Boiss. et Reut. *Pug*. 90.

> Maroc septentrional : *Perdicaris.*
>
> Broussailles, dans les endroits ombragés de la forêt.

S. auriculata L. *Sp*. 864 ; Batt. et Trab. *Alg*. I, 632.

> Maroc septentrional : *Tanger, Aïne Dalia, Zinet, Andjéra, Télouan, Semsa.*
>
> Maroc occidental : *Ferme Lamm, Aïne Seba, Sidi Abderrhamane, Tilmellil, Sellat, Oued Tamdrosl, Guicer, Sidi Feali, Camp Boulhaul, Oued Cherral.*
>
> Endroits très humides, marais herbeux, bords des ruisseaux.

S. frutescens L. *Sp*. 866 ; Ball *Spic. Fl. Maroc*. 599.

> Maroc septentrional : *Tanger, Souani, Sarf.*
>
> Sables et dunes maritimes.

Anarrhinum pedatum Desf. *All*. II, 51 ; Batt. et Trab. *Alg*. I, 634.

> Maroc septentrional : Pentes inférieures du *Djebel Dersa.*
>
> Maroc occidental : *Aïne Diab, Sellat, Msahal, Bir Chafaï, Oued Tamdrosl, Sidi Mohammed el Bahloul, Kasbah ben Ahmed, Bled Oulad Allel, Oulad Saïd, Oued Tamdrosl Ponl Blondin* à *Camp Boulhaul, Camp Boulhaul, Oued Cherral.*
>
> Collines herbeuses ; steppe à Palmiers nains.

Antirrhinum Orontium L. *Sp*. 860 ; Batt. et Trab. *Alg*. I, 635.

> Maroc septentrional : *Télouan,* plaine du *Rio Marlil, Ahouana, Tanger.*
>
> Maroc occidental : *El Hank, Ferme Boule, Bou Azza, Dar el Kébir, Tilmellil, Sellat, Bir Chafaï, Bled Oulad Allel, Ber Rechid, Kasbah ben Ahmed, Camp Boulhaul.*
>
> Champs cultivés et friches, moissons.

A. calycinum Vent. ap. Lam. *Encycl*. IV, 365 ; Batt. et Trab. *Alg*. I, 635.

> Maroc septentrional : *Ahouana, Mnimacada.*
>
> Maroc occidental : *Ber Rechid, Sellat, Dar el Kébir ben Hammani, Ben Ameida, Sidi Barca, Khemissel.*
>
> Champs incultes, moissons, cultures.

A. tortuosum Bosc sec. Chav. *Monogr. Antirrh*. 87 ; Batt. et Trab. *Alg*. I, 635.

> Maroc septentrional : *Télouan,* base du *Djebel Dersa, Semsa, Val Tissa* (5-600 m.), *Beni Hosmar* (800 m.).
>
> Maroc occidental : *Rabal* (Moreau).
>
> Murailles et falaises rocheuses calcaires.

Linaria spuria Mill. *Dict*. n° 15 ; Batt. et Trab. *Alg*. I, 635.

> Maroc septentrional : *Tanger, Souani.*
>
> Maroc occidental : *Casablanca, Oued bou Skoura, Si Senhadj, Sidi Barca, Khemissel, Camp Boulhaul.*

Champs cultivés et friches.

L. græca Chav. *Monogr. Antirrh.* 108 ; Batt. et Trab. *Alg.* I, 638.
   Maroc occidental : *El Hank, Tilmellil, Ferme Carlos, Ferme Lamm, Oued bou Skoura, Médiouna, Sellal, Dar Oulad el Abbou, Bir Chafaï, Si Rerha, Guicer, Mechra ben Abou Ferme Boule, Casablanca, Fedhala, Bou Znika, Camp Boulhaut, Oued Cherrat.*
   Champs cultivés et friches, moissons, steppe à Palmiers nains.

L. cirrhosa Willd. *Enum.* 639 ; DC. *Fl. fr.* V, 407.
   Maroc septentrional : *Cap Spartel, Andjéra,* près de *Ksar Djedid.*
   Collines broussailleuses.

L. latifolia Desf. *All.* II, 40, tab. 134 ; Batt. et Trab. *Alg.* I, 643.
   Maroc occidental : *Sellal, Msahal, Sidi el Aïdi, Sidi bou Ali, Sidi Barca, Khemissel.*
   Cultures, champs en friche, moissons.

L. triphylla Desf. *All.* II, 40 ; Batt. et Trab. *Alg.* I, 643.
   Maroc septentrional : *Tanger, Bahrain.*
   Champs cultivés, friches, moissons.

L. tingitana Boiss. et Reut. *Pug.* 84 ; Batt. et Trab. *Alg.* I, 642.
   Maroc septentrional : *Djebel Kébir, Cap Spartel.*
   Pentes des collines broussailleuses.

L. viscosa Dum. *Cours. Bot. cult.* II, 94 ; Batt. et Trab. *Alg.* I, 642.
   Maroc septentrional : Auprès de *Télouan.*
   Champs incultes.

L. bipartita Willd. *Enum.* 640 ; Batt. et Trab. *Alg.* I, 641.
   Maroc septentrional : *Souani, Sarf, Tanger.*
   Maroc occidental : *El Hank, Tilmellil, Sidi bou Ziane, Dar el Hadj, Ferme Alvarez, Médiouna, Oued bou Skoura, Si Abd en Naimi, Ferme Lamm, Ber Rechid, Sidi el Aïdi, Sidi el Djilali, Fedhala, Bou Znika.*
   Champs en friche, cultures, moissons.

L. marginata Desf. *Act. Soc. Par.* I, 36, tab. 7 ; Batt. et Trab. *Alg.* I, 641.
   Maroc septentrional : *Télouan,* base du *Djebel Dersa, Bouséja, Semsa, Beni Hosmar* (8-900 m.).
   Fentes des rochers calcaires ensoleillés de la région montagneuse.

L. Broussonnetii Boiss. et Reut. *Pug.* 89 ; Batt. et Trab. *Alg.* I, 640.
   Maroc septentrional : *Anse Spartel.*
   Sables du littoral.

L. Munbyana Boiss. et Reut. *Pug.* 89 ; Ball *Spic. Fl. Maroc.* 593.
   Maroc occidental : *Bou Znika* à *Rabat.*
   Endroits sablonneux incultes.

Linaria sp.
   Maroc occidental : *Sellal, Msahal, Bir Jdour, Dar el Hadj Salah, Si Rerha, Guicer, Sidi Barca, Khemissel.*
   Moissons, champs incultes.

L. flexuosa Desf. *All.* II, 47, tab. 39 ; Batt. et Trab. *Alg.* I, 646.
   Maroc septentrional : *Djebel Dersa* (600 m.).

Fissures des rochers calcaires de la région montagneuse.

L. reflexa Desf. *All.* II, 42 ; Batt. et Trab. *Alg.* I, 644.
　　Maroc occidental : *Msahal.*
　Champs incultes.

Digitalis laciniata Lindl. *Bot. Reg.* tab. 1201 ; Ball *Spic. Fl. Maroc.* 599.
　　Maroc septentrional : Versant septentrional du *Beni Hosmar* (300 m.), *Oued Zarka.*
　Pentes broussailleuses de la région montagneuse calcaire.

Veronica Anagallis L. *Sp.* 16 ; Batt. et Trab. *Alg.* I, 649.
　　Maroc septentrional : *Tanger, Ksar Djédid, Andjéra, Bougdour, Télouan.*
　Bords des eaux, dépressions inondées l'hiver.

V. anagalloides Guss. *Ic. rar.* III, 5 ; Batt. et Trab. *Alg.* I, 650.
　　Maroc septentrional : *Tanger, Andjéra.*
　　Maroc occidental : *Aïne Seba, Sellat, Bir Jdour, Oued Tamdrost, Si Rerha, Guicer, El Aïoun de Camp Boulhaut.*
　Endroits humides, dayas.

V arvensis L. *Sp.* 18 ; Batt. et Trab. *Alg.* I, 648.
　　Maroc septentrional: *Djebel Dersa, Télouan, Zinet, Andjéra, Beni Hosmar, Cap Spartel.*
　　Maroc occidental : *Sellat, Bir Jdour, Oued Cherrat.*
　Endroits incultes et champs cultivés.

V. persica Poir. *Dict.* [1808], VIII, 542 ; *V. Tournefortii* Gmel. ; Batt. et Trab. *Alg.* I, 647.
　　Maroc septentrional : *Tanger, Souani, Djebel Kébir, Djebel Dersa, Val Tissa* (4-500 m.).
　Jardins, cultures, endroits incultes.

V. hederæfolia L. *Sp.* 18 ; Batt. et Trab. *Alg.* I, 647.
　　Maroc septentrional : *Bouséja.*
　Endroits incultes.

V. agrestis L. *Sp.* 18 ; Batt. et Trab. *Alg.* I, 647.
　　Maroc septentrional : *Bahrain, Zinet, Andjéra, Val Tissa* (4-500 m.), *Bou Semlen.*
　Endroits cultivés, jardins, moissons.

V. didyma Ten. *Fl. Nap. Prodr.* 6 ; Batt. et Trab. *Alg.* I, 647 ; *V. polita* Fries.
　　Maroc septentrional : *Télouan, Yarghil.*
　Champs cultivés, jardins, endroits incultes.

Eufragia viscosa Benth. ap. DC. *Prodr.* X, 543 ; Batt. et Trab. *Alg.* I, 654.
　　Maroc septentrional : *Perdicaris, Djebel Kébir, Cherf el Akab, Bouséja.*
　　Maroc occidental : *Oukacha, Tilmellil, Bou Azza, Médiouna, Oued bou Skoura, Camp Boulhaut, Oued Cherrat.*
　Pâturages herbeux ; endroits herbeux humides en Chaouïa.

Trixago apula Stev. in *Mém. Soc. nat. Moscou,* VI, 4 ; Batt. et Trab. *Alg.* I, 653.
　　Maroc septentrional : *Tanger, Mnimacada.*
　　Maroc occidental : *Oued bou Skoura, Si Abd en Naïmi, Aïne Diab, Bou Azza, Aïne Kaddour, Dar Oulad el Abbou, El Hank, Oukacha, Sidi el Arbi, Zaouiet en Nouesseur, Souk el Khremis, Fedhala, Camp Boulhaut, Oued Cherrat.*
　Pâturages, endroits herbeux humides l'hiver ; steppe à Palmiers nains.

OROBANCHACEÆ L. C. Rich.

Orobanche variegata Wallr. *Gen. Orob. Diasc.* 40 ; Batt. et Trab. *Alg.* I, 660.
Maroc septentrional : *Djebel Kébir.*
Parasite du *Genista linifolia.*

O. condensata Mor. *Fl. Sard. Elench.* II, 8 ; Batt. et Trab. *Alg.* I, 659.
Maroc septentrional : *Beni Hosmar* (1000 m.).
Parasite des *Ulex* de la région montagneuse.

O. crinita Viv. *Fl. Cors. nov. diagn.* 11 (non Rchb.) ; *O. sanguinea* Presl ; Batt. et Trab. *Alg.* I, 659.
Maroc septentrional : *Tanger, Aïne Dalia.*
Parasite des Légumineuses (*Medicago*).

O. speciosa DC. *Fl. fr.* V, 393 (non Walp.) ; Batt. et Trab. *Alg.* I, 661.
Maroc septentrional : *Ksar Djédid.*
Parasite des Légumineuses.

Orobanche sp.
Maroc septentrional : *Djebel Kébir, Bahrain.*
Parasite des Composées (*Hypochœris* et *Tolpis*).

Orobanche sp.
Maroc septentrional : *Djebel Kébir.*
Parasite des Ombellifères (*Daucus*).

LENTIBULARIACEÆ L. C. Rich.

Pinguicula lusitanica L. *Sp.* 25 ; Ball *Spic. Fl. Maroc.* 606.
Maroc septentrional : *Djebel Darziro.*
Talus argileux des ruisseaux sur les collines broussailleuses.

Utricularia vulgaris L. *Sp.* 26 ; Batt. et Trab. *Alg.* I, 718.
Maroc septentrional : *Tilmellil.*
Sources marécageuses.

LABIATÆ Juss.

Lavandula Stœchas L. *Sp.* 800 ; Batt. et Trab. *Alg.* I, 666.
Maroc septentrional : *Djebel Kébir, Cap Spartel, Andjéra, Fondak, Oued Zarka, Kilhan.*
Maroc occidental : *Oued Bou Skoura, Djebel Flatin, Dar Chafaï, Fedhala à Camp Boulhaul, Camp Boulhaul.*
Collines broussailleuses, coteaux arides ; steppe herbeuse.

L. dentata L. *Sp.* 800 ; Batt. et Trab. *Alg.* I, 666.
Maroc septentrional : *Télouan, Djebel Dersa, Semsa.*
Coll nes calcaires broussailleuses.

L. multifida L. *Sp.* 800 ; Batt. et Trab. *Alg.* I, 666.
Maroc septentrional : *Djebel Dersa, Bouséja.*

Maroc occidental : *El Hank, Sidi Abderrhamane, Ferme Carlos, Aïne Diab, Titmellit, Médiouna, Oued bou Skoura, Settat, Bir Jdour, Msahal, Oued Tamdrost, Si Senhadj, Sidi Mohammed el Bahloul, Kasbah ben Ahmed, Dar Oulad el Abbou, Oulad Saïd, Djebel Flatin, Dar Chafaï, Kasbah Mansouria, Fedhala, Pont Blondin* à *Camp Boulhaut.*
Collines calcaires ; steppe à Palmiers nains.

Lycopus europæus L. *Sp.* 30 ; Batt. et Trab. *Alg.* I, 667.
Maroc septentrional : *Perdicaris.*
Endroits humides et ombragés.

Mentha rotundifolia L. *Sp.* 805 ; Batt. et Trab. *Alg.* I, 667.
Maroc septentrional : *Tanger, Souani, Télouan,* plaine du *Rio Martil.*
Maroc occidental : *Guicer.*
Bords des marais et des ruisseaux.

M. Pulegium L. *Sp.* 807 ; Batt. et Trab. *Alg.* I, 669.
Maroc septentrional : *Perdicaris, Val Tissa* (600 m.).
Maroc occidental : *Bou Znika, Sidi Sérier, Fedhala* à *Camp Boulhaut, Camp Boulhaut, Oued Cherrat.*
Bords des ruisseaux et des dayas asséchées l'été.

Origanum compactum Benth. *Lab.* 334 ; Ball *Spic. Fl. Maroc.* 610.
Maroc septentrional : *Ahouana, Zinet, Andjéra.*
Maroc occidental : *Fedhala* à *Camp Boulhaut, Camp Boulhaut, Oued Cherrat.*
Collines arides ; broussailles des forêts de Chênes-lièges.

Thymus capitatus Hoffm. et Link *Fl. Port.* 1, 123 ; Batt. et Trab. *Alg.* I, 670.
Maroc septentrional : Base du *Djebel Dersa.*
Pentes des collines calcaires arides.

T. Broussonnetii Boiss. *Voy.* 492, tab. 141 ; Ball *Spic. Fl. Maroc.* 612.
Maroc occidental : *Ferme Boute, Ferme Lamm, Titmellit, Zaouiet en Nouesseur, Settat, Msahal, Bir Chafaï, Oulad Saïd, Bled Oulad Allel, Oued Tamdrost, Si Senhadj, Sidi Mohammed el Bahloul, Kasbah ben Ahmed.*
Steppe aride à Palmiers nains.

T. maroccanus Ball in *Journ. Bot.* [1875], 174 et *Spic. Fl. Maroc.* 612.
Maroc occidental : *Guicer* à *Dar Chafaï, Djebel Flatin, Dar Chafaï* à *Sidi Feali.*
Steppe herbeuse très aride.

T. Munbyanus Boiss. et Reut. *Pug.* 96 ; Batt. et Trab. *Alg.* I, 673.
Maroc septentrional : *Cap Spartel, Djebel Darziro, Télouan, Bouséja, Semsa.*
Pentes des collines calcaires rocailleuses.

Micromeria græca Benth. *Lab.* 373 ; Batt. et Trab. *Alg.* I, 676.
Maroc septentrional : *Télouan, Djebel Dersa.*
Pentes des collines broussailleuses.

Calamintha bætica Boiss. et Reut. *Pug.* 92 ; Batt. et Trab. *Alg.* 1, 680.
Maroc septentrional : *Télouan, Kitban, Semsa, Bou Semlen, Val Tissa* (5-600 m.).
Maroc occidental : *Camp Boulhaut.*
Collines broussailleuses et broussailles des forêts de Chênes-lièges.

Salvia interrupta Schousb. *Gen. Marok.* 6, tab. 1 : Ball *Spic. Fl. Maroc.* 615.
>Maroc septentrional) : *Beni Hosmar* (1 000 à 1 200 m.).

Rochers calcaires ensoleillés de la région montagneuse.

S. argentea L. *Sp.* 38 ; *S. patula* Desf. ; Batt. et Trab. *Alg.* I, 685.
>Maroc occidental : *Ber Rechid, Sidi el Aïdi, Dar el Kébir, Bir Chafaï, Sellat, Bir Jdour, Msahal, Dar el Kébir ben Hammani, Dar Oulad Atlafi, Bled Oulad Alled, Oulad Saïd, Ben Ameida, Souk el Khremis. Si Ali Mouley el Haouera, Khemissel, Djebel Flalin, Ouamra, Dar Chafaï.*

Champs cultivés et friches, moissons.

S. bicolor Desf. *All.* I, 22, tab. 2 ; Batt. et Trab. *Alg.* I, 687.
>Maroc septentrional : *Ahouana, Zinel, Tanger* à *Aïne Dalia.*
>Maroc occidental : *Camp Boulhaut, Oued Cherral.*

Collines incultes ; endroits frais des forêts de Chênes-lièges en Chaouïa.

S. Verbenaca L. *Sp.* 35 ; Batt. et Trab. *Alg.* I, 685.
>Maroc septentrional : *Tanger, Souani. Sarf, Andjéra, Télouan,* plaine du *Rio Martil* (fl. blanches), *Bou Semlen.*
>Maroc occidental : *Sidi Abderrhamane, Aïne Diab, Tilmellil, Médionna, Oued bou Skoura, Ber Rechid. Sellat, Bir Jdour, Bled Oulad Allel. Oulad Saïd, Oued Tamdrosl, Sidi Mohammed el Bahloul, Kasbah ben Ahmed, Sidi Barca, Khemissel, Si Rerha, Guicer, Sidi bou Zerlan, Zaouiel en Nouesseur, Sidi Feali, Oued Cherral.*

Bords des chemins, collines incultes ; steppe aride à Palmiers nains.

S. viridis L. *Sp.* 34 ; Batt. et Trab. *Alg.* I, 685.
>Maroc occidental : rive *Zaër* de l'*oued Cherral.*

Collines herbeuses sèches et ensoleillées.

Salvia sp.
>Maroc occidental : *Si Senhadj, Sidi Barca, Khemissel.*

Champs incultes, moissons.

S. ægyptiaca L. *Sp.* 33 ; Batt. et Trab. *Alg.* I, 689.
>Maroc occidental : *Mechra ben Abou.*

Sables et graviers très arides, auprès de l'oued.

Nepeta Apulei Ucria ap Rœm. *Arch. Bot.* I, 69 ; Batt. et Trab. *Alg.* I, 691.
>Maroc septentrional : *Ahouana* à *Zinel, Andjéra, Bouséja, Semsa.*
>Maroc occidental : *Tilmellil, Sellat, Msahal, Bir Chafaï, Oued Tamdrosl, Sidi Mohammed el Bahloul, Kasbah ben Ahmed, Bled Oulad Allel, Oulad Saïd, Dar el Hadj Salah, Guicer, Dar Chafaï, Fedhala* à *Camp Boulhaut.*

Collines herbeuses incultes ; steppe à Palmiers nains.

Prasium majus L. *Sp.* 838 ; Batt. et Trab. *Alg.* I, 692.
>Maroc septentrional : Ruines de *Tanger, Andjéra, Oued Zarka, Semsa, Beni Hosmar* (600 m.).
>Maroc occidental : *El Hank, Aïne Diab, El Aïoun* de *Camp Boulhaut, Oued Cherral.*

Haies, broussailles, rochers ombragés.

Brunella vulgaris L. *Sp.* 837 ; Batt. et Trab. *Alg.* I. 693.
>Maroc septentrional : *Perdicaris.*

Endroits broussailleux et frais des forêts.

Cleonia lusitanica L. *Sp.* 837 ; Batt. et Trab. *Alg.* I, 694.
    Maroc septentrional : *Andjéra.*
    Maroc occidental : Entre *Mechra ben Abou* et *Khemissel.*
Collines argilo-calcaires très arides.

Marrubium vulgare L. *Sp.* 816 ; Batt. et Trab. *Alg.* I, 695 (et *M. apulum* Ten.).
    Maroc septentrional : *Télouan, Semsa, Andjéra, Aïne Slaoua, Arzila.*
    Maroc occidental : *El Hank, Ferme Boule, Tilmellil, Oued bou Skoura, Aïne Diab,*
        Médiouna, Sellal, Bir Jdour, Msahal, Oued Tamdrost, Sidi Mohammed el Bahloul,
        Kasbah ben Ahmed, Sidi bou Zerlan, Guicer, Fedhala à Camp Boulhaut, Camp Boul-
        haut, Oued Cherrat.
Décombres, endroits incultes ; steppe à Palmiers nains.

Sideritis romana L. *Sp.* 802 ; Batt. et Trab. *Alg.* I, 697.
    Maroc septentrional : *Télouan,* plaine du *Rio Marlil.*
Endroits incultes et herbeux.

Phlomis mauritanica Munby *Fl. Alg.* 60, tab. 3; *P. crinita* Cav. s. sp. *P. mauritanica* Murbeck.
    Maroc septentrional : Pentes inférieures du *Djebel Dersa.*
    Maroc occidental : *Sellal, Msahal, Oued Tamdrost, Si Senhadj, Sidi Mohammed el Bah-*
        loul, Kasbah ben Ahmed, Bled Oulad Allel, Djebel Flalin, Ouamra, Dar Chafaï, Camp
        Boulhaut à El Kseub.
Collines arides ; steppe à Palmiers nains.

P. Herba-venti L. *Sp.* 819 ; Batt. et Trab. *Alg.* I, 710.
    Maroc septentrional : *Tanjier el Balia, El Ménar, Bougdour, Bouséja.*
    Maroc occidental : *Ber Rechid, Sidi el Djilali, Sellal, Bir Chafaï, Bir Jdour, Bled Oulad*
        Alled, Sidi Mohammed el Bahloul, Kasbah ben Ahmed, Dar el Kébir, Sidi el Aïdi,
        Khemissel.
Pâturages des collines, endroits arides ou broussailleux.

Ballota hirsuta Benth. *Lab.* 595 ; Batt. et Trab. *Alg.* I, 702.
    Maroc occidental : *Oued Tamdrost, Si Senhadj, Sidi Mohammed el Bahloul, Kasbah*
        ben Ahmed, Djebel Flalin, Dar Chafaï, Sidi Feali, Mechra ben Abou.
Collines arides ; steppe à Palmiers nains.

Stachys germanica L. *Sp.* 812 ; Ball *Spic. Fl. Maroc.* 642.
    Maroc septentrional : *Ahouana, Zinet, Andjéra, Semsa.*
Collines herbeuses, pentes rocheuses calcaires.

S. circinata L'Hér. *Stirp.* 51, tab. 26 ; Batt. et Trab. *Alg.* I, 704.
    Maroc septentrional : Cascade de l'*oued Zarka, Val Tissa* (600 m.).
Fissures des rochers calcaires ombragés.

S. arvensis L. *Sp.* 814; Batt. et Trab. *Alg.* I, 705.
    Maroc septentrional : *Bou Bana, Djebel Kébir,* plaine du *Rio Marlil, Arzila.*
    Maroc occidental : *Ferme Carlos, Oued bou Skoura, Sellal.*
Jardins, cultures, champs incultes.

S. hirta L. *Sp.* 813 ; Batt. et Trab. *Alg.* I, 705.
    Maroc septentrional : *Tanger, Arzila, Semsa.*
    Maroc occidental : *Ferme Carlos, Ber Rechid, Sidi bou Ali, Sidi el Aïdi, Dar el Kébir*

ben Hammani, Dar Oulad Allafi, Sellat, Bled Oulad Allel, Oulad Saïd, Msahal, Khemissel.

Champs cultivés et incultes, moissons.

S. arenaria Vahl *Symb.* II, 64 ; Batt. et Trab. *Alg.* I, 703.

Maroc occidental : *Ferme Boule, Oukacha, Dar Oulad el Abbou, Dar Oulad Allafi, Oued bou Skoura, Si Abd en Naimi, Sidi bou Ziane.*

Steppe rocailleuse littorale.

S. mollis Willd. *Herb.* n° 10877 ex Benth. in DC. *Prodr.* XII, 475 ; Ball *Spic. Fl. Maroc.* 627.

Maroc septentrional : *Djebel Dersa* (600 m.).

Pentes rocheuses calcaires arides.

Betonica algeriensis de Noé in *Bull. Soc. bot. Fr.* II, 582 ; *B. officinalis* var. *algeriensis* Ball ; Batt. et Trab. *Alg.* I, 707.

Maroc septentrional : *Djebel Kébir, Cap Spartel.*

Collines broussailleuses.

Lamium amplexicaule L. *Sp.* 809 ; Batt. et Trab. *Alg.* I, 708.

Maroc septentrional : *Tanger, Souani, Arzila.*

Maroc occidental : *Casablanca.*

Cultures, moissons, jardins.

L. album L. *Sp.* 809 ; Ball *Spic. Fl. Maroc.* 628.

Maroc septentrional : *Télouan, Bou Semlen, Kilhan,* pentes inférieures du *Djebel Dersa,*

Haies et broussailles fraîches et ombragées.

Teucrium fruticans L. *Sp.* 787 ; Batt. et Trab. *Alg.* I, 710.

Maroc septentrional : *Djebel Kébir, Cap Spartel, Djebel Darziro, Andjéra, Fondak, Bouséja, Semsa, Djebel Dersa.*

Maroc occidental : *Aïne Diab, Ferme Alvarez, Sellat, Bir Chafaï, Bir Jdour, Si Senhadj. Sidi Mohammed el Bahloul, Kasbah ben Ahmed, Bled Oulad Allel, Oued Tamdrost.*

Collines broussailleuses, endroits rocheux arides.

T. pseudo-chamæpitys L. *Sp.* 787 ; Batt. et Trab. *Alg.* I, 710.

Maroc occidental : Rive *Zaër* de l'oued *Cherral.*

Pentes arides des collines.

T. campanulatum L. *Sp.* 786 ; Batt. et Trab. *Alg.* I, 710.

Maroc septentrional : *Tanger, Télouan,* plaine du *Rio Martil.*

Terrains argileux inondés l'hiver.

T. collinum Coss. in *Bull. Soc. bot. Fr.* XX, 258 ; Ball *Spic. Fl. Maroc.* 630.

Maroc occidental : *Sellat, Oued Tamdrost, Sidi Mohammed el Bahloul, Kasbah ben Ahmed, Si Senhadj, Bir Chafaï, Dar Chafaï* à *Sidi Feali, Mechra ben Abou.*

Steppe broussailleuse à Palmiers nains.

T. pseudo-Scorodonia Desf. *Atl.* II, 5, tab. 119 ; Batt. et Trab. *Alg.* I, 711.

Maroc septentrional : *Djebel Kébir.*

Collines broussailleuses et rocailleuses.

T. resupinatum Desf. *Atl.* II, 4, tab. 117 ; Batt. et Trab. *Alg.* I, 712.

Maroc occidental : *Ber Rechid, Dar el Kébir ben Hammani, Sidi bou Ali, Dar el Had Salah, Sellat, Guicer, Khemissel.*

Moissons, champs incultes ; steppe à Palmiers nains.

T. decipiens Coss. in *Bull. Soc. bot. Fr.* XX, 258 ; Ball *Spic. Fl. Maroc.* 631.

 Maroc occidental : *Sellal, Sidi el Djilali, Msahal, Bled Oulad Allel, Oulad Saïd, Bir Chafaï, Sidi Mohammed el Bahloul, Sidi bou Zerlan, Guicer, Dar Chafaï, Dar Chafaï à Sidi Feali, Camp Boulhaut.*

Steppe herbeuse et sèche à Palmiers nains.

T. spinosum L. *Sp.* 793 ; Batt. et Trab. *Alg.* I, 712.

 Maroc occidental : *Oued bou Skoura* (4 kilomètres au nord du poste militaire).

Champs incultes.

T. Polium L. *Sp.* 792 ; Batt. et Trab. *Alg.* I, 714.

 Maroc septentrional : *Bouséja, Semsa, Djebel Dersa.*

Collines calcaires rocailleuses, pentes rocheuses arides.

T. capitatum L. *Sp.* 792 ; *T. Polium* var. *angustifolium* Benth. ; Ball *Spic. Fl. Maroc.* 633.

 Maroc occidental : *Sidi bou Zerlan, Oued Tamdrosl, Si Senhadj, Sidi Mohammed el Bahloul, Kasbah ben Ahmed, Si Rerha, Guicer, Dar Chafaï, Mechra ben Abou.*

Collines arides de la steppe à Palmiers nains.

Ajuga Iva Schreb. *Pl. vert. unilab.* 25 ; Batt. et Trab. *Alg.* I, 715 (et *A. pseudo-Iva* DC.).

 Maroc septentrional : *Anse Spartel, Zinel, Cherf el Akab, Sarf, El Bénian, Andjéra, Zinel, Bouséja.*

 Maroc occidental : *El Hank, Tilmellil, Ferme Boule, Dar Rhamndour, Ferme Boule, Sidi bou Ziane, Médiouna, Ferme Lamm, Aïne Seba, Oued bou Skoura, Ber Rechid, Bir Chafaï, Dar ben Azouz, Sellal, Msahal, Sidi Mohammed el Bahloul, Kasbah ben Ahmed, Sidi bou Zerlan, Guicer, Fedhala à Camp Boulhaut, Camp Boulhaut, Oued Cherral.*

Collines arides, champs en friche, steppe herbeuse à Palmiers nains.

ACANTHACEÆ R. Br.

Acanthus mollis L. *Sp.* 891 ; Batt. et Trab. *Alg.* I, 664.

 Maroc septentrional : *Perdicaris, Djebel Kébir, Andjéra, Semsa, Oued Zarka.*

Rochers et vallons frais de la région montagneuse boisée.

VERBENACEÆ Juss.

Verbena officinalis L. *Sp.* 29 ; Batt. et Trab. *Alg.* I, 716.

 Maroc septentrional : *Télouan, plaine du Rio Marlil, Bouséja, Tanger.*

 Maroc occidental : *Casablanca, Ferme Lamm, Aïne Seba, Bou Azza, Sidi Abderrhamane, Sellal, Oued Tamdrosl, Si Rerha, Guicer, Sidi Feali, Camp Boulhaut à El Aïoun.*

Endroits inondés l'hiver, bords des chemins, endroits incultes.

V. supina L. *Sp.* 29 ; Batt. et Trab. *Alg.* I, 717.

 Maroc septentrional : *Bouséja.*

 Maroc occidental : *Ferme Lamm, Bou Azza, Aïne Seba, Tilmellil, Ber Rechid, Fedhala, Fedhala à Camp Boulhaut.*

Dépressions humides l'hiver, endroits incultes.

Vitex Agnus-Castus L. *Sp.* 890 ; Batt. et Trab. *Alg.* I, 717.

Maroc septentrional : *Tanger, Souani, Andjéra.*
Maroc occidental : *Sidi Feali, Méchra ben Abou.*
Broussailles des endroits humides ; arbre de 5-8 mètres de hauteur en *Chaouïa.*

GLOBULARIACEÆ DC.

Globularia Alypum L. *Sp.* 95 ; Batt. et Trab. *Alg.* I, 746.
Maroc septentrional : *Télouan* à *Semsa, Semsa.*
Collines pierreuses calcaires, au milieu des Cistes.

PLUMBAGINEÆ R. Br.

Statice sinuata L. *Sp.* 396 ; Batt. et Trab. *Alg.* I, 726.
Maroc septentrional : *Cap Sparlel,* près *Arzila.*
Maroc occidental : *El Hank, Sidi Abderrhamane, Tilmellil, Si Abd en Naimi, Oued bou Skoura, Ber Rechid, Sellal, Bled Oulad Allel, Guicer, Sidi Mohammed el Bahloul, Kasbah ben Ahmed, Ben Ameida, Fedhala, Pont Blondin, Bou Znika.*
Endroits incultes de la zone littorale et steppe à Palmiers nains de l'intérieur.

S. Thouini Viv. *Cat. hort. Negro* [1802]. 34 ; Batt. et Trab. *Alg.* I, 727.
Maroc occidental : *Dar el Kébir, Sidi el Aïdi, Sidi bou Zerlan, Bir Jdour, Msahal, Sellal, Guicer, Dar Chafaï, Sidi Barca, Mechra ben Abou.*
Endroits incultes et arides ; steppe à Palmiers nains.

S. mucronata L. fil. *Suppl.* 187 ; Ball *Spic. Fl. Maroc.* 558.
Maroc occidental : *El Hank, Oukacha, Sidi Abderrhamane, Pont Blondin, Bou Znika, Rabat.*
Falaises rocheuses maritimes.

S. ovalifolia Poir. *Dict. Suppl.* V, 237 ; Ball *Spic. Fl. Maroc.* 558.
Maroc occidental : *Bou Znika.*
Falaises et rocailles maritimes.

S. oleæfolia Scop. *Delic. Insubr.* 10 ; Batt. et Trab. *Alg.* I, 731.
Maroc occidental : *El Hank.*
Rochers et endroits pierreux du littoral.

S. occidentalis Lloyd *Fl. Loir. Inf.* 212 ; Ball *Spic. Fl. Maroc.* 559.
Maroc occidental : *Aïne Diab.*
Fissures des rochers et plages caillouteuses du littoral.

S. ferulacea L. *Sp.* 396 ; Batt. et Trab. *Alg.* I, 735.
Maroc septentrional : *Sarf.*
Maroc occidental : *Casablanca, Si Abd en Naimi, Oued bou Skoura, Bou Znika, Camp Boulhaut.*
Sables maritimes et dépressions humides l'hiver de l'intérieur.

Armeria gaditana Boiss. ap DC. *Prodr.* XII, 75 ; Batt. et Trab. *Alg.* I, 725.
Var. tingitana Boiss. et Reut. *Pug.*
Maroc septentrional : *Djebel Kébir, Charf el Akab.*
Gazons, endroits herbeux de la région maritime.

A. mauritanica Wallr. *Monogr. Arm.* 217 ; Batt. et Trab. *Alg.* I, 735.
> Maroc septentrional : *Cap Spartel*, près *Arzila*.
> Maroc occidental : *El Hank, Ferme Boule, Tilmellil, Oued bou Skoura, Si Abd en Naimi, Sidi bou Ziane, Dar Oulad el Abbou, Sidi el Arbi, Fedhala* à *Camp Boulhaut, Camp Boulhaut, Bou Znika.*
Endroits herbeux arides et incultes ; steppe à Palmiers nains.

Limoniastrum monopetalum Boiss. ap. DC. *Prodr.* XII, 689 ; Batt. et Trab. *Alg.* I, 725.
> Maroc occidental : Près *Rabat* (Moreau).
Sables du littoral.

Plumbago europæa L. *Sp.* 215 ; Batt. et Trab. *Alg.* I, 725.
> Maroc occidental : *El Hank, Sidi Abderrhamane, Ferme Lamm, Sidi bou Ziane, Ferme Alvarez, Fedhala, Bou Znika.*
Broussailles, haies et décombres de la région maritime.

<h2 style="text-align:center">PLANTAGINACEÆ Juss.</h2>

Plantago major L. *Sp.* 112 ; Batt. et Trab. *Alg.* I, 739.
> Maroc septentrional : *Tanger, Perdicaris, Télouan.*
> Maroc occidental : *Casablanca* (Moreau), *Sellal.*
Endroits herbeux humides.

P. ovata Forsk. *Fl. Æg.-Arab.* 31 ; Batt. et Trab. *Alg.* I, 741.
> Maroc occidental : *Mechra ben Abou*, près l'*oued Oum er Rbia.*
Steppe sablonneuse très aride.

P. Bellardi All. *Fl. Ped.* I, 82, tab. 85, fig. 3 ; Batt. et Trab. *Alg.* I, 741.
> Maroc septentrional : *Bou Bana, Djebel Darziro*, rives du lac *Hadjériin, Charf el Akab*, Pâturages ras et arides, pentes des collines herbeuses.

P. Lagopus L. *Sp.* 114 ; Batt. et Trab. *Alg.* I, 740.
> Maroc septentrional : *Tanger, Arzila, Télouan.*
> Maroc occidental : *Ferme Boule, El Hank, Tilmellil, Sidi bou Ziane, Médiouna, Dar el Hadj, Sellal, Oued Tamdrost, Sidi Mohammed el Bahloul, Kasbah ben Ahmed Bled Oulad Allel, Oulad Saïd, Dar Chafaï* à *Sidi Feali, Mechra ben Abou, Fedhala, Camp Boulhaut, Oued Cherrat, Bou Znika, Kasbah Mansouria.*
Endroits incultes, bords des chemins, steppe à Palmiers nains.

P. amplexicaulis Cav. *Ic.* 22, tab. 125 ; Batt. et Trab. *Alg.* I, 740.
> Maroc occidental : *Oued Tamdrost, Sidi Mohammed el Bahloul, Kasbah ben Ahmed, Dar Chafaï, Dar Chafaï* à *Sidi Feali, Mechra ben Abou.*
Collines herbeuses très arides ; steppe à Palmiers nains.

P. serraria L. *Sp.* ed. 2, 166 ; Batt. et Trab. *Alg.* I, 743.
> Maroc septentrional : *Tanger, Bou Bana.*
> Maroc occidental : *Sidi Abderrhamane, Fedhala, Sidi Sérier.*
Bords des chemins, endroits incultes.

P. macrorhiza Poir. *Voy.* II, 114 ; Batt. et Trab. *Alg.* I, 743.
> Maroc septentrional : *Tanger, Bou Bana, Charf el Akab, Djebel Kébir, Télouan*, plaine du *Rio Martil, Bouséja.*

Maroc occidental : *Oukacha, Casablanca, Ferme Boule, Bou Znika.*
Endroits pierreux et incultes du littoral.

P. Coronopus L. *Sp.* 115 ; Batt. et Trab. *Alg.* I, 742.
Maroc septentrional : *Tanger, Arzila, Télouan.*
Maroc occidental : *Tilmellil, Oued bou Skoura, Si Abd en Naïmi, Sellat, Oued Tamdrosl, Guicer, Mechra ben Abou, Fedhala, Bou Znika, Camp Boulhaut.*
Endroits incultes, bords des chemins, steppe à Palmiers nains, auprès des dayas.

P. Psyllium L. *Sp.* ed. 2, 167 (non ed. 1) ; Batt. et Trab. *Alg.* 1, 742.
Maroc septentrional : *Télouan,* plaine du *Rio Martil.*
Maroc occidental : *Tilmellil, Oued bou Skoura, Si Abd en Naïmi, Médiouna, Ber Rechid, Sellat, Msahal, Bir Jdour, Si Senhadj, Sidi Mohammed el Bahloul, Kasbah ben Ahmed, Bled Oulad Allel, Oulad Saïd, Sidi bou Zerlan, Djebel Flatin, Dar Chafaï, Mechra ben Abou, Fedhala, Bou Znika.*
Endroits incultes et arides, moissons, steppe à Palmiers nains.

AMARANTACEÆ R. Br.

Amarantus chlorostachys Willd. *Amarant.* 34, tab. 10, fig. 19 ; Batt. et Trab. *Alg.* I, 768.
Maroc occidental : *Sellat.*
Jardins, cultures.

A. Blitum L. *Sp.* 1405 (ex parte) ; Batt. et Trab. *Alg.* I, 770.
Maroc septentrional : *Semsa.*
Bords des chemins.

A. albus L. *Sp.* 1404 ; Batt. et Trab. *Alg.* I, 769.
Maroc septentrional : *Tanger, Souani.*
Maroc occidental : *Ferme Carlos, Ferme Lamm, Bou Azza, Sellat, Sidi Barca, Fedhala Pont Blondin.*
Décombres, endroits incultes et cultures.

A. deflexus L. *Sp.* 1405 (ex parte) ; Batt. et Trab. *Alg.* I, 769.
Maroc septentrional : *Télouan.*
Bords des chemins et endroits incultes.

Achyranthes argentea Lam. *Encycl.* I, 545 ; Batt. et Trab. *Alg.* 1, 770.
Maroc septentrional : *Perdicaris, Djebel Kébir, Bougdour, Télouan.*
Maroc occidental : *Casablanca* (terrains de l'Hôpital militaire : Moreau).
Haies, rochers ombragés, vieux murs.

SALSOLACEÆ Moq. T.

Beta vulgaris L. *Sp.* 322 ; Batt. et Trab. *Alg.* I, 751 (et *B. maritima* L. *Sp.* 322 ; Batt. et Trab. *l. c.* 216).
Maroc septentrional : *Tanger.*
Maroc occidental : *Tilmellil, Sidi bou Ziane, Oued bou Skoura, Bou Azza, Médiouna, Ber Rechid.*
Sables maritimes ; décombres et endroits incultes de l'intérieur.

Chenopodium Vulvaria L. *Sp.* 321 ; Batt. et Trab. *Alg.* I, 752.
    Maroc occidental : *Ferme Boule, Ber Rechid, Oued Tamdrost, Sidi Mohammed el Bahloul, Kasbah ben Ahmed, Sidi Barca, Khemissel, Sidi bou Ali, Si Rerha, Guicer, Mechra ben Abou.*
    Décombres, cultures, bords des chemins.

C. murale L. *Sp.* 318 ; Batt. et Trab. *Alg.* I, 753.
    Maroc septentrional : *Tanger.*
    Maroc occidental : *Casablanca, Oued bou Skoura, Ber Rechid, Sellat, Sidi Mohammed el Bahloul, Mechra ben Abou.*
    Décombres, champs incultes, cultures.

C. album L. *Sp.* 319 ; Batt. et Trab. *Alg.* I, 753.
    Maroc occidental : *Casablanca, Ber Rechid, Sellat, Mechra ben Abou.*
    Décombres, bords des chemins, cultures.

C. ambrosioides L. *Sp.* 320 ; Batt. et Trab. *Alg.* I, 754.
    Maroc septentrional : Bac de *Télouan* à *Bou Semlen*, rives du *Rio Martil.*
    Alluvions sablonneuses incultes.

Atriplex parvifolius Lowe *Primit.* 16 ; Batt. et Trab. *Alg.* I, 757.
    Maroc occidental : *Sidi Feali* à *Mechra ben Abou*, rives de l'*Oum er Rbia* à *Mechra ben Abou.*
    Bords des oueds, endroits arides et incultes.

A. Halimus L. *Sp.* 1492 ; Batt. et Trab. *Alg.* I, 757.
    Maroc occidental : Terrains vagues de l'Hôpital de *Casablanca* (Moreau).
    Endroits incultes.

Obione portulacoides Moq. ap DC. *Prodr.* XIII, sect. 2, 112 ; *Atriplex portulacoides* L. ; Batt. et Trab. *Alg.* I, 757.
    Maroc septentrional : *Tanger.*
    Maroc occidental : *Rabat* (Moreau).
    Sables maritimes.

Salicornia fruticosa L. *Sp.* 5 ; Batt. et Trab. *Alg.* I, 764.
    Maroc septentrional : *Sarf.*
    Maroc occidental : *Rabat* (Moreau).
    Endroits argilo-sableux du littoral.

Suæda fruticosa Forsk. *Fl. Æg.-Arab.* 70 ; Batt. et Trab. *Alg.* I, 761.
    Maroc occidental : *El Hank, Aïne Diab, Bou Azza.*
    Sables et rochers du littoral.

Salsola Kali L. *Sp.* 322 ; Batt. et Trab. *Alg.* I, 764.
    Maroc septentrional : *Tanger.*
    Maroc occidental : *El Hank, Oukacha, Aïne Diab, Fedhala, Pont Blondin.*
    Sables maritimes.

S. Soda L. *Sp.* 323 ; Batt. et Trab. *Alg.* I, 764.
    Maroc septentrional : *Tanger.*
    Maroc occidental : *Oukacha, Pont Blondin.*
    Sables maritimes.

PHYTOLACCACEÆ Endl.

Phytolacca decandra L. *Sp.* 631 ; Batt. et Trab. *Alg.* I, 749.
Maroc occidental : *Sellal.*
Décombres, près des habitations ; certainement importé.

POLYGONACEÆ Juss.

Emex spinosa Campd. *Monogr. Rum.* 58, tab. 1, fig. 1 ; Batt. et Trab. *Alg.* I, 772.
Maroc septentrional : *Tanger, Souani, Arzila.*
Maroc occidental : *El Hank, Tilmellil, Ferme Lamm, Ber Rechid, Si Abd en Naimi,
Oued bou Skoura, Sellal, Oued Tamdrosl, Sidi Mohammed el Bahloul, Kasbah ben
Ahmed, Si Rerha, Guicer, Fedhala à Camp Boulhaul, Camp Boulhaul.*
Cultures, bords des chemins, champs en friche.

Rumex conglomeratus Murr. *Prodr. fl. Goll.* 5 ; Batt. et Trab. *Alg.* I, 773.
Maroc septentrional : *Charf el Akab,* rives du lac *Hadjériin.*
Maroc occidental : *Ferme Lamm, Oued bou Skoura, Si Abd en Naimi, Tilmellil, Sidi bou
Ali, Oued Tamdrosl, Mechra ben Abou, Sidi Sérier, Camp Boulhaul.*
Bords des eaux, marais, dayas.

R. crispus L. *Sp.* 535 ; Batt. et Trab. *Alg.* I, 773.
Maroc septentrional : *Bou Bana, Charf el Akab.*
Maroc occidental : *Oued bou Skoura, Sellal, Ber Rechid, Oued Tamdrosl, Sidi Mohammed
el Bahloul, Kasbah ben Ahmed, Fedhala, Camp Boulhaul.*
Endroits herbeux humides, marais.

R. pulcher L. *Sp.* 336 ; Batt. et Trab. *Alg.* I, 772.
Maroc septentrional : *Tanger, Arzila.*
Maroc occidental : *Ferme Lamm, Tilmellil, Oued bou Skoura, Médiouna, Sellal, Si Rerha,
Guicer, Bou Znika, Fedhala à Camp Boulhaul.*
Champs incultes, endroits herbeux.

R. bucephalophorus L. *Sp.* 336 ; Batt. et Trab. *Alg.* I, 774.
Maroc septentrional : *Djebel Kébir, Arzila, Télouan, Semsa.*
Maroc occidental : *Dar Rhamndour, Dar ben Azouz, Dar el Kébir, Si Abd en Naimi,
Oued bou Skoura, Tilmellil, Sidi bou Ziane, Médiouna, Sellal, Msahal, Bled Oulad
Allel, Oulad Saïd.*
Endroits herbeux sablonneux, champs, cultures.

R. thyrsoides Desf. *All.* I, 321 ; Batt. et Trab. *Alg.* I, 775.
Maroc septentrional : *Perdicaris,* bords du marais *Hadjériin, Bougdour, Charf el Akab.*
Maroc occidental : *Sellal, Msahal, Bled Oulad Allel, Oulad Saïd, Oued Tamdrosl, Kasbah
ben Ahmed, Sidi Mohammed el Bahloul.*
Endroits herbeux incultes.

R. tingitanus L. *Sp.* ed. 2, 479 ; Batt. et Trab. *Alg.* I, 775.
Maroc septentrional : *Tanger, Sarf.*
Sables maritimes.

R. lacerus Boiss. *Or.* IV, 1017 (in not.) ; *R. lingitanus* var. *lacerus* Batt. et Trab. *Alg.* I, 775.
Maroc occidental : *Aïne Diab.*
Sables du littoral.

Polygonum equisetiforme Sibth. et Sm. *Fl. Græc.* I, 266, tab. 364 ; Batt. et Trab. *Alg.* I, 778.
Maroc occidental : *Oued bou Skoura.*
Endroits herbeux incultes.

P. maritimum L. *Sp.* 361 ; Batt. et Trab. *Alg.* I, 777.
Maroc septentrional : *Tanger, Anse Sparlel.*
Maroc occidental : *Casablanca, Aïne Diab, Pont Blondin.*
Sables et dunes maritimes.

P. aviculare L. *Sp.* 362 ; Batt. et Trab. *Alg.* I, 778.
Maroc septentrional : *Tanger, Arzila, Télouan.*
Maroc occidental : *Casablanca, Oukacha, Sellal.*
Décombres, bords des chemins, champs incultes.

P. Bellardi All. *Fl. Ped.* II, 205, tab. 90 ; Batt. et Trab. *Alg.* I, 779.
Maroc occidental : *Oued Tamdrosl, Oued bou Skoura.*
Alluvions sablonneuses des ruisseaux.

P. serrulatum Lag. *Gen. et Sp.* n° 181 ; Batt. et Trab. *Alg.* I, 777.
Maroc septentrional : *Perdicaris,* hac de *Télouan* à *Bou Semlen,* plaine du *Rio Marlil, Oued Zarka.*
Maroc occidental : *Tilmellil.*
Sources marécageuses, bords des ruisseaux.

P. lapathifolium L. *Sp.* 360 ; Batt. et Trab. *Alg.* I, 776.
Maroc occidental : *Mechra ben Abou,* près l'oued *Oum er Rbia.*
Sables arides auprès de l'oued.

CYTINACEÆ Lindl.

Cytinus Hypocistis L. *Syst.* ed. 2, II, 602 ; Batt. et Trab. *Alg.* I, 789.
Maroc septentrional : *Cap Sparlel, Djebel Kébir, Djebel Darziro, Andjéra, Djebel Dersa, Semsa, Beni Hosmar* (1000 m.).
Parasite des Cistes (*Cistus monspeliensis* et *C. creticus*).

ARISTOLOCHIACEÆ Lindl.

Aristolochia longa L. *Sp.* 1364 ; Batt. et Trab. *Alg.* I, 788.
Maroc septentrional : *Tanger, Souani, Télouan, Semsa, Bahrain, Arzila.*
Maroc occidental : *Tilmellil, Fedhala.*
Endroits cultivés, moissons, champs en friche.

A. bætica L. *Sp.* 961 ; Batt. et Trab. *Alg.* I, 789.
Maroc septentrional : *Tanger, Souani, Djebel Kébir, Semsa.*
Haies, broussailles.

LAURACEÆ DC.

Laurus nobilis L. *Sp.* 369 ; Batt. et Trab. *Alg.* I, 780.

Maroc septentrional : *Perdicaris, Djebel Kébir, Andjéra, Télouan, Beni Hosmar* (800 m.).
Semsa.
Collines et montagnes boisées.

THYMELÆACEÆ Juss.

Daphne Gnidium L. *Sp.* 511 ; Batt. et Trab. *Alg.* I, 783.
Maroc septentrional : *Bouséja, Beni Hosmar* (3-900 m.).
Maroc occidental : *Sidi Abderrhamane, Tilmellil, Aïne Diab, Oued Bou Skoura, Sidi bou
Ziane, Médiouna, Si Abd en Naimi, Dar Oulad el Abbou, Oued Tamdrost, Sidi Moham-
med el Bahloul, Kasbah ben Ahmed, Bled Oulad Allel, Oulad Saïd, Fedhala, Fedhala à
Camp Boulhaut, Camp Boulhaut, Sidi Sérier, Oued Cherrat.*
Pentes des collines broussailleuses ; steppe à Palmiers nains.

Passerina arvensis Lam. *Fl. fr.* III, 218 ; Batt. et Trab. *Alg.* I, 781 ; *P. annua* Wikstr.
Maroc occidental : *Guicer à Sidi bou Zerlan, Djebel Flalin, Dar Chafaï, Dar Chafaï à
Mechra ben Abou.*
Bords des chemins et des champs ; steppe herbeuse aride.

P. villosa Wikstr. *Thymel.* in *Act. Holm.* [1818], 332 ; Ball *Spic. Fl. Maroc.* 654.
Maroc septentrional : *Djebel Kébir.*
Collines broussailleuses, au milieu des Cistes.

P. canescens Schousb. *Gew. Marok.* 176 ; Ball *Spic. Fl. Maroc.* 654.
Maroc occidental : *Oued bou Skoura* (2 kilomètres au sud du poste militaire).
Steppe broussailleuse à Palmiers nains.

P. virgata Desf. *All.* I, 331, tab. 95 ; Batt. et Trab. *Alg.* I, 781.
Maroc septentrional : *Ahouana, Zinet, Aïne Dalia, Mnimacada, Bouséja.*
Pentes des collines arides.

SANTALACEÆ R. Br.

Osyris alba L. *Sp.* 1022 ; Batt. et Trab. *Alg.* I, 785.
Maroc septentrional : *Télouan, Djebel Dersa, Bou Semlen, Semsa.*
Haies, broussailles, endroits rocheux.

O. lanceolata Hochst. et Stend. in *Pl. Exsicc. Un. Itin.* 1832 ; Batt. et Trab. *Alg.* I, 784.
Maroc septentrional : *Djebel Kébir, Aïne Slaoua, Andjéra, Semsa.*
Maroc occidental : *Oued Cherrat.*
Collines broussailleuses ou boisées.

BALANOPHORACEÆ Rich.

Cynomorium coccineum L. *Sp.* 970 et *Amœn.* IV, 351, tab. 2 ; Batt. et Trab. *Alg.* I, 787.
Maroc septentrional : *Rabat* (Moreau).
Parasite sur les Salsolacées.

EUPHORBIACEÆ Juss.

Euphorbia Peplis L. ap. Wiman, *Dissert. Euphorb.* n° 21, et *Sp.* 455 ; Batt. et Trab. *Alg.* I, 791.

Maroc occidental : *Casablanca, Fedhala, Pont Blondin.*
Sables maritimes.

E. Chamæsyce L. ap. Wiman, *Dissert. Euphorb.* n°22, et *Sp.* 455 ; Batt. et Trab. *Alg.* 1, 791.
Maroc occidental : *Sellal, Msahal, Ben Ameida, Sidi Barca, Sidi Rerha, Guicer, Khemisset.*
Champs cultivés, endroits incultes.

E. rupicola Boiss. *Elench.* 81 et *Voy. Esp.*, 566, tab. 161 ; Ball *Spic. Fl. Maroc.* 657.
Maroc septentrional : *Djebel Dersa* (600 m.).
Rochers calcaires de la région montagneuse.

E. pubescens Vahl *Symb.* II, 55 ; Batt. et Trab. *Alg.* I, 795.
Maroc septentrional : *Semsa*, plaine du *Rio Martil*, lac *Hadjériin, Cherf el Akab.*
Maroc occidental : *Ferme Carlos, Tilmellil, Oued bou Skoura, Oued Tamdrost, Aïne Haleïba, Si Senhadj, El Aïoun* de *Camp Boulhaul.*
Bords des marais, endroits herbeux très humides.

E. pterococca Brot. *Fl. Lus.* II, 312 ; Batt. et Trab. *Alg.* I, 793.
Maroc septentrional : *Ksar Djedid, Sarf, Charf el Akab.*
Endroits herbeux incultes.

E. helioscopia L. ap. Wiman, *Dissert. Euphorb.* n° 42 et *Sp.* 459 ; Batt. et Trab. *Alg.* I, 792.
Maroc septentrional : *Tétouan*, plaine du *Rio Martil.*
Cultures, champs en friche.

E. exigua L. ap. Wiman, *Dissert. Euphorb.* n° 29, et *Sp.* 456 ; Batt. et Trab. *Alg.* I, 798.
Maroc septentrional : Plaine du *Rio Martil, Yarghil, Aïne Slaoua.*
Maroc occidental : *El Hank, Sellal, Oued Tamdrost, Si Senhadj.*
Endroits herbeux incultes, cultures, moissons.

E. sulcata de Lens ap. Lois. *Fl. Gall.* I, 339 (excl. synon.) ; Batt. et Trab. *Alg.* I, 798.
Maroc septentrional : *Val Tissa.*
Maroc occidental : *Casablanca, Guicer à Dar Chafaï.*
Endroits herbeux incultes, cultures.

E. falcata L. ap. Wiman, *Dissert. Euphorb.* n° 27, et *Sp.* 456 ; Batt. et Trab. *Alg.* I, 799.
Avec le type : **var. rubra** Boiss. in DC. *Prodr.* XV, pars 2, 140 ; *E. rubra* Cavan.
Maroc occidental : *Dar Rhamndour, Ferme Carlos, Sellal, Oued Tamdrost, Sidi Mohammed el Bahloul, Kasbah ben Ahmed, Bir Jdour, Sidi bou Zerlan, Dar el Hadj, Bir Chafaï, Guicer, Djebel Flatin, Ouamra, Dar Chafaï, Pont Blondin, Camp Boulhaul.*
Endroits incultes ; steppe à Palmiers nains.

E. paniculata Desf. *Atl.* I, 386 ; Batt. et Trab. *Alg.* 1, 795 ; *E. algeriensis* Boiss.
Maroc septentrional : *Villa Harris* près *Tanger, Charf el Akab*, rives du marais *Hadjériin.*
Maroc occidental : *Tilmellil.*
Endroits herbeux très humides, bords des marais.

E. Peplus L. ap. Wiman, *Dissert. Euphorb.* n° 53, et *Sp.* 458 ; Batt. et Trab. *Alg.* I, 799.
Maroc septentrional : *Oued Zarka.*
Endroits herbeux incultes.

E. peploides Gouan *Fl. Monsp.* 174 ; Batt. et Trab. *Alg.* I, 799.
Maroc septentrional : Plaine du *Rio Martil.*

Champs en friche, endroits herbeux.

E. medicaginea Boiss. *Elench.* 82, et *Voy. Esp.* 569, tab. 162 ; Batt. et Trab. *Alg.* 1, 799 ; *E. italica* Salzm.
Maroc septentrional : *Tanger, Arzila, Télouan.*
Maroc occidental : très vulgaire dans toute la *Chaouïa.*
Plaines herbeuses, moissons, champs incultes.

E. terracina L. *Sp.* ed. 2. 654 ; Batt. et Trab. *Alg.* I, 801.
Maroc septentrional : *Tanger, Semsa*, plaine du *Rio Martil.*
Maroc occidental : *El Hank, Aïne Diab, Oued bou Skoura, Ber Rechid.*
Champs incultes, bords des chemins, cultures.

E. paralias L. ap. Wiman, *Dissert. Euphorb.* n° 53, et *Sp.* 458 ; Batt. et Trab. *Alg.* I, 802.
Maroc septentrional : *Tanger*, auprès de la *Sardinerie.*
Maroc occidental : *Oukacha, Sidi Abderrhamane, Pont Blondin, Fedhala, Bou Znika.*
Sables et dunes maritimes.

E. Characias L. *Sp.* 662 ; Ball *Spic. Fl. Maroc.* 661.
Maroc septentrional : *Djebel Dersa* (300 m.), au-dessus de *Yarghil* (5-600 m.), *Beni Hosmar* (4-1 000 m.).
Haies et endroits broussailleux frais de la région montagneuse.

Mercurialis annua L. *Sp.* 1035 ; Batt. et Trab. *Alg.* 1, 805.
Maroc septentrional : *Bouséja, Télouan.*
Maroc occidental : *Oued Cherrat*, près *Camp Boulhaut.*
Var. serratifolia Ball *Spic. Fl. Maroc.* 664.
Maroc septentrional : *Semsa, Beni-Hosmar* (7-1 000 m.).
Cultures, décombres, champs incultes ; la variété dans les endroits frais de la région montagneuse.

Crozophora tinctoria A. Juss. *Tent. Euphorb.* 28, tab. 7 ; Batt. et Trab. *Alg.* I, 804.
Maroc septentrional : *Tanger, Souani.*
Maroc occidental : *Dar el Kébir, Ben Ameida, Sidi el Aïdi, Bir Jdour, Sellal, Sidi Barca, Khemisset, Sidi bou Ali, Si Rerha, Guicer.*
Champs cultivés et friches.

Ricinus communis L. *Sp.* 1007 ; Batt. et Trab. *Alg.* 1, 806.
Maroc septentrional : *Tanger, Arzila, Télouan.*
Maroc occidental : *Casablanca, Ber Rechid, Sellal, Fedhala, Oued Cherrat.*
Bords des chemins, décombres, haies des jardins.

Buxus balearica Willd. *Spec.* IV, 337 ; DC. *Prodr.* XVI, sect. I, 18.
Maroc septentrional : *Cascade de l'oued Zarka.*
Pentes calcaires boisées de la région montagneuse.

CYNOCRAMBACEÆ Nees.

Theligonum Cynocrambe L. *Sp.* 1411 ; Batt. et Trab. *Alg.* I.
Maroc septentrional : *Djebel Kébir, Cavernes de Télouan, Bou Semlen, Oued Zarka.*
Endroits herbeux et humides.

URTICACEÆ DC.

Urtica urens L. *Sp.* 1396 ; Batt. et Trab. *Alg.* I, 810.
> Maroc occidental : *Casablanca, Oued bou Skoura, Sellal, Ber Rechid, Sidi Feati, Dar Chafaï.*
Décombres, bords des chemins, endroits incultes.

U. pilulifera L. *Sp.* 1395 ; Batt. et Trab. *Alg.* I, 810.
> Maroc septentrional : *Tanger, Télouan, Arzila.*
> Maroc occidental : Camp Espagnol, près *Casablanca* (Moreau).
Décombres, haies, bords des chemins.

U. membranacea Poir. *Encycl.* IV, 638 ; Batt. et Trab. *Alg.* I, 810.
> Maroc septentrional : *Djebel Kébir.*
Haies, endroits ombragés, cultures.

Parietaria officinalis L. *Sp.* 1492 ; Batt. et Trab. *Alg.* I, 811.
> Maroc septentrional : *Tanger, Tétouan.*
> Maroc occidental : *Sidi Abderrhamane, Sellal, Oued Tamdrosl, Oued Cherral.*
Vieux murs, haies, bords des chemins.

P. mauritanica DR. ap. Duchartre *Rev. Bot.* II, 427 ; Batt. et Trab. *Alg.* I, 812.
> Maroc septentrional : *Semsa, Bou Semlen, Oued Zarka, Val Tissa* (600 m.), *Djebel Darziro, Djebel Kébir.*
> Maroc occidental : *Oued Cherral,* près *Camp Boulhaut.*
Rochers, endroits frais et ombragés des collines.

Cannabis sativa L. *Sp.* 1457 ; Batt. et Trab. *Alg.* I, 807.
> Maroc occidental : *Ber Rechid.*
Subspontané ; décombres et lieux incultes.

Celtis australis L. *Sp.* 1478 ; Batt. et Trab. *Alg.* I, 813.
> Maroc septentrional : *Bou Semlen.*
Pentes des montagnes, dans les haies.

Morus alba L. *Sp.* 1398 ; Batt. et Trab. *Alg.* I, 813.
> Maroc septentrional : *Semsa.*
> Maroc occidental : *Casablanca* (Moreau).
Planté dans les jardins.

Ficus Carica L. *Sp.* 1513 ; Batt. et Trab. *Alg.* I, 813.
> Maroc septentrional et occidental : Cultivé dans les jardins ; en *Chaouïa,* le long des oueds et près des sources.

CUPULIFERÆ Rich.

Quercus lusitanica Lam. *Dict.* I, 719 ; Ball *Spic. Fl. Maroc.* 666.
> Maroc septentrional : *Djebel Kébir.*
Pentes des collines broussailleuses.

Q. Mirbeckii DR. ap. Duchartre *Rev. Bot.* II, 26 ; Batt. et Trab. *Alg.* I, 820.
> Maroc septentrional : *Djebel Kébir, Perdicaris.*

Collines boisées.

Q. suber L. *Sp.* 995 ; Batt. et Trab. *Alg.* I, 823.
>Maroc septentrional : *Djebel Kébir.*
>Maroc occidental : *Camp Boulhaut.*

Forme sur les sols siliceux de vastes forêts.

Q. Ilex L. *Sp.* 995 ; Batt. et Trab. *Alg.* I, 824.
>Maroc septentrional : *Djebel Dersa.*

Broussailles et régions boisées.

Q. coccifera L. *Sp.* 995 ; Batt. et Trab. *Alg.* I, 825.
>Maroc septentrional : *Djebel Kébir, Semsa.*
>Pentes des collines broussailleuses.

SALICACEÆ Rich.

Salix alba L. *Sp.* 1449 ; Batt. et Trab. *Alg.* I, 815.
>Maroc septentrional : *Bahrain, Souani.*

Bords des ruisseaux.

S. pedicellata Desf. *All.* II, 362 ; Batt. et Trab. *Alg.* I, 816.
>Maroc septentrional : *Souani, Bahrain, Semsa, Bouséja, Fondouk, Andjéra.*
>Maroc occidental : *Sellat, Oued Tamdrost, El Aïoun* de *Camp Boulhaut.*

Bords des ruisseaux.

S. cinerea L. *Sp.* 1021 ; Batt. et Trab. *Alg.* I, 816.
>Maroc septentrional : *Djebel Kébir, Perdicaris.*

Endroits humides de la zone boisée.

S. purpurea L. *Sp.* 1017 ; Batt. et Trab. *Alg.* I, 816.
>Maroc septentrional : Berges du *Rio Martil,* bac de *Bou Semlen, Bou Semlen* (400 m.),
>moulins de l'*Oued Zarka.*

Bords des oueds.

Populus alba L. *Sp.* 1034 ; Batt. et Trab. *Alg.* I, 817.
>Maroc septentrional : *Tanger.*
>Maroc occidental : *Sellat.*

Planté dans les jardins.

CERATOPHYLLEÆ Gray.

Ceratophyllum demersum L. *Sp.* 1409 ; Batt. et Trab. *Alg.* I, 808.
>Maroc occidental : *Tilmellil.*

Eaux assez profondes et à cours très lent.

C. submersum L. *Sp.* 1409 ; Batt. et Trab. *Alg.* I, 808.
>Maroc occidental : *Aïne Seba.*

Source marécageuse.

MONOCOTYLEDONEÆ

ALISMACEÆ Rich.

Alisma Plantago L. *Sp.* 343 ; Batt. et Trab. *Alg.* II, 3.
    Maroc septentrional : Assez répandu dans la région de *Télouan, Charf el Akab.*
    Maroc occidental : *Pont Blondin* à *Camp Boulhaut, Camp Boulhaut, Sidi Sérier.*
  Marécages, fossés, ruisseaux.

A. ranunculoides L. *Sp.* 343 ; Batt. et Trab. *Alg.* II, 2.
    Maroc septentrional : *Perdicaris.*
    Maroc occidental : *Dar el Hadj bou Azza, Pont Blondin* à *Camp Boulhaut, Camp Boulhaut.*
       Oued Cherral.
  Dépressions inondées l'hiver, marais.

Damasonium Bourgæi Coss. *Pl. crit.* 47 ; Batt. et Trab. *Alg.* II, 3.
    Maroc septentrional : *Villa Harris,* près *Tanger.*
    Maroc occidental : *Sellal* au *Bled Tamdrost, Si Senhadj, Camp Boulhaut* à *El Kseub.*
  Endroits inondés l'hiver, fossés, marais.

IRIDACEÆ DC.

Iris tingitana Boiss. et Reut. *Pug.* 13 ; *Xiphium tingitanum* Ball Spic. *Fl. Maroc.* 675.
    Maroc septentrional : *Bahrain, Souani, Bou Bana, Sarf, Zinel, Ahouana, Arzila.*
  Pâturages, pentes des collines humides et incultes.

I. pseudo-Acorus L. *Sp.* 56 ; Batt. et Trab. *Alg.* II, 40.
    Maroc septentrional : Lac *Hadjériin, Charf el Akab,* moulins de l'*oued Zarka.*
  Bords des marais herbeux.

I. Sisyrinchium L. *Sp.* 40 ; Batt. et Trab. *Alg.* II, 40.
    Maroc septentrional : *Sarf, Oued Zarka,* plaine du *Rio Martil.*
    Maroc occidental : *Casablanca* (Moreau).
  Endroits incultes, alluvions des oueds.

I. fœtidissima L. *Sp.* 39 ; Batt. et Trab. *Alg.* II, 40.
    Maroc septentrional : *Souani.*
  Haies très ombragées et humides.

I. Fontanesii Gren. et Godr. *Fl. Fr.* III, 245 ; Batt. et Trab. *Alg.* II, 41.
    Maroc occidental : *Camp Boulhaut* (Moreau), *Oued Cherral.*
  Endroits herbeux frais.

I. alata Poir. ; Batt. et Trab. *Alg.* II, 42 ; *I. scorpioides* Desf. ; *Costia scorpioides* Willk.
    Maroc occidental : *Camp Boulhaut* (Moreau).
  Endroits broussailleux.

Romulea Bulbocodium Séb. et Maur. *Fl. Rom. prodr.* 17 ; Batt. et Trab. *Alg.* II, 37.
    Maroc septentrional : *Bouséja, Djebel Kébir, Bou Bana, Djebel Dersa, Zinel, Andjéra,*
      Fondak, Bou Semlen, Beni Hosmar, jusqu'à 1 000 mètres.
    Maroc occidental : *El Hank, Oukacha, Aïne Diab, Bou Znika, Bou Azza.*

Pentes des collines incultes, endroits herbeux.

R. Clusiana Lange *Pug.* 75 ; Batt. et Trab. *Alg.* II, 37.
Maroc septentrional : Falaises de la *Rivière des Juifs*.
Pentes herbeuses incultes.

R.Engleri Béguinet *Monogr. Rom.*
Maroc occidental : *Casablanca* (Moreau).
Endroits herbeux incultes.

Crocus serotinus Salisb. *Parad.* tab. 3 ; Ball *Spic. Fl. Maroc.* 677.
Var. **Salzmanni** J. Gay ; *C. lingilanus* Salzm.
Maroc septentrional : *Bahrain*.
Maroc occidental : *Casablanca* (Moreau).
Endroits herbeux incultes.

Gladiolus segetum Gawl. in *Bol. Mag.* tab. 719 ; Batt. et Trab. *Alg.* II, 43.
Maroc septentrional : *Tanger, Télouan, Bouséja, Arzila, Villa Harris*.
Maroc occidental : *Camp Boulhaut* (Moreau).
Moissons, champs incultes, cultures.

G. byzantinus Mill. *Dict.* ed. 6 ; Batt. et Trab. *Alg.* II, 43.
Maroc septentrional : *Télouan*.
Moissons, champs et friches.

AMARYLLIDACEÆ R. Br.

Leucoium autumnale L. *Sp.* 414 ; Batt. et Trab. *Alg.* II, 45.
Maroc septentrional : *Perdicaris*.
Collines broussailleuses.

L. trichophyllum Schousb. *Gew. Marok.* 140 ; Ball *Spic. Fl. Maroc.* 678.
Maroc occidental : *Casablanca* à *Fedhala*.
Endroits sablonneux incultes.

Pancratium maritimum L. *Sp.* 418 ; Batt. et Trab. *Alg.* II, 46.
Maroc occidental : *Casablanca, Oukacha, Fedhala, Bou Znika*.
Sables et dunes maritimes.

Agave americana L. *Sp.* 461 ; Batt. et Trab. *Alg.* II, 45.
Maroc septentrional et occidental : Cultivée et subspontanée.

Narcissus viridiflorus Schousb. *Gew. Marok.* 142, tab. 2 ; Batt. et Trab. *Alg.* II, 47.
Maroc occidental : *Camp Espagnol*, près *Casablanca* (Moreau).
Endroits herbeux incultes.

N. elegans Spach *Veg. phan.* XII, 452 ; Batt. et Trab. *Alg.* II, 47.
Maroc septentrional : *Bahrain*.
Prairies et pâturages.

N. Tazetta L. *Sp.* 416 ; Batt. et Trab. *Alg.* II, 47.
Maroc occidental : *Casablanca* (Moreau).
Endroits herbeux humides l'hiver et incultes.

N. serotinus L. *Sp.* 417 ; Batt. et Trab. *Alg.* II, 47.

Maroc occidental : Terrains vagues de l'hôpital de *Casablanca* (Moreau).
Endroits herbeux humides l'hiver et incultes.

N. papyraceus Gawl. in *Bot. Mag.* tab. 947 ; Ball *Spic. Fl. Maroc.* 680.
Maroc septentrional : *Tanger, Bou Bana.*
Maroc occidental : Terrains vagues de l'hôpital de *Casablanca* (Moreau).
Endroits herbeux humides et incultes.

Aurelia Broussonnetii J. Gay in *Bull. Soc. bot. Fr.* VI, 87 ; Ball *Spic. Fl. Maroc.* 681.
Maroc occidental : Terrains incultes de l'hôpital de *Casablanca* (Moreau).
Endroits herbeux, humides pendant l'hiver.

ORCHIDACEÆ Juss.

Orchis lactea Poir. *Encycl.* IV, 594 ; Batt. et Trab. *Alg.* II, 28.
Maroc septentrional : *Djebel Dersa* (5-600 m.).
Maroc occidental : *Sidi Abderrhamane* (Moreau).
Endroits herbeux et broussailleux.

O. undulatifolia Biv. *Sic. cent.* II, 44, tab. 6 ; *O. longicruris* Link ; Batt. et Trab. *Alg.* II, 28.
Maroc septentrional : *Bahrain, Fondak, Zinet, Andjéra, Bouséja, Djebel Dersa* (4-500 m.)
Pâturages, pentes des collines herbeuses et broussailleuses.

O. latifolia L. *Sp.* 1334 ; Batt. et Trab. *Alg.* II, 30.
Maroc septentrional : *Charf el Akab.*
Maroc occidental : *El Aïoun de Camp Boulhaut.*
Bords des marais herbeux.

O. papilionacea L. *Sp.* 1331 ; Batt. et Trab. *Alg.* II, 27.
Maroc occidental : *Camp Boulhaut* (Moreau).
Endroits herbeux frais.

O. longicornu Poir. *Voy.* II, 247 ; Batt. et Trab. *Alg.* II, 28.
Maroc occidental : *Sidi Abderrhamane* (Moreau).
Endroits herbeux frais.

O. coriophora L. *Sp.* 1332 ; Batt. et Trab. *Alg.* II, 28.
Maroc occidental : *Camp Boulhaut* (Moreau).
Collines broussailleuses humides.

Aceras densiflora Boiss. *Voy.* 595 ; Ball *Spic. Fl. Maroc.* 672 ; Batt. et Trab. *Alg.* II, 26 ; *A. intacta* Rchb.
Maroc septentrional : *Djebel Kébir.*
Pentes des collines broussailleuses.

A. anthropophora R. Br. *Hort. Kew.* 191 ; Batt. et Trab. *Alg.* II, 25.
Maroc septentrional : *Djebel Dersa, Bou Semlen, Maraboul de Kithan,* Vallée de l'*oued Zarka,* pentes inférieures du *Beni Hosmar* (300 m.).
Pentes herbeuses et broussailleuses de la région montagneuse.

Peristylus cordatus Lindl. *Gen. et Sp. Orchid.* 298 ; *Tinea intacta* Boiss. ; *Orchis atlantica* Willd. ; Batt. et Trab. *Alg.* II, 26.
Maroc septentrional : *Perdicaris, Djebel Dersa* (600 m.), *Semsa.*

Bois frais ; collines calcaires broussailleuses.

Ophrys tenthredinifera Willd. *Sp.* IV, 67 ; Batt. et Trab. *Alg.* II, 25.
   Maroc septentrional : *Djebel Dersa, Semsa, Beni Hosmar* (3-600 m.), *Andjéra, Fondak, Bahrain.*
Collines herbeuses ; pâturages de la région montagneuse.

O. Scolopax Cav. *Ic.* II, 46, tab. 161 ; Batt. et Trab. *Alg.* II, 24.
   Maroc septentrional : *Bouséja. Semsa, Bou Semlen, Beni Hosmar* (3-500 m.).
Pâturages humides des collines.

O. bombyliflora Link ap. Schrad. *Journ.* II, 325 ; Batt. et Trab. *Alg.* II, 24.
   Maroc septentrional : *Bou Semlen, Beni Hosmar* (300 m.).
   Maroc occidental : *Sidi Abderrhamane* (Moreau).
Collines herbeuses.

O. Speculum Link ap. Schrad *Journ.* II, 324 ; Batt. et Trab. *Alg.* II, 24.
   Maroc septentrional : *Fondak, Andjéra, Zinet.*
   Maroc occidental : *Sidi Abderrhamane* (Moreau).
Collines herbeuses et broussailleuses.

O. lutea Cav. *Ic.* II. 46, tab. 160 ; Batt. et Trab. *Alg.* II, 23.
   Maroc septentrional : *Bahrain, Fondak, Andjéra, Semsa, Zinet, Bouséja, Djebel Dersa, Bou Semlen, Oued Zarka, Beni Hosmar* (2-800 m.).
Pâturages et coteaux herbeux.

O. apifera Huds. *Fl. Angl.* ed. 1, 340 ; Batt. et Trab. *Alg.* II, 24.
   Maroc septentrional : *Bouséja, Semsa, Beni Hosmar* (3-600 m.), *Bou Bana.*
   Maroc occidental : *Sidi Abderrhamane* (Moreau).
Pâturages humides, collines broussailleuses.

Cephalanthera ensifolia Murr. *Syst.* ed. 14 [1784], 815 ; *C. Xiphophyllum* Rchb. ; Batt. et Trab. *Alg.* II, 34.
   Maroc septentrional : *Val Tissa* (400 m.), *Bou Semlen, Djebel Dersa* (5-600 m.).
Endroits broussailleux frais de la région montagneuse.

Epipactis latifolia All. *Ped.* II, 151 ; Batt. et Trab. *Alg.* II, 34.
   Maroc septentrional : *Semsa.*
Pentes pierreuses des collines calcaires.

Serapias Lingua L. *Sp.* 1344 ; Batt. et Trab. *Alg.* II, 32.
   Maroc septentrional : *Djebel Kébir, Aïne Dalia, Charf el Akab, Djebel Dersa.*
Pâturages humides de la région montagneuse, collines broussailleuses.

S. cordigera L. *Sp.* 1345 ; Batt. et Trab. *Alg.* II, 32.
   Maroc septentrional : *Camp Boulhaut.*
Endroits herbeux très humides.

COLCHICACEÆ DC.

Merendera filifolia Camb. in *Mém. Mus.* 14, 319 ; Batt. et Trab. *Alg.* II, 77.
   Maroc occidental : *Casablanca* à *Fedhala.*
Endroits herbeux incultes.

Erythrostictus punctatus Schlecht. in *Linnæa* [1826], 90 ; Batt. et Trab. *Alg.* II, 77.

Maroc occidental : *Casablanca* (Moreau), *Fedhala.*
Endroits incultes.

LILIACEÆ DC.

Tulipa Celsiana DC. ap. Red. *Liliacées*, I, tab. 38 ; Batt. et Trab. *Alg.* II, 71.
Maroc septentrional : *Djebel Dersa.*
Pentes rocailleuses et broussailleuses de la région montagneuse.

Fritillaria oranensis Pomel *Nouv. mat.* 253 ; Batt. et Trab. *Alg.* II, 73.
Maroc septentrional : Pentes inférieures du *Djebel Dersa.*
Pentes herbeuses et broussailleuses.

Bellevalia mauritanica Pomel *Nouv. mat.* 255 ; Batt. et Trab. *Alg.* II, 65.
Maroc septentrional : *Sarf, Bou Bana, Hammar.*
Maroc occidental : *Casablanca* (Moreau).
Alluvions argilo-sablonneuses herbeuses et incultes.

B. dubia Knth. ; Batt. et Trab. *Alg.* II, 65 ; *Hyacinthus dubius* Guss.
Maroc occidental : *Casablanca* (Moreau).
Endroits herbeux incultes.

Scilla peruviana L. *Sp.* 309 ; *S. hemispherica* Boiss. ; Batt. et Trab. *Alg.* II, 68.
Maroc septentrional : *Bouséja, Aïne Slaoua, Andjëra, Zinet, Bou Semlen,* pentes infé-
rieures du *Djebel Dersa.*
Maroc occidental : *Casablanca* (Moreau).
Pentes des collines herbeuses ou broussailleuses.

S. lingulata Poir. *Voy.* II, 151 ; Batt. et Trab. *Alg.* II, 67.
Maroc occidental : *Casablanca* à *Fedhala* (Moreau).
Endroits herbeux incultes.

S. autumnalis L. *Sp.* 309 ; Batt. et Trab. *Alg.* II, 68.
Maroc occidental : *Tilmellil* (Moreau).
Endroits herbeux incultes.

S. monophylla Link in *Schrad. Journ.* II, 319 ; Ball *Spic. Fl. Maroc.* 686.
Maroc septentrional : *Djebel Kébir, Cap Spartel.*
Endroits frais et ombragés des collines broussailleuses.

Urginea maritima Baker in *Journ. Linn. Soc.* XIII, 221 ; *U. Scilla* Steinh. ; Batt. et Trab.
Alg. II, 69.
Maroc septentrional : *Tanger, Télouan, Bouséja.*
Maroc occidental : *Casablanca* (Moreau).
Sables incultes ; pentes des collines broussailleuses.

Muscari comosum Mill. *Dict.* ed. 6 ; Batt. et Trab. *Alg.* II, 64.
Maroc septentrional : *Semsa.*
Maroc occidental : Assez fréquent en basse et moyenne *Chaouïa.*
Cultures, moissons, champs incultes.

M. racemosum Mill. *Dict.* ed. 6 ; Batt. et Trab. *Alg.* II, 64.
Maroc septentrional : *Bahrain, Arzila.*

Endroits cultivés.

Ornithogalum narbonense L. *Cent.* II, plant. n°142, et *Sp.* ed. 2, 440; Batt. et Trab. *Alg.* II, 71.
Maroc occidental : *Aïne Diab, Tilmellil, Oued bou Skoura, Ber Rechid, Sellal, Bled Oulad Allel, Bir Jdour.*
Moissons, cultures, steppe herbeuse.

O. arabicum L. *Sp.* 307 ; Batt. et Trab. *Alg.* II, 71.
Maroc septentrional : *Tanger, Arzila, Télouan.*
Endroits herbeux incultes, cultures.

O. tenuifolium Guss. *Prodr. Fl. Sic.* I, 413 ; Ball *Spic. Fl. Maroc.* 688.
Maroc septentrional : *Djebel Dersa* (500 m.).
Endroits herbeux de la région montagneuse.

O. orthophyllum Ten. *Syll.* 594 ; Ball *Spic. Fl. Maroc.* 688.
Maroc septentrional : *Bouséja,* bac de *Bou Semlen* à *Télouan,* plaine du *Rio Martil.*
Lieux herbeux incultes.

O. umbellatum L. *Sp.* 307 ; Batt. et Trab. *Alg.* II, 70.
Maroc occidental : *Casablanca* (Moreau).
Endroits herbeux incultes.

O. unifolium Gawl. in *Bot. Mag.* tab. 935 ; Ball *Spic. Fl. Maroc.* 689.
Maroc septentrional : *Djebel Kébir, Cap Spartel.*
Endroits découverts des collines broussailleuses.

Dipcadi serotinum Medic. ap Usteri *Ann. der. Bot.* II, 13 ; Batt. et Trab. *Alg.* II, 66.
Maroc septentrional : *Perdicaris, Djebel Kébir, Andjéra, Bouséja.*
Maroc occidental : *Sidi Abderrhamane* (Moreau), *Sellal.*
Pentes des collines incultes, endroits sablonneux.

Allium Chamæmoly L. *Sp.* 301 ; Batt. et Trab. *Alg.* II, 59.
Maroc occidental : Environs de *Fedhala.*
Endroits herbeux incultes.

A. pallens L. *Sp.* ed. 2, 427 ; Batt. et Trab. *Alg.* II, 59.
Maroc occidental : *Ferme Lamm, Ferme Carlos, Sidi bou Ziane, Médiouna, Oued bou Skoura, Si Abd en Naimi, Sellal, Msahal, Bled Oulad Allel, Oulad Saïd, Oued Tamdrosl, Sidi Mohammed el Bahloul, Si Rerha, Guicer, Camp Boulhaut.*
Champs incultes, moissons ; steppe herbeuse à palmiers nains.

A. Ampeloprasum L. *Sp.* 291 ; Batt. et Trab. *Alg.* II, 62.
Maroc occidental : *Casablanca, Dar el Hadj, Bou Azza, Sidi bou Ali, Oued bou Skoura, Médiouna, Ber Rechid, Sellal.*
Endroits herbeux incultes, cultures, moissons.

A. nigrum L. *Sp.* ed. 2, 430 ; Batt. et Trab. *Alg.* II, 57.
Maroc septentrional : *Ksar Djedid, Aïne Slaoua, Mnimacada, Arzila, Andjéra, Bouséja,* plaine du *Rio Martil.*
Maroc occidental : *Dar el Hadj Salah, Ber Rechid, Guicer, Sidi Barca.*
Cultures et moissons.

A. triquetrum L. *Sp.* 300 ; Batt. et Trab. *Alg.* II, 57.
Maroc septentrional : *Perdicaris, Djebel Kébir, Tanger, Djebel Dersa* (4-500 m.) *Télouan.*

Haies, buissons, dans les endroits frais.

A. roseum L. *Sp.* 296 ; Batt. et Trab. *Alg.* II, 58.
Maroc septentrional : *Bouséja, Djebel Dersa, Beni Hosmar* (2-300 m.).
Pentes des collines herbeuses.

A. vernale Tineo ap Guss. *Prodr. Suppl.* I, 96 ; Batt. et Trab. *Alg.* II, 58.
Maroc septentrional : *Casablanca* (Moreau).
Endroits herbeux et sablonneux.

Asphodelus microcarpus Viv. *Fl. Cors. Diagn.* 5 ; Batt. et Trab. *Alg.* II, 55.
Maroc septentrional : *Tanger, Arzila, Télouan, Andjéra.*
Maroc occidental : *Casablanca, Sellal, Bled Oulad Allel, Ber Rechid, Oued bou Skoura,
Oued Tamdrosl, Dar Chafaï, Fedhala, Pont Blondin, Camp Boulhaul.*
Pâturages, collines et champs herbeux.

A. fistulosus L. *Sp.* 309 ; Batt. et Trab. *Alg.* II, 54.
Maroc septentrional : *Semsa.*
Maroc occidental : *Sidi bou Zerlan, Dar Oulad Allafi, Guicer, Dar Chafaï, Mechra ben
Abou, Sidi Feali, Camp Boulhaul.*
Champs incultes, moissons ; steppe herbeuse.

Anthericum Liliago L. *Sp.* 445.
Var. bæticum Ball *Spic. Fl. Maroc.* 693 ; *P. bæticum* Boiss.
Maroc septentrional : Pentes inférieures et orientales du *Djebel Dersa.*
Maroc occidental : *Sidi Abderrhamane* (Moreau).
Collines rocheuses calcaires, au milieu des buissons.

Simethis planifolia Gren. et Godr. *Fl. Fr.* III, 222 ; *S. bicolor* Knth ; Batt. et Trab. *Alg.* II, 56.
Maroc septentrional : *Djebel Kébir.*
Pentes des collines broussailleuses.

Aphyllanthes monspeliensis L. *Sp.* 422 ; Batt. et Trab. *Alg.* II, 52.
Maroc septentrional : Entre *Bouséja* et *Télouan*, pentes inférieures du *Djebel Dersa,
Semsa.*
Pentes des collines calcaires, parmi les broussailles.

ASPARAGACEÆ DC.

Asparagus acutifolius L. *Sp.* 314 ; Batt. et Trab. *Alg.* II, 50.
Maroc septentrional : *Beni Hosmar, Bou Semlen.*
Maroc occidental : *Bou Azza, Bled Oulad Allel, Kasbah ben Ahmed, Casablanca, Camp
Boulhaul.*
Lieux incultes et arides ; steppe à Palmiers nains.

A. horridus L. fil. *Suppl.* 203 ; Batt. et Trab. *Alg.* II, 49.
Maroc occidental : *Sidi Abderrhamane, Sellal, Bled Oulad Allel, Oued Tamdrosl, Pont
Blondin, Camp Boulhaul.*
Endroits incultes et arides.

A. aphyllus L. *Sp.* 314 ; Batt. et Trab. *Alg.* II, 50.
Maroc septentrional : *Tanger, Souani.*
Haies, endroits broussailleux et incultes.

A. albus L. *Sp.* 314 ; Batt. et Trab. *Alg.* II, 50.

    Maroc septentrional : *Sarf, Andjéra, Bouséja, Semsa, Télouan, Bou Semlen.*

    Maroc occidental : *El Hank, Oukacha, Sidi bou Ziane, Aïne Diab, Médiouna, Oued bou Skoura, Si Abd en Naimi, Sellal, Msahal, Oued Tamdrost, Kasbah ben Ahmed, Sidi Mohammed el Bahloul, Si Senhadj, Oulad Saïd, Pont Blondin, Fedhala, Camp Boulhaul, Sidi Feali.*

Haies, broussailles, steppe aride à Palmiers nains.

Ruscus aculeatus L. *Sp.* 1041 ; Batt. et Trab. *Alg.* II, 51.

    Maroc septentrional : *Semsa.*

Haies et broussailles.

R. hypophyllus L. *Sp.* 1041 ; Batt. et Trab. *Alg.* II, 51.

    Maroc septentrional : *Djebel Kébir, Andjéra, Djebel Dersa.*

    Maroc occidental : *Camp Boulhaul, Oued Cherral.*

Fissures des rochers, dans les endroits broussailleux.

Smilax aspera L. *Sp.* 1028 ; Batt. et Trab. *Alg.* II, 51.

    Maroc septentrional : *Djebel Kébir, Andjéra, Télouan à Bouséja.*

Haies, broussailles ; endroits boisés.

S. mauritanica Poir. *Voy.* II, 263 ; *S. aspera* var. *mauritanica* G. G. ; Batt. et Trab. *Alg.* II, 51.

    Maroc septentrional : *Tanger, Andjéra, Télouan.*

    Maroc occidental : *Camp Boulhaul, Oued Cherral.*

Haies, broussailles ; endroits rocheux et boisés.

DIOSCOREACEÆ R. Br.

Tamnus communis L. *Sp.* 1028 ; Batt. et Trab. *Alg.* II, 48.

    Maroc septentrional : *Ksar Djedid, Sarf, Andjéra, Djebel Kébir, Perdicaris.*

    Maroc occidental : *Camp Boulhaul, Oued Cherral.*

Haies, broussailles, endroits boisés et frais.

JUNCACEÆ DC.

Luzula Forsteri DC. *Syn. Gall.* 150 ; Batt. et Trab. *Alg.* II, 82.

    Maroc septentrional : *Perdicaris.*

Sous-bois herbeux, frais et ombragés.

Juncus glaucus Ehrh. *Beitr.* VI, 83 ; Batt. et Trab. *Alg.* II, 78.

    Maroc septentrional : *Ahouana à Zinet.*

Marais, endroits très humides.

J. conglomeratus L. *Sp.* 464 ; Batt. et Trab. *Alg.* II, 81.

    Maroc septentrional : *Perdicaris.*

Marécages des collines boisées.

J. maritimus Lam. *Encycl.* III, 264 ; Batt. et Trab. *Alg.* II, 82.

    Maroc septentrional : *Tanger.*

    Maroc occidental : *Aïne Kaddour, Sidi Abderrhamane, Bou Azza, Djebana, Oued bou Skoura, Sidi bou Ziane, Si Abd en Naimi, Camp Boulhaul à El Aïoun.*

Sables littoraux humides ; endroits marécageux de l'intérieur.

J. acutus L. *Sp*. 463 (excl. var. β) ; Batt. et Trab. *Alg*. II, 81.

    Maroc septentrional : *Tanger*, plaine du *Rio Martil*.

    Maroc occidental : *Casablanca, Tilmellil, Sidi Abderrhamane, Oued bou Skoura, Si Abd en Naimi, Oued Tamdrost, Sellat, Bou Znika, Pont Blondin, Camp Boulhaut* à *El Aïoun*.

    Dépressions humides l'hiver de la steppe ; marais, sables humides.

J. subulatus Forsk. *Fl. Æg.-Arab.* 75 ; Batt. et Trab. *Alg*. II, 82.

    Maroc septentrional : *Tanger*.

    Endroits marécageux, bords des fossés herbeux.

J. striatus Schousb. in E. Mey. *Junc.* 27 ; Batt. et Trab. *Alg*. II, 85.

    Maroc septentrional : *Djebel Kébir, Aïne Dalia, Cherf el Akab*.

    Maroc occidental : *Camp Boulhaut, Oued Cherrat*.

    Endroits humides l'hiver ; marais.

J. Fontanesii J. Gay ap. Laharpe *Monogr. Jonc.* 42 ; Batt. et Trab. *Alg*. II, 85.

    Maroc occidental : *El Aïoun de Camp Boulhaut*.

    Endroits marécageux sablonneux.

J. pygmæus Thuill. *Fl. Paris.* I, 178 ; Batt. et Trab. *Alg*. II, 89.

    Maroc septentrional : *Djebel Kébir, Bou Bana*.

    Maroc occidental : *Tilmellil, Oued bou Skoura, Si Abd en Naimi, Camp Boulhaut*.

    Endroits sablonneux humides l'hiver.

J. fasciculatus Schousb. in E. Mey. *Junc.* 27 ; Ball *Spic. Fl. Maroc.* 699.

    Maroc septentrional : *Bou Bana*.

    Dépressions sablonneuses humides l'hiver.

J. capitatus Weig. *Obs.* 28, tab. 2, fig. 5 ; Batt. et Trab. *Alg*. II, 89.

    Maroc septentrional : *Anse Spartel, Hammar, Djebel Kébir, Zinet*.

    Maroc occidental : *Tilmellil, Oued bou Skoura, Si Abd en Naimi*.

    Dépressions sablonneuses humides l'hiver.

J. Tenageia Ehrb. *Phyt.* n° 63 ; Batt. et Trab. *Alg*. II, 89.

    Maroc septentrional : *Djebel Kébir*.

    Maroc occidental : *Tilmellil, Oued Tamdrost, Si Senhadj, Camp Boulhaut, Oued Cherrat*.

    Dépressions sablonneuses humides l'hiver; bords des marais herbeux.

J. sphærocarpus Nees ap. Funk in *Flora* 1 [1818], 521 ; Batt. et Trab. *Alg*. II, 90.

    Maroc occidental : *Si Senhadj, Oued Tamdrost*.

    Endroits sablonneux humides ; bords des ruisseaux.

J. bufonius L. *Sp*. 466 ; Batt. et Trab. *Alg*. II, 90.

    Maroc septentrional : *Djebel Kébir, Aïne Dalia*, plaine du *Rio Martil*.

    Maroc occidental : *Sidi Abderrhamane, Bou Azza, Tilmellil, Oued bou Skoura, Si Abd en Naimi, Sellat, Camp Boulhaut, Bou Znika, Sidi Sérier*.

    Dépressions sablonneuses humides ; bords des eaux et des marais.

J. hybridus Brot. *Fl. Lus.* I, 513 ; Batt. et Trab. *Alg*. II, 90 ; *J. bufonius* var. *hybridus* Coss. et D. R.

    Maroc septentrional : *Aïne Dalia*.

Maroc occidental : *Aïne Seba, Si Abd en Naimi, Oued bou Skoura, Bir Jdour, Aïne Kaddour, Mechra ben Abou, Camp Boulhaut.*
Dépressions humides l'hiver ; bords des marais et des fossés.

J. foliosus Desf. *All.* I, 315, tab. 92 ; Batt. et Trab. *Alg.* II, 90.
Maroc septentrional : *Djebel Kébir.*
Endroits herbeux humides, bords des fossés de la région boisée.

PALMÆ L.

Chamærops humilis L. *Sp.* 1657 ; Batt. et Trab. *Alg.* II, 19.
Maroc septentrional et occidental : très vulgaire partout.
Collines arides, dénudées ou broussailleuses ; steppe.

Phœnix dactylifera L. *Sp.* 1658 ; Batt. et Trab. *Alg.* II, 20.
Maroc occidental : *Guicer, Mechra ben Abou.*
Rare en Chaouïa ; planté ou rarement subspontané auprès des sources.

TYPHACEÆ DC.

Typha angustifolia L. *Sp.* 1377 ; Batt. et Trab. *Alg.* II, 18.
Maroc occidental : *Casablanca, El Hank, Sidi Abderrhamane, Ferme Lamm, Camp Boulhaut.*
Endroits marécageux.

Sparganium ramosum Huds. *Fl. Angl.* ed. 1, 401 ; Batt. et Trab. *Alg.* II, 18.
Maroc occidental : *Aïne Seba, Ferme Lamm, Camp Boulhaut* à *El Kseub* et à *Sidi Sérier.*
Sources marécageuses.

ARACEÆ Meissn.

Biarum Bovei Blume ; Munby *Cat.* ; Batt. et Trab. *Alg.* II, 15.
Maroc occidental ; *Ber Rechid* (Moreau).
Endroits herbeux incultes.

B. tenuifolium Schott. *Melet.* ; Rchb. *Ic.* VII, fasc. VI.
Maroc septentrional : *Semsa.*
Endroits broussailleux.

Arisarum vulgare Targ.-Tozz. in *Ann. Mus. Fl.* II, 617 ; Batt. et Trab. *Alg.* II 17.
Maroc septentrional : *Tanger, Télouan, Arzila.*
Maroc occidental : *Casablanca.*
Endroits herbeux, broussailles, collines incultes.

A. simorrhinum DR. in *Rev. Duch.* [1846] ; Batt. et Trab. *Alg.* II, 17.
Maroc occidental : *Casablanca* (Moreau).
Endroits herbeux incultes, haies et broussailles.

Arum italicum Mill. *Dict.* I, n° 2 ; Batt. et Trab. *Alg.* II, 16.
Maroc septentrional : *Télouan, Oued Zarka.*

Maroc occidental : *Casablanca.*
Endroits incultes, broussailles et haies.

LEMNACEÆ Dub.

Lemna gibba L. *Sp.* 970 ; Batt. et Trab. *Alg.* II, 14.
 Maroc septentrional : *Sarf.*
Surface des eaux stagnantes.

L. minor L. *Sp.* 970 ; Batt. et Trab. *Alg.* II, 13.
 Maroc septentrional : *Tanger, Souani.*
 Maroc occidental : *Aïne Chokk*, près *Casablanca, Sidi Feali.*
Même habitat que la précédente espèce.

L. polyrrhiza L. *Sp.* 1377 ; Gren. et Godr. *Fl. Fr.* III, 327.
 Maroc septentrional : *Tilmellil.*
Surface des eaux de source.

NAIADACEÆ B. et H.

Triglochin Barrelieri Lois. *Fl. Gall.* 725 ; Batt. et Trab. *Alg.* II, 5.
 Maroc septentrional : *Cap Spartel.*
 Maroc occidental : Près de l'hôpital militaire de *Casablanca.*
Marais herbeux près de l'Océan.

Zannichellia palustris L. *Sp.* 969 ; Batt. et Trab. *Alg.* II, 9.
 Maroc occidental : *Tilmellil.*
Sources et marais à eau peu courante.

Z. repens Bœnningh. *Prodr. fl. Monast.* 272 ; *Z. palustris* var. *repens* Koch ; Batt. et Trab
 Alg. II, 9.
 Maroc occidental : *Sidi Feali.*
Marais, fossés à eau peu courante.

Potamogeton trichoides Cham. et Schl. in *Linn.* II, 176 ; Batt. et Trab. *Alg.* II, 8.
 Maroc occidental : *Camp Boulhaut.*
Eaux stagnantes, dans les endroits ombragés.

P. fluitans Roth. *Ten. fl. Germ.* I, 72 ; Batt. et Trab. *Alg.* II, 6.
 Maroc septentrional : *Chouikreuk*, entre *Tanger* et *Arzila.*
 Maroc occidental : *Tilmellil, Oued Cherral*, cascade d'*El Kseub.*
Sources, marais, eaux stagnantes.

P. natans L. *Sp.* 126 ; Batt. et Trab. *Alg.* II, 6.
 Maroc occidental : *Tilmellil.*
Sources, marécages.

P. lucens L. *Sp.* 126 ; Batt. et Trab. *Alg.* II, 18.
 Maroc occidental : *Camp Boulhaut.*
Eaux stagnantes profondes et ombragées.

CYPERACEÆ DC.

Cyperus turfosus Salzm. *Exsicc.* ; *C. Mundlii* Knth ; Ball *Spic. Fl. Maroc.* 700.

Maroc occidental : *Tilmellil.*
Endroits sablonneux submergés.

C. distachyus All. *Auctar.* 48, tab. 2, fig. 5 ; Batt. et Trab. *Alg.* II, 96.
Maroc occidental : *Casablanca* (Moreau), *Tilmellil, Dar Oulad ben Abbou, Sidi Abder-rhamane, Oued bou Skoura, Djebana, El Aïoun* près *Camp Boulhaut.*
Endroits herbeux marécageux ; bords des eaux.

C. capitatus Vandelli *Fasc.* pl. 5 ; *C. schœnoides* Griseb. ; Batt. et Trab. *Alg.* II, 96.
Maroc septentrional : *Tanger.*
Maroc occidental : *Aïne Diab, Oukacha, Fedhala, Pont Blondin, Bou Znika.*
Sables et dunes maritimes.

C. fuscus L. *Sp.* 69 ; Batt. et Trab. *Alg.* II, 94.
Maroc occidental : Bords de l'*Oued Cherrat*, près *Camp Boulhaut.*
Alluvions sablonneuses humides.

C. rotundus L. *Sp.* 67 ; Batt. et Trab. *Alg.* II, 93.
Maroc occidental : *Casablanca, El Hank.*
Endroits un peu humides l'hiver.

C. badius Desf. *All.* 1, 45, tab. 7, fig. 2 ; Batt. et Trab. *Alg.* II, 93.
Maroc septentrional : *Ahouana à Zinel, Andjéra.*
Maroc occidental : *Aïne Chokk, Sidi Abderrhamane, Oued bou Skoura, Si Abd en Naimi, Bou Azza, Djébana, Settat, Oued Tamdrost, Aïne Moukhara, Aïne Haleiba, Bir Jdour, Guicer, Si Rerha, Sidi Feali, Fedhala, Camp Boulhaut, Sidi Sérier.*
Bord des eaux ; marais, sources, fossés herbeux.

Schœnus nigricans L. *Sp.* 64 ; Batt. et Trab. *Alg.* II, 102.
Maroc septentrional : *Djebel Kébir, Cap Spartel,* près *Arzila.*
Maroc occidental : *Casablanca, Si Abd en Naimi, Oued bou Skoura, El Aïoun* près *Camp Boulhaut.*
Endroits marécageux ; bord des eaux.

Heleocharis palustris R. Br. *Prodr.* 224 ; Batt. et Trab. *Alg.* II, 101.
Maroc septentrional : *Bahrain, Souani.*
Maroc occidental : *Aïne Seba.*
Endroits herbeux très marécageux.

H. multicaulis Dietr. *Sp.* II, 76 ; Batt. et Trab. *Alg.* II, 101.
Maroc septentrional : *Djebel Darziro.*
Endroits marécageux.

Scirpus lacustris L. *Sp.* 72 ; Batt. et Trab. *Alg.* II, 98.
Maroc occidental : *Casablanca* (Moreau).
Marais et eaux stagnantes.

S. littoralis Schrad. *Fl. Germ.* 142, tab. 5, fig. 7 ; Batt. et Trab. *Alg.* II, 99.
Maroc septentrional : *Tanger.*
Maroc occidental : *Si Abd en Naimi.*
Endroits marécageux pendant l'hiver ; bord des eaux.

S. maritimus L. *Sp.* 74 ; Batt. et Trab. *Alg.* II, 97.
Maroc septentrional : *Tanger, Bahrain.*

Maroc occidental : *Casablanca, Aïne Seba, Ferme Lamm, Bou Azza.*
Endroits marécageux ; bord des eaux.

S. Holoschœnus L. *Sp.* 72 ; Batt. et Trab. *Alg.* II, 100.
Maroc septentrional : *Tanger, Zinel, Andjéra, Télouan.*
Maroc occidental : *Tilmellil, Sidi Abderrhamane, Bou Azza, Oued bou Skoura, Si Abd en Naimi, Ferme Lamm, Aïne Seba, Oued Tamdrosl, Kasbah ben Ahmed, Aïne Haleiba, Camp Boulhaul, El Aïoun, Sidi Sérier.*
Dépressions inondées l'hiver, pâturages humides ; bord des eaux.

Scirpus Pitardi Trabut sp. nov.
Maroc occidental : *Vallée de l'Oued Cherral,* près *Camp Boulhaul.*
Alluvions sablonneuses humides.

S. Savii Sebast. et Maur. *Fl. Rom. prodr.* 22 ; Batt. et Trab. *Alg.* II, 99.
Maroc septentrional : *Djebel Kébir, Cap Spartel, Andjéra, Semsa, Djebel Darziro.*
Maroc occidental : *Aïne Seba, Ferme Lamm, Camp Boulhaul, Oued Cherral.*
Bord des eaux ; dépressions humides l'hiver.

Cladium Mariscus R. Br. *Prodr.* 92 ; Batt. et Trab. *Alg.* II, 102.
Maroc occidental : *Tilmellil, Oued bou Skoura.*
Endroits très marécageux.

Ons. — On rencontre dans les marais du poste militaire de *Bou Skoura* le type de l'espèce et à *Titmellil* le *C. Durandoi* Chab.

Carex divisa Huds. *Fl. Angl.* ed. 1, 405 ; Batt. et Trab. *Alg.* II, 107.
Maroc septentrional : *Sarf, Souani, Andjéra.*
Maroc occidental : *Ferme Lamm, Camp Boulhaul.*
Endroits herbeux très humides.

C. vulpina L. *Sp.* 1382 ; Batt. et Trab. *Alg.* II, 107.
Maroc occidental : *Camp Boulhaul.*
Endroits herbeux marécageux.

C. divulsa Good. in *Trans. Linn. Soc.* 11, 160 ; Batt. et Trab. *Alg.* 11, 107.
Maroc septentrional : *Perdicaris, Djebel Kébir, Bou Bana.*
Broussailles humides et ombragées des forêts.

C. Linkii Schkuhr. *Caric.* 11, 39 ; *C. longiseta* Brot ; Batt. et Trab. *Alg.* II, 109.
Maroc septentrional : *Djebel Dersa.*
Collines broussailleuses.

C. basilaris Jord. *Obs. Fragm.* III, 246, tab. 12 ; *C. depressa* Link ; Batt. et Trab. *Alg.* II, 108.
Maroc septentrional : *Djebel Kébir, Bou Bana.*
Collines broussailleuses, au milieu des Cistes.

C. Halleriana Asso *Syn. stirp. Arag.* 133, n° 922, tab. 9, fig. 2 ; Batt. et Trab. *Alg.* 11, 108.
Maroc septentrional : *Val Tissa* (600 m.).
Endroits broussailleux de la région montagneuse.

C. ambigua Link, in *Schrad. Tourn.* [1799], 308 ; *C. œdipostyla* Duv.-Jouve ; Batt. et Trab. *Alg.* II, 109.
Maroc septentrional : *Djebel Kébir, Djebel Dersa.*
Collines broussailleuses au milieu des Cistes.

C. distans L. *Sp.* 1387 ; Batt. et Trab.`Alg.* II, 111.
>Maroc septentrional : *Djebel Kébir.*
>Endroits ombragés des collines broussailleuses.

C. glauca Scop. *Fl. Carn.* II, 223 ; Batt. et Trab. *Alg.* II, 110.
>Maroc septentrional : *Cap Spartel, Aïne Dalia, Andjéra, Bouséja.*
>Coteaux herbeux.

C. hispida Schk. *Beschr. Riedgr.* n° 51, fig. 64 ; Batt. et Trab. *Alg.* II, 109.
>Maroc occidental : *Tilmellil, Oued bou Skoura.*
>Bords des fossés et des marais herbeux.

C. pendula Huds. *Fl. Angl.* ed. 1, 352 ; Batt. et Trab. *Alg.* II, 110.
>Maroc septentrional : *Perdicaris.*
>Endroits broussailleux et très humides de la forêt.

GRAMINACEÆ Juss.

Phalaris canariensis L. *Sp.* 79 ; Batt. et Trab. *Alg.* II, 139.
>Maroc septentrional : *Ahouana, El Bénian.*
>Maroc occidental : *Khemisset.*
>Cultivé ; échappé dans les moissons et les endroits incultes.

P. brachystachys Link ap. Schrad. *Neu Journ.* I, 134 ; Batt. et Trab. *Alg.* II, 140.
>Maroc septentrional : *Tanger, Télouan.*
>Maroc occidental : *Ferme Lamm, Sidi bou Ali, Dar el Kébir, Settat, Oued bou Skoura, Ber Rechid. Oued Tamdrost, Sidi Mohammed el Bahloul, Kasbah ben Ahmed, Dar el Hadj Salah. Settat à Guicer, Ben Ameida, Si Rerha, Guicer à Dar Chafaï.*
>Moissons, champs incultes.

P. minor Retz. *Obs.* III, 8 ; Batt. et Trab. *Alg.* II, 141.
>Maroc septentrional : *Tanger, Souani, Bou Bana.*
>Maroc occidental : *Si Abd en Naimi. Oued bou Skoura, Settat à Guicer, Guicer à Dar Chafaï.*
>Moissons, pâturages, endroits incultes.

P. nodosa L. *Syst.* ed. 13 [1774], 88 ; *P. tuberosa* L. ; Batt. et Trab. *Alg.* II, 140.
>Maroc occidental : *Aïne Diab, Ferme Lamm, Bou Azza, Bled Oulad Allel, Oulad Saïd, Oued Tamdrost, Sidi Mohammed el Bahloul, Kasbah ben Ahmed, Dar el Kébir, Dar ben Azouz, Guicer, Fedhala, Bou Znika, Camp Boulhaut, El Kseub de Camp Boulhaut.*
>Collines arides ; steppe à Palmiers nains.

P. cærulescens Desf. *Atl.* I, 56 ; Batt. et Trab. *Alg.* II, 141.
>Maroc septentrional : *Tanger à Aïne Dalia.*
>Maroc occidental : *Dar el Kébir.*
>Pâturages ; endroits incultes.

P. paradoxa L. *Sp.* 1665 ; Batt. et Trab. *Alg.* II, 168.
>Maroc occidental : *Oued bou Skoura, Médiouna, Sidi bou Ali, Ber Rechid, Settat, Bled Oulad Allel, Oulad Saïd, Oued Tamdrost, Ben Ameida, Bou Znika, Camp Boulhaut.*
>Moissons, champs cultivés et incultes.

Holcus lanatus L. *Sp.* 1485 ; Batt. et Trab. *Alg.* II, 168.
>   Maroc septentrional : *Perdicaris, Djebel Kébir.*
>   Maroc occidental : *Sidi bou Ziane, Oued bou Skoura, Si Abd en Naimi, Oued Tamdrosl, Camp Boulhaut.*
> Endroits broussailleux, steppe à Palmiers nains.

H. annuus Salzm. *Pl. ling. exsicc.* ; Batt. et Trab. *Alg.* II, 169.
>   Maroc occidental : *Camp Boulhaut.*
> Endroits herbeux frais, près des dayas.

Anthoxanthum odoratum L. *Sp.* 40 ; Batt. et Trab. *Alg.* II, 242.
>   Maroc septentrional : *Djebel Dersa.*
> Collines herbeuses et broussailleuses.

A. ovatum Lag. *Gen.* et *Sp.* 2 ; *A. odoratum* var. *obovatum* Coss. et DR. ; Batt. et Trab. *Alg.* II, 143.
>   Maroc septentrional : *Djebel Kébir, Andjéra, Djebel Dersa.*
>   Maroc occidental : *Aïne Diab, Sidi bou Ziane, Médiouna, Oued bou Skoura, Sidi Abd en Naimi, Tilmellil, Bled Oulad Allel, Fedhala, Camp Boulhaut.*
> Prairies des collines de la région septentrionale ; steppe herbeuse et auprès des dayas en Chaouïa.

Panicum repens L. *Sp.* 87 ; Batt. et Trab. *Alg.* II, 133.
>   Maroc septentrional : *Perdicaris.*
>   Maroc occidental : *Casablanca, Tilmellil, Oued bou Skoura, Si Abd en Naimi, Bou Azza, Camp Boulhaut.*
> Endroits herbeux marécageux, bords des ruisseaux.

P. Crus-Galli L. *Sp.* 83 ; Batt. et Trab. *Alg.* II, 131.
>   Maroc septentrional : *Perdicaris.*
> Endroits ombragés et humides.

P. colonum L. *Sp.* 84 ; Batt. et Trab. *Alg.*, II, 132.
>   Maroc occidental : *Casablanca.*
> Bords des fossés herbeux et humides.

Setaria verticillata P. B. *Agrost.* 51 ; Batt. et Trab. *Alg.* II, 134.
>   Maroc occidental : *Casablanca.*
> Décombres et bords des chemins.

Digitaria sanguinalis Scop. *Fl. Carn.* ed. 2, I, 52 ; *Panicum sanguinale* L. ; Batt. et Trab. *Alg.* II, 130.
>   Maroc septentrional : *Tanger, Souani.*
>   Maroc occidental : *Casablanca.*
> Jardins, bords des chemins, champs cultivés.

Pennisetum ciliare Link *Hort. Berol.* 1, 213 ; Batt. et Trab. *Alg.* II, 135.
>   Maroc occidental : *Mechra ben Abou,* près l'*Oued Oum er Rbia.*
> Alluvions sablonneuses très arides.

Piptatherum miliaceum Coss. *Pl. crit.* 129 ; *Oryzopsis miliacea* Batt. et Trab. *Alg.* II, 166.
>   Maroc septentrional : *Télouan,* plaine du *Rio Martil, Djebel Kébir.*
>   Maroc occidental : *Sidi Abderrhamane, Oued bou Skoura, Aïne Diab, Seltal, Oued Tamdrosl, Kasbah ben Ahmed, Fedhala* à *Pont Blondin, Camp Boulhaut, Oued Cherrat.*

Broussailles, surtout auprès des sources en Chaouïa.

Macrochloa tenacissima Kuth *Enum.* I, 179 ; *Stipa tenacissima* L., Batt. et Trab. *Alg.* II, 161.
Maroc septentrional : *Djebel Dersa.*
Rochers et pentes rocailleuses des collines.

M. arenaria Kuth. *Enum.* I, 179 ; *Stipa arenaria* Brot. *Phyl. Lus.* t. 7, 8.
Maroc occidental : *Camp Monod* (Mouret).
Sables incultes ; doit aussi se rencontrer dans la forêt de Camp Boulhaut.

Stipa tortilis Desf. *All.* I, 99, tab. 31, fig. 1 ; Batt. et Trab. *Alg.* II, 164.
Maroc septentrional : *Ahouana, Zinet, Andjéra.*
Maroc occidental : *Aïne Diab, El Hank, Ferme Boule, Tilmellil, Sidi bou Ziane, Dar el Hadj, Médiouna, Oued bou Skoura, Si Abd en Naimi, Sellat, Bled Oulad Allel, Sidi Mohammed el Bahloul, Kasbah ben Ahmed, Djebel Flatin, Dar Chafaï, Fedhala, Pont Blondin* à *Camp Boulhaut.*
Champs incultes, bords des chemins, pâturages arides ; steppe à Palmiers nains.

Aristida adscensionis L. *Sp.* 121 ; Batt. et Trab. *Alg.* II, 157.
Maroc occidental : *Mechra ben Abou*, près l'*Oued Oum er Rbia.*
Berges arides de l'oued.

Sporolobus pungens Kuth. *Rev. Gram.* I, 68 ; Batt. et Trab. *Alg.* II, 151.
Maroc occidental : *Bou Znika, Pont Blondin.*
Sables maritimes.

Agrostis alba L. *Sp.* 93 ; Batt. et Trab. *Alg.* II, 151.
Var. coarctata Coss. et DR. *Fl. Glum.* 63.
Maroc septentrional : *Perdicaris.*
Endroits humides, incultes et herbeux.

A. capillaris Desf. *All.* I, 69 ; *A. Reuteri* Boiss. ; Batt. et Trab. *Alg.* II, 149 ; *A. alba* var. *Fontanesii* Coss. et DR.
Maroc septentrional : *Souani.*
Maroc occidental : *Oued Tamdrosl, Sidi Feali, Guicer, Camp Boulhaut, Oued Cherral.*
Endroits très humides, incultes et herbeux.

A. verticillata Vill. *Hist. pl. Dauph.* II, 74 ; Batt. et Trab. *Alg.* II, 150.
Maroc septentrional : *Djebel Kébir.*
Maroc occidental : *Aïne Kaddour, Sellat, Aïne Chokk, Camp Boulhaut.*
Bord des eaux et fossés herbeux.

A. pallida DC. *Fl. Fr.* IV, 251 ; Batt. et Trab. *Alg.* II, 150.
Maroc occidental : *Ferme Carlos, Dar Rhamndour, Sidi Abderrhamane, Ferme Alvarez, Sidi bou Ziane, Si Abd en Naimi, Oued bou Skoura, Fedhala, Pont Blondin, Bou Znika, Camp Boulhaut.*
Endroits herbeux incultes, steppe à Palmiers nains.

A. setacea Curt. *Fl. Lond.* fasc. VI, tab. 12 ; Batt. et Trab. *Alg.* II, 150.
Maroc septentrional : *Djebel Kébir.*
Collines rocailleuses et broussailleuses.

Gastridium lendigerum Gaud. *Fl. Helv.* I, 176 ; Batt. et Trab. *Alg.* II, 154.
Maroc occidental : *Bled Oulad Allel, Sellat, Fedhala, Bou Znika, Camp Boulhaut.*

Endroits herbeux incultes, steppe à Palmiers nains.

Polypogon subspathaceus Requien. in *Ann. Sc. nat.* ser. I, V, 386; Batt. et Trab. *Alg.* II, 152.
Maroc occidental : *Bou Znika.*
Sables maritimes, humides l'hiver.

P. monspeliensis Desf. *All.* I, 67 ; Batt. et Trab. *Alg.* II, 153.
Maroc occidental : *Tilmellil, Sidi Abderrhamane, Sidi bou Ziane, Si Abd en Naimi, Bou Azza, Camp Boulhaut.*
Dépressions inondées pendant l'hiver, bord des marais herbeux.

P. maritimus Willd. in *Nov. Act. Soc. nat. cur. Berol.* III, 443 ; Batt. et Trab. *Alg.* II, 153.
Maroc occidental : *Aïne Haleiba, Tilmellil, Oued bou Skoura, Si Abd en Naimi, Sidi Abderrhamane, Bou Azza, Camp Boulhaut, Sidi Sérier.*
Dépressions humides l'hiver ; fossés humides.

Lagurus ovatus L. *Sp.* 119 ; Batt. et Trab. *Alg.* II, 156.
Maroc septentrional : *Tanger.*
Maroc occidental : *Oukacha, Tilmellil, Sidi Abderrhamane, Aïne Diab, Oued bou Skoura, Si Abd en Naimi, Sidi bou Ziane, Médiouna, Ber Rechid, Fedhala, Kasbah Mansouria, Bou Znika, Camp Boulhaut, Oued Cherrat.*
Sables maritimes, lieux herbeux incultes ; steppe à Palmiers nains.

Ammophila arenaria Link *Hort. Berol.* I, 105 ; Batt. et Trab. *Alg.* II, 155.
Maroc septentrional : *Tanger.*
Maroc occidental : Abondant entre *Casablanca* et *Fedhala, Pont Blondin, Aïne Diab, Sidi Abderrhamane.*
Sables et dunes maritimes.

Arundo Donax L. *Sp.* 81 ; Batt. et Trab. *Alg.* II, 196.
Maroc septentrional : *Tanger, Télouan.*
Maroc occidental : *Settat, Oued Cherrat.*
Bords des oueds ; planté pour former des haies.

A. Pliniana Turr. *Fl. Ital. Prodr.* I, 63 ; Batt. et Trab. *Alg.* II, 197.
Maroc occidental : *Camp Boulhaut à El Aïoun.*
Endroits broussailleux humides, au bord des eaux.

Ampelodesmos tenax Link *Hort. Berol.* I [1821], 136 ; Batt. et Trab. *Alg.* II, 196.
Maroc septentrional : *Cap Spartel, Aïne Slaoua, Andjéra, Fondak, Télouan.*
Pentes des collines broussailleuses.

Ammochloa involucrata Murb. *Contr. Fl. N.-O. Afriq.* IV, 11.
Maroc occidental : Au nord de *Bou Znika*, sur la route de *Rabat.*
Endroits sablonneux arides.

Phragmites vulgaris Lam. *Fl. fr.* III, 615 (sub *Arundine*) ; *P. communis* Trin.; Batt. et Trab. *Alg.* II, 197.
Maroc occidental : *Oued Tamdrost, Mechra ben Abou, Camp Boulhaut.*
Fossés, marais, bords des oueds.

Cynodon Dactylon Rich. ap. Pers. *Syn.* I, 85 ; Batt. et Trab. *Alg.* II, 186.
Maroc septentrional : *Tanger, Arzila, Télouan.*
Maroc occidental : *El Hank, Aïne Diab, Si Abd en Naimi, Oued bou Skoura, Sidi bou*

*Ziane, Médiouna, Sellat, Oued Tamdrost, Ben Ameida, Bir Jdour, Mechra ben Abou,
Fedhala, Pont Blondin, Bou Znika.*
Bords des chemins, sables arides, moissons.

Spartina stricta Roth *Calalect. bot.* III, 9 ; Gren. et Godr. *Fl. Fr.* III, 464.
Maroc occidental : Embouchure de *l'Oued Mellah, Rabat.*
Endroits marécageux des bords de l'Océan.

Airopsis globosa Desv. *Journ. Bot.* I, 200 ; Batt. et Trab. *Alg.* II, 169.
Maroc septentrional : *Djebel Kébir.*
Endroits sablonneux, humides et herbeux des collines broussailleuses.

Aira caryophyllea L. *Sp.* 97 ; Batt. et Trab. *Alg.* II, 171.
Maroc septentrional : *Djebel Dersa, Télouan, El Bénian, Andjéra.*
Maroc occidental : *Camp Boulhaut, Pont Blondin.*
Endroits incultes et herbeux.

Corynephorus fasciculatus Boiss. et Reut. *Pug.* 123 ; Batt. et Trab. *Alg.* II, 173.
Maroc occidental : *Ferme Carlos, Ferme Alvarez, Sidi Abderrhamane, Si Abd en Naimi,
Oued bou Skoura, Sidi bou Ziane, Dar Rhamndour, Bou Azza, Fedhala, Pont Blondin,
Camp Boulhaut.*
Endroits herbeux incultes, steppe à Palmiers nains.

Molineria minuta Parl. *Fl. Ital.* I, 236 ; Batt. et Trab. *Alg.* II, 172.
Maroc septentrional : *Tanger, Souani, Bou Bana, Hammar, Bahrain,* plaine du *Rio
Martil.*
Terrains sablonneux humides au printemps.

Trisetum paniceum Pers. *Syn.* I, 97 ; Batt. et Trab. *Alg.* II, 175 ; *T. neglectum* R. et S.
Maroc occidental : *Aïne Diab, Ferme Boule, Aïne Kaddour, Sidi Abderrhamane, Bou
Azza, Ferme Alvarez, El Hank, Tilmellil, Oued bou Skoura, Si Abd en Naimi, Sidi bou
Ziane, Médiouna, Sellat, Bled Oulad Allel, Oulad Saïd, Dar Chafaï, Sidi Feali,
Mechra ben Abou, Fedhala, Camp Boulhaut.*
Lieux herbeux incultes ; steppe à Palmiers nains.

T. flavescens PB. *Agrost.* 88 ; Batt. et Trab. *Alg.* II, 174.
Maroc occidental : *Casablanca.*
Endroits herbeux incultes.

T. pumilum Knth *Rev. Gram.* I, 102 ; Batt. et Trab. *Alg.* II, 176.
Maroc occidental : *Sidi bou Ziane,* près *Pont Blondin.*
Endroits broussailleux de la steppe à Palmiers nains.

Gaudinia maroccana Trabut sp. nov.

Annuel, chaume fasciculé de 10 à 12 centimètres, couvert de feuilles jusqu'à la
naissance de l'épi ; feuilles larges, lancéolées linéaires aiguës, planes, membraneuses,
striées, hérissées de longs poils blancs très espacés, gaine large, profondément striée,
glabre ou ciliée seulement sur un bord. Épi simple dense, engainé à la base ; entre-
nœuds du rachis épais, courts (2^{mm},5), fortement striés, épillets sessiles sur les échan-
crures du rachis, distiques, lancéolés, glabres, 10-13 millimètres, à 5-6 fleurs dis-
tantes, les supérieures incomplètes, plus petites ; glumes très inégales, inéquilatérales

carénées à large marge diaphane, glabres, l'inférieure 4-6 nerviée, la supérieure 7 nerviée ; glumelle inférieure oblongue lancéolée, aiguë et échancrée bifide portant sur le dos une arête courte non tortile ni genouillée, marge hyaline très large. Anthères 2^{mm},5 ; filet d'égale longueur. Caryops libre, linéaire oblong, diaphane, largement canaliculé, contracté au sommet.

Ce *Gaudinia* n'a pas d'affinités avec le *Gaudinia fragilis*, mais constitue une section spéciale, avec le *G. geminiflora* Kunth ou *G. coarctata* Link des Açores, dont il diffère par son épi dense et la forme des articles du rachis, par les épillets glabres.

Au point de vue de la géographie botanique, la découverte de cette espèce est intéressante : elle établit une affinité entre les côtes marocaines et les Açores.

> Maroc occidental : *El Hank*, près *Casablanca*.
> Sur les petites falaises herbeuses de la zone maritime.

G. fragilis P. B. *Agrost.* 95 ; Batt. et Trab. *Alg.* II, 185.
> Maroc septentrional : *Djebel Kébir.*
> Maroc occidental : *Dar Rhamndour, Tilmellil, Si Abd en Naimi, Oued bou Skoura, Sidi bou Ziane, Médiouna, Sellat, Fedhala, Camp Boulhaut.*
> Endroits herbeux incultes ; steppe à Palmiers nains.

Danthonia decumbens DC. *Fl. fr.* III, 33 ; *Triodia decumbens* P. B. *Agrost.* 76.
> Maroc septentrional : *Djebel Kébir.*
> Collines herbeuses et broussailleuses.

Avena sativa L. *Sp.* 118 ; Batt. et Trab. *Alg.* II, 178.
> Maroc septentrional et occidental : Cultivée et parfois spontanée.

A. sterilis L. *Sp.* 118 ; Batt. et Trab. *Alg.* II, 178.
> Maroc occidental : *Casablanca* (Moreau).
> Endroits herbeux incultes.

A. barbata Brot. *Fl. Lus.* I, 108 ; Batt. et Trab. *Alg.* II, 180.
> Maroc occidental : *Tilmellil, Sellat, Bled Oulad Allel, Oulad Saïd, Sidi Mohammed el Bahloul, Kasbah ben Ahmed, Oued Tamdrost, Djebel Flatin, Dar Chafaï, Pont Blondin, Camp Boulhaut.*
> Collines incultes, moissons ; steppe herbeuse et aride à Palmiers nains.

A. bromoides Gouan *Hort. Monsp.* 52 ; Batt. et Trab. *Alg.* II, 181.
> Maroc septentrional : *Djebel Kébir, Djebel Darziro.*
> Collines rocailleuses, au milieu des Cistes.

Poa annua L. *Sp.* 68 ; Batt. et Trab. *Alg.* II, 206.
> Maroc septentrional et occidental : Vulgaire partout.
> Décombres, bords des chemins, lieux incultes et cultivés.

P. bulbosa L. *Sp.* 70 ; Batt. et Trab. *Alg.* II, 207.
> Maroc septentrional : *Zinet, Bahrain, Andjéra.*
> Pente des collines herbeuses incultes.

P. trivialis L. *Sp.* 67 ; Batt. et Trab. *Alg.* II, 206.
> Maroc septentrional : *Tanger à Aïne Dalia.*

Bords des fossés herbeux humides.

P. dimorphantha Murb. *Contrib. Fl. N.-O. Afriq.* IV, 21.
Maroc occidental : *Casablanca* (Moreau).
Bords des fossés herbeux.

Glyceria fluitans R. Br. *Prodr.* 179 ; Batt. et Trab. *Alg.* II, 208.
Maroc septentrional : *Cherf el Akab.*
Maroc occidental : *Bir Jdour, El Aïoun* près *Camp Boulhaut.*
Marécages et ruisseaux à cours lent.

G. plicata Fries. *Nov. Suec. Mant.* III, 176 ; Batt. et Trab. *Alg.* II, 208.
Maroc septentrional : *Perdicaris, Tanger à Aïne Dalia.*
Marais et eaux stagnantes.

G. distans Wahlenb. *Fl. Ups.* 36 ; *Atropis distans* Griseb. ; Batt. et Trab. *Alg.* II, 209.
Maroc occidental : *Si Abd en Naimi.*
Bords des marais et fossés humides.

Briza maxima L. *Sp.* 70 ; Batt. et Trab. *Alg.* II, 204.
Maroc septentrional : *Villa Harris, Djebel Kébir, Bou Bana.*
Maroc occidental : *Bou Azza, Sidi bou Ziane, Fedhala* à *Camp Boulhaut, Camp Boulhaut, Oued Cherral.*
Endroits herbeux incultes, pentes des collines.

B. minor L. *Sp.* 70 ; Batt. et Trab. *Alg.* II, 204.
Maroc septentrional : *Perdicaris, Arzila, Zinet, Andjéra, Anse Spartel, Cherf el Akab, Bou Bana, Djebel Kébir.*
Maroc occidental : *Bou Azza, Aïne Seba, Ferme Lamm, Camp Boulhaut.*
Pâturages ; bords herbeux des marais en *Chaouïa.*

Melica minuta L. *Mant.* 32 ; Batt. et Trab. *Alg.* II, 201.
Maroc septentrional : *Beni Hosmar* (1 200 m.).
Fentes des rochers calcaires de la région montagneuse.

M. major Parl. *Fl. Ital.* I, 306 ; Batt. et Trab. *Alg.* II, 202.
Maroc septentrional : *Djebel Kébir, Cap Spartel, Djebel Dersa, Semsa, Bouséja.*
Pentes des collines rocheuses et broussailleuses.

M. Magnolii Gren. et Godr. *Fl. Fr.* III, 550 ; Batt. et Trab. *Alg.* II, 202.
Maroc occidental : *Bir Chafaï, Sidi el Aïdi, Sidi bou Ali, Dar el Kébir, Settat, Oued Tamdrost, Sidi Mohammed el Bahloul, Kasbah ben Ahmed, Dar ben Azouz, Bled Oulad Allel, Oulad Saïd, Settat* à *Guicer, Dar Chafaï.*
Au milieu des buissons de la steppe à Palmiers nains.

Kœleria pubescens P. B. *Agrost.* 85 ; *K. villosa* Pers. ; Batt. et Trab. *Alg.* II, 193.
Maroc septentrional : *Tanger.*
Sables incultes.

K. phleoides Pers. *Syn.* I, 97 ; Batt. et Trab. *Alg.* II, 193.
Maroc septentrional : *Tanger, Villa Harris, Bou Bana, Ahouana, Zinet.*
Maroc occidental : *Ber Rechid, Settat, Bled Oulad Allel, Msahal.*
Décombres, bords des chemins, champs incultes.

Schismus calycinus Coss. et DR. *Fl. Alg. Glum.* 138 ; Batt. et Trab. *Alg.* II, 205 ; *S. marginatus* PB.

    Maroc occidental : *Mechra ben Abou*, près l'*Oued Oum er Rbia*.
Berges sablonneuses arides et incultes de l'oued.

Dactylis glomerata L. *Sp.* 71 ; Batt. et Trab. *Alg.* II, 203.

    Maroc septentrional : *Tanger, Télouan.*
        Var. maritima Hackel ; Batt. et Trab. *l. c.*
    Maroc occidental : *El Hank.*
Pâturages, lieux herbeux, bords des chemins, la variété auprès de la mer.

D. hispanica Roth. *Cat. Bot.* 1, 8 ; *Dactylis glomerata* var. *hispanica* Batt. et Trab. *Alg.* II, 203.

    Maroc occidental : *Bou Azza, Aïne Diab, Sidi Abderrhamane, Tilmellil, Sidi bou Ziane, Médiouna, Oued bou Skoura, Settat, Bled Oulad Allel, Oulad Saïd, Oued Tamdrosl, Sidi Mohammed el Bahloul, Dar el Kébir, Kasbah ben Ahmed, Settat à Guicer, Fedhala, Camp Boulhaut.*
Collines herbeuses, sèches et rocailleuses ; steppe à Palmiers nains.

Cynosurus echinatus L. *Sp.* 72 ; Batt. et Trab. *Alg.* II, 191.

    Maroc septentrional : *Perdicaris, Djebel Kébir.*
    Maroc occidental : *Camp Boulhaut, El Aïoun, Oued Cherrat.*
Endroits herbeux ; pentes des collines arides.

Lamarckia aurea Mœnch. *Meth.* 201 ; Batt. et Trab. *Alg.* II, 191.

    Maroc septentrional : *Andjéra, Télouan*, plaine du *Rio Martil, Bougdour, Semsa.*
    Maroc occidental : *Oukacha, Dar el Kébir, Dar el Hadj Salah, El Hank, Aïne Diab, Oued bou Skoura, Médiouna, Ber Rechid, Sidi bou Ali, Bir Chafaï, Settat, Ben Ameida, Guicer, Sidi bou Zerlan, Souk el Khremis, Oued Tamdrosl, Kasbah ben Ahmed, Fedhala, Camp Boulhaut.*
Endroits incultes, pentes des collines herbeuses arides ; steppe à Palmiers nains.

Cutandia maritima Benth. et Hook ; Batt. et Trab. *Alg.* II, 237 ; *Scleropoa maritima* Parl.

    Maroc septentrional : *Tanger.*
    Maroc occidental : *Oukacha.*
Sables et dunes maritimes.

Scleropoa rigida Griseb. *Spicil.* II, 431 ; Batt. et Trab. *Alg.* II, 236.

    Maroc septentrional : *Ahouana, Zinet, Anse Sparlel, Semsa.*
    Maroc occidental : *Ferme Boute, Msahal, Si Rerha.*
Endroits herbeux arides et incultes.

S. patens Presl. ; Batt. et Trab. *Alg.* II, 236 ; *S. rigida* var. *patens* Coss. et DR. *Expl. Alg.* 236.

    Maroc septentrional : *Perdicaris.*
Endroits herbeux ombragés.

Vulpia Alopecurus Link *Hort. Berol.* 1, 147 ; *Festuca Alopecurus* Schousb. ; Ball *Spic. Fl. Maroc.* 726.

    Maroc occidental : *Tilmellil, Si Abd en Naimi, Oued bou Skoura, Sidi bou Ziane, Médiouna.*
Champs sablonneux en friche, moissons.

V. uniglumis Rchb. *Fl. excurs.* 37, et *Ic.* 1, fig. 291 ; Batt. et Trab. *Alg.* II, 222.

    Maroc septentrional : *Tanger.*
Sables des dunes.

V. longiseta Brot. *Lusit.* I, 116 (sub *Festuca*) ; Batt. et Trab. *Alg.* II, 222.
 Maroc occidental : *Dar Oulad ben Abbou, Si Abd en Naimi.*
 Champs arides ; steppe à Palmiers nains.

V. Myurus Gmel. *Fl. Bad.* I, 8 ; Batt. et Trab. *Alg.* II, 222.
 Maroc septentrional : *Télouan, Djebel Dersa.*
 Pentes herbeuses arides des collines.

V. sciuroides Gmel. *Fl. Bad.* I, 8 ; Batt. et Trab. *Alg.* II, 223.
 Maroc septentrional : *Djebel Kébir, Bahrain, Andjéra, Télouan.*
 Endroits incultes, collines herbeuses.

V. geniculata Link *Hort. Berol.* I, 148 ; Batt. et Trab. *Alg.* II, 221.
 Maroc septentrional : *Villa Harris, Tanger, Djebel Kébir.*
 Maroc occidental : *Ferme Boule, El Hank, Tilmellil, Oued bou Skoura, Si Abd en Naimi, Sidi bou Ziane, Médiouna, Dar Rhamndour, Ber Rechid, Sellal, Bled Oulad Allel, Oulad Saïd, Sellal à Guicer, Guicer à Dar Chafaï.*
 Endroits herbeux incultes ; très vulgaire en *Chaouïa* dans la steppe à Palmiers nains.

Festuca arundinacea Schreb. *Spicil.* 57 ; Batt. et Trab. *Alg.* II, 216.
 Maroc occidental : *Tilmellil, Bou Azza, Aïne Kaddour, Bou Skoura, Si Abd en Naimi, Ferme Lamm, Aïne Seba, El Aïoun de Camp Boulhaut, Bou Znika, Oued Tamdrost.*
 Prairies très humides, marais herbeux.

F. cærulescens Desf. *Atl.* I, 87 ; Batt. et Trab. *Alg.* II, 217.
 Maroc septentrional : *Djebel Kébir, Cap Sparlel.*
 Montagnes broussailleuses et rocheuses.

Bromus mollis L. *Sp.* ed. 2, 112 ; Batt. et Trab. *Alg.* II, 227.
 Maroc septentrional : *Tanger, Arzila, Télouan, Mnimacada, Andjéra.*
 Maroc occidental : *Aïne Kaddour, Si Abd en Naimi, Oued bou Skoura, Camp Boulhaut.*
 Endroits herbeux incultes ; bords des dayas en *Chaouïa.*

B. Alopecurus Poir. *Voy.* II, 100 ; Batt. et Trab. *Alg.* II, 227.
 Maroc septentrional : *Ahouana, Zinet, Andjéra.*
 Maroc occidental : *Ber Rechid, Sidi bou Ali, Dar el Hadj Salah, Sellal, Bled Oulad Allel, Bir Chafaï, Oued Tamdrost.*
 Pentes herbeuses des collines ; steppe à Palmiers nains.

B. macrostachys Desf. *Atl.* I, 196, tab. 19, fig. 2 ; Batt. et Trab. *Alg.* II, 228.
 Maroc septentrional : *Andjéra.*
 Maroc occidental : *Sellal, Bir Jdour.*
 Champs incultes et herbeux, moissons.

B. tectorum L. *Sp.* 77 ; Batt. et Trab. *Alg.* II, 227.
 Maroc septentrional : Murs de *Tanger, Zinet.*
 Vieux murs, endroits herbeux incultes.

B. madritensis L. *Sp.* ed. 2, 114 ; Batt. et Trab. *Alg.* II, 226.
 Maroc occidental : *Ferme Lamm, Sellal, Bled Oulad Allel, Oulad Saïd, Oued Tamdrost, Sl Rerha, Guicer, Fedhala, Bou Znika.*
 Endroits incultes, bords des chemins, steppe à Palmiers nains.

B. maximus Desf. *Atl.* I, 95, tab. 26 ; *B. rigidus* Roth ; Batt. et Trab. *Alg.* II, 225.

Maroc septentrional : *Tanger, Djebel Kébir, Mnimacada, Andjéra.*
Maroc occidental : *Sellat, Oued Tamdrosl, Bled Oulad Allel, Si Rerha, Fedhala, Bou Znika.*
Pâturages, pentes des collines herbeuses incultes, steppe à Palmiers nains.

B. rubens L. *Cent. Pl.* I, n° 10 et *Sp.* ed. 2, 114 ; Batt. et Trab. *Alg.* II, 226.
Maroc occidental : *Dar el Kébir, Oued bou Skoura, Ber Rechid, Bled Oulad Allel, Oulad Saïd, Sellat.*
Endroits herbeux arides ; bords des chemins.

Lolium perenne L. *Sp.* 83 ; Batt. et Trab. *Alg.* II, 238.
Maroc occidental : *Casablanca, Sellat.*
Endroits herbeux incultes.

L. italicum Braun *Fl. od. bol. Zeit.* [1834], 241 ; Batt. et Trab. *Alg.* II, 238.
Maroc occidental : *Casablanca* (Moreau).
Endroits herbeux incultes.

L. rigidum Gaud. *Agrost. Helv.* II, 294 ; Batt. et Trab. *Alg.* II, 283.
Maroc occidental : *El Hank, Casablanca, Oued bou Skoura, Sidi bou Ziane, Médiouna, Sidi bou Ali, Ber Rechid, Pont Blondin, Fedhala, Bou Znika.*
Endroits herbeux arides, champs incultes.

L. temulentum L. *Sp.* 83 ; Batt. et Trab. *Alg.* II, 239.
Maroc occidental : *Casablanca* (Moreau).
Moissons et champs cultivés.

Brachypodium pinnatum P. B. *Agrost.* 101 ; Batt. et Trab. *Alg.* II, 230.
Maroc septentrional : *Perdicaris, Djebel Kébir.*
Endroits broussailleux.

B. phœnicoides Rœm. et Schult. *Syst.* II, 741.
Maroc septentrional : *Aïne Dalia.*
Maroc occidental : *Ferme Lamm, Oued Tamdrosl, Camp Boulhaut, Oued Cherrat.*
Endroits broussailleux et pierreux de la steppe à Palmiers nains.

B. sylvaticum Rœm. et Schult. *Syst.* II, 741 ; Batt. et Trab. *Alg.* II, 230.
Maroc septentrional : *Perdicaris.*
Endroits herbeux, ombragés et humides de la région montagneuse.

B. distachyum Rœm. et Schult. *Syst.* II, 741 ; Batt. et Trab. *Alg.* II, 231.
Maroc septentrional : *Tanger à Aïne Dalia, Bou Bana, Andjéra.*
Maroc occidental : *Ferme Lamm, Sidi Abderrhamane, Tilmellil, Sidi bou Ziane, Dar el Hadj, Oued bou Skoura, Aïne Seba, Si Abd en Naimi, Médiouna, Sellat, Bled Oulad Allel, Oulad Saïd, Mechra ben Abou, Camp Boulhaut, Oued Cherrat.*
Endroits incultes, pâturages des pentes arides, steppe à Palmiers nains.

Hordeum bulbosum L. *Cent. Pl.* II, n° 115 et *Sp.* ed. 2, 125 ; Batt. et Trab. *Alg.* II, 248.
Maroc occidental : *Camp Boulhaut.*
Endroits herbeux arides.

H. murinum L. *Sp.* 85 ; Batt. et Trab. *Alg.* II, 247.
Maroc septentrional : Vulgaire partout.
Maroc occidental : *Casablanca, Dar el Kébir, Oued bou Skoura, Ber Rechid, Sellat,*

Kasbah ben Ahmed, Sidi Mohammed el Bahloul, Mechra ben Abou, Fedhala, Bou Znika.
Endroits herbeux incultes, bords des chemins, décombres.

H. maritimum With. *Bot. Arrang.* ed. 3, 172 ; Batt. et Trab. *Alg.* II, 247.
Maroc septentrional : *Villa Harris, Sarf.*
Maroc occidental : *Ber Rechid.*
Endroits herbeux et sablonneux.

Ægylops ovata L. *Sp.* 1050 ; Batt. et Trab. *Alg.* II, 241.
Maroc septentrional : *Tanger à Aïne Dalia, Ksar Djedid, Andjéra.*
Maroc occidental : *Bir Jdour, Sellat, Sidi bou Ali, Bled Oulad Allel, Fedhala à Camp Boulhaul, Camp Boulhaul à El Kseub.*
Collines arides, lieux herbeux, bords des chemins.

Æ. triuncialis L. *Sp.* 1051 ; Batt. et Trab. *Alg.* II, 241.
Maroc occidental : *Ferme Carlos, Bou Azza, Fedhala.*
Endroits herbeux arides et incultes.

Lepturus filiformis Trin. *Fund. Agrost.* 123 ; Batt. et Trab. *Alg.* II, 246.
Maroc septentrional : *Ksar Djedid, Sarf, Villa Harris.*
Maroc occidental : *El Hank, Casablanca, Oued bou Skoura.*
Endroits sablonneux incultes, surtout auprès du littoral.

Imperata cylindrica P. B. *Agrost.* 8, tab. 5, fig. 1 ; Batt. et Trab. *Alg.* II, 123.
Maroc occidental : *Mechra ben Abou,* près l'*Oued Oum er Rbia.*
Berges sablonneuses de l'oued.

Sorghum Halepense Pers. *Syst.* 1, 288 ; Batt. et Trab. *Alg.* II, 126.
Maroc septentrional : *Tanger.*
Décombres, endroits herbeux incultes.

Andropogon hirtus L. *Sp.* 1482 ; Batt. et Trab. *Alg.* II, 126.
Maroc septentrional : *Bou Bana, Djebel Kébir, Aïne Dalia, Andjéra, Sarf, Hammar, Semsa, Télouan.*
Maroc occidental : *Aïne Diab, El Hank, Sidi Abderrhamane, Sidi bou Ziane, Sellal, Oued Tamdrosl, Sidi Mohammed el Bahloul, Kasbah ben Ahmed, Zaouiet en Nouesseur, Mechra ben Abou, Fedhala, Pont Blondin, Camp Boulhaul, Oued Cherrat.*
Pâturages, collines pierreuses arides, steppe à Palmiers nains.

Pollinia distachya Spreng. *Syst.* 1, 288 ; *Andropogon distachyon* L. ; Batt. et Trab. *Alg.* II, 125.
Maroc septentrional : *Anse Spartel, Andjéra, Hammar,* ruines romaines de *Tanger, Bouséja.*
Maroc occidental : *Pont Blondin à Camp Boulhaul.*
Endroits rocailleux des collines arides.

CONIFERÆ

CUPRESSINACEÆ Rich.

Callitris quadrivalvis Rich. *Mém. Conif.* 46, tab. 8 ; Parl. ap. DC. *Prodr.* XVI, sect. 2,452.
Maroc septentrional : *Bou Semlen* (4-600 m.), *Yarghit.*

Maroc occidental : *Oued Cherral.*
Montagnes boisées, pentes broussailleuses.

Juniperus phœnicea L. *Sp.* 1471 ; Boiss. *Or.* V, 710.
Maroc septentrional : *Cap Spartel.*
Endroits broussailleux et rocheux incultes.

GNETACEÆ Blum.

Ephedra altissima Desf. *All.* 11, 371, tab. 253.
Maroc occidental : *Casablanca à Sidi Abderrhamane, El Hank.*
Broussailles, haies, dans les endroits sablonneux.

SPOROPHYTA (ACOTYLEDONÆ)

SPOROPHYTA VASCULARIA
Par M. C.-J. Pitard.

FILICES Juss.

Davallia canariensis Sm. ; H. et Bak. *Syn.* 47 ; Ball *Spic. Fl. Maroc.* 735.
    Maroc septentrional : *Perdicaris.*
Troncs d'arbres et rochers moussus, dans les endroits très ombragés.

Adianthum Capillus-Veneris L. *Sp.* 1096 ; H. et Bak. *Syn.* 122 ; Ball *Spic. Fl. Maroc.* 735.
    Maroc septentrional : *Ahouana, Zinel, Andjéra, Perdicaris, Télouan, Semsa.*
    Maroc occidental : *Oued Cherral.*
Fontaines, rochers très humides et ombragés.

Cheilanthes fragrans Hook. *Sp. filic.* II, 81 ; Ball *Spic. Fl. Maroc.* 735.
    Maroc septentrional : Ruines de *Tanjier el Balia, Val Tissa* (600 m.).
    Maroc occidental : *Camp Boulhaut.*
Rochers et vieux murs ombragés, mais secs.

Pteris arguta Ait.; H. et Bak. *Syn.* 160 ; Ball *Spic. Fl. Maroc.* 735.
    Maroc septentrional : *Perdicaris, Val Tissa* (3-600 m.), *Bou Semlen.*
Endroits très ombragés et humides.

P. aquilina L. *Sp.* 1075 ; H. et Bak. *Syn.* 162 ; Ball *Spic. Fl. Maroc.* 735.
    Maroc septentrional : *Beni Hosmar* (3-600 m.), *Bou Semlen, Yarghil, Oued Zarka.*
Endroits boisés et ombragés.

Asplenium palmatum Lam. ; *A. Hemionitis* L. ; H. et Bak. *Syn.* 194 ; Ball *Spic. Fl. Maroc.* 735.
    Maroc septentrional : *Perdicaris.*
Endroits ombragés très humides.

A. Trichomanes L. *Sp.* 1080 ; H. et Bak. *Syn.* 196 ; Ball *Spic. Fl. Maroc.* 736.
    Maroc septentrional : *Val Tissa* (5-800 m.), *Bou Semlen, Yarghil, Djebel Dersa* (400 m.), *Semsa.*
    Maroc occidental : *Oued Cherral.*
Fentes des rochers, buissons, dans les endroits ombragés et frais.

A. Ruta-muraria L. *Sp.* 1541 ; DC. *Fl. Fr.* II, 555.
    Maroc septentrional : *Djebel Dersa* (600 m.).
Rochers moussus ensoleillés.

A. marinum L. *Sp.* 1540 ; H. et Bak. *Syn.* 207 ; Ball *Spic. Fl. Maroc.* 736.
    Maroc septentrional : rochers les plus élevés du *Cap Spartel.*
Rochers maritimes et humides.

A. Adianthum-nigrum L. *Sp.* ed. 2, 1541 ; H. et Bak. *Syn.* 214 ; Ball *Spic. Fl. Maroc.* 736.

Maroc septentrional : *Perdicaris, Bou Semlen, Val Tissa* (2-600 m.), *Yarghil.*
Fentes des rochers et broussailles humides.

A. Virgilii Bory *Exp. Mor.* III, 389 ; *A. Adianthum-nigrum* var. *Virgilii* Ball *Spic. Fl. Maroc.* 736.
    Maroc septentrional : *Perdicaris, Cap Spartel.*
Rochers et broussailles humides.

A. lanceolatum Huds. *Fl. Angl.* II, 454 ; Ball *Spic. Fl. Maroc.* 736.
    Maroc septentrional : *Perdicaris.*
Fissures des rochers humides.

A. obovatum Viv. *Nov. Sp. ad. calc. fl. libyc.* 68 ; Ball *Spic. Fl. Maroc.* 736.
    Maroc septentrional : *Perdicaris, Cap Spartel, Hammar, Andjéra, Djebel Dersa.*
    Maroc occidental : *Camp Boulhaut.*
Fissures des rochers.

Athyrium Filix-femina Roth *Tent.* II, 61 ; Barr. et Bonn. *Cat. Tun.* 498.
    Maroc septentrional : *Perdicaris.*
Bois humides et talus très ombragés des sentiers.

Ceterach officinarum Willd. *Sp.* V, 136 ; Barr. et Bonn. *Cat. Tun.* 499.
    Maroc septentrional : Ruines de *Tanjier el Balia, Andjéra, Djebel Dersa, Semsa, Val Tissa* (500 m.), *Yarghil.*
Fentes des rochers et vieux murs.

Polypodium vulgare L. *Sp.* 1085 ; Ball *Spic. Fl. Maroc.* 736.
    Maroc septentrional : *Tanjier el Balia, Djebel Kébir, Oued Zarka, Val Tissa* (3-600 m.), *Yarghil, Beni Hosmar* (900 m.).
    Maroc occidental : *Camp Boulhaut, Oued Cherral.*
Rochers et troncs moussus, dans les endroits ombragés.

Nothochlæna vellea Ait. *Hort. Kew.* ed. 1, III, 457 ; Bonn. et Barr. *Cat. Tun.* 497.
    Maroc occidental : Vallée de l'*Oued Cherral*, près *Camp Boulhaut.*
Fentes des rochers.

Gymnogramme leptophylla Desv. *Journ. bot.* I [1813], 26 ; Bonn. et Barr. *Cat. Tun.* 497.
    Maroc septentrional : *Cap Spartel, Djebel Kébir, Perdicaris, Djebel Darziro, Andjéra, Fondak, Tétouan, Semsa, Bou Semlen, Val Tissa* (3-600 m.), *Yarghil, Beni Hosmar* (800 m.).
    Maroc occidental : *Oued Cherral*, près *Camp Boulhaut.*
Endroits ombragés et humides.

Osmunda regalis L. *Sp.* 1065 ; Ball *Spic. Fl. Maroc.* 737.
    Maroc septentrional : *Perdicaris, Djebel Darziro.*
Auprès des marécages et des ruisseaux ; bois très humides.

Ophioglossum lusitanicum L. *Sp.* 1063 ; Ball *Spic. Fl. Maroc.* 737.
    Maroc septentrional : *Bou Bana, Djebel Kébir, Anse Spartel.*
Lieux herbeux humides.

EQUISETACEÆ L. C. Rich.

Equisetum maximum Lam. *Fl. Fr.* I, 7 ; Ball *Spic. Fl. Maroc.* 737.
Maroc septentrional : *Perdicaris, Cap Spartel, Oued Zarka.*
Endroits ombragés très humides.

E. ramosissimum Desf. *All.* II ; Ball *Spic. Fl. Maroc.* 737.
Maroc septentrional : *Perdicaris, Souani, Télouan, Val Tissa* (700 m.), *Oued Zarka,*
Semsa.
Maroc occidental : *Oued Cherral,* près *Camp Boulhaut.*
Bords des ruisseaux, talus humides.

LYCOPODIACEÆ DC.

Selaginella denticulata Link. *Filic. horl. Berol.* 159 ; Ball *Spic. Fl. Maroc.* 737.
Maroc septentrional : *Andjéra, Fondak, Semsa, Yarghil, Val Tissa* (3-800 m.), *Beni*
Hosmar (jusqu'à 1 000 m.).
Maroc occidental : *Oued Cherral,* près *Camp Boulhaut.*
Rochers, ravins ombragés et humides.

ISOETACEÆ Rich.

Isoetes velatum A. Br. ap. DR. *All. Fl. Alg.* 19 ; Bonn. et Barr. *Cat. Tun.* 502.
Maroc occidental : *Camp Boulhaut.*
Lieux inondés pendant l'hiver.

I. hystrix DR. ap. Bory *C. R. Ac. Sc.* XVIII, 1167 ; Bonn. et Barr. *Cat. Tun.* 503.
Maroc septentrional : *Cap Spartel, Djebel Kébir, Bou Bana.*
Pelouses rases un peu humides l'hiver.

MARSILIACEÆ R. Br.

Marsilia pubescens Ten. *Syll. Neap.* 491.
Maroc occidental : *Camp Boulhaut.*
Endroits submergés pendant l'hiver.

M. strigosa Willd. *Sp.*
Maroc occidental : Rive Zaër de l'*oued Cherral,* près *Camp Boulhaut.*
Lieux inondés l'hiver.

SPOROPHYTA CELLULARIA

MUSCI
Par MM. L. Corbière et C.-J. Pitard.

I. SPHAGNACEÆ.

Sphagnum rufescens (Bryol. germ.) Limpr. ; Warnst. *Kryptog. d. Mark Brandenb.* p. 463 ;
S. *Gravetii* Russ.
 Djebel Darziro : entre Tanger et Arzila.
 Quelques échantillons passent visiblement à la var. suivante:
  — var. **turgidum** (C. Müll.) Warnst. *l. c.* p. 466.
 Même station que le type.

II. BRYALES.

Acrocarpi.

Archidium Durieuanum Schp. ; *c. fr.*
 Djebel Kébir près Tanger.

Pleuridium subulatum (Huds.) Rabenh. ; *c. fr.*
 Environs de Tanger : Djebel Kébir, Bou Bana, Perdicaris, Hammar.
 Associé à *Fossombronia Dumortieri, Ditrichum homomallum, Bryum bicolor* et *B. erythro carpum.*

Cheilothela Chloropus (Brid.) Lindb. ; *Ceratodon* Brid. ; stérile.
 Tétouan : sur Yarghit à 600 m., associé à *Pleurochæte squarrosa.*

Ditrichum homomallum (Hedw.) Hpe ; *c. fr.*
 Environs de Tanger : Perdicaris, Bou Bana, Djebel Kébir, cap. Cap Spartel.
 Associé à *Prionolobus Turneri, Fossombronia Dumortieri, Pleuridium subulatum, Pogonatum aloides,* etc.

Dicranella varia (Hedw.) Schp. ; *c. fr.*
 Cap Spartel ; Beni Hosmar près Tétouan, à 900 m.
 Associé à *Lophozia turbinata, Gymnostomum calcareum, Fissidens pusillus, Bryum bicolor, Epipterygium Tozeri, Aloina aloides, Trichostomum viridulum.*

D. heteromalla (L.) Schp. ; stér.
 Bou Bana près Tanger.
  — var. **interrupta** Br. eur.
 Perdicaris près Tanger, en société de *Prionolobus Turneri.*

Campylopus polytrichoides De Not. ; stér.
 Tétouan : Bou Semlen.

Fissidens bryoides (L.) Hedw. ; *c. fr.*

Perdicaris près Tanger, en société de *Lophocolea heterophylla*.

F. incurvus Schwægr. ; *c. fr.*
> Bou Bana près Tanger ; sentier allant de Tétouan au pont de Bouséja ; Chaouïa : Sidi
> Abderrhamane.

F. pusillus Wils. ; *c. fr.*
> Environs de Tanger : Perdicaris, Sarf, route de Fez et cap Spartel ; Val Tissa,
> près Tétouan.
>
> Associé à *Funaria mediterranea, Fossombronia cæspitiformis, Epipterygium Tozeri*.

F. Curnowii Mitt. ; *c. fr.*
> Bou Bana près Tanger, en société de *Funaria mediterranea*.

F. crassipes Wils. ; stér.
> Tétouan : conduite d'eau du moulin de la porte de Ceuta.

F. adiantoides (L.) Hedw. ; stér.
> Djebel Dersa près Tétouan, à 600 m.

F. serrulatus Brid. β. **africanus** Besch. ; *c. fr.*
> Perdicaris près Tanger, avec *Lophocolea minor*.

F. taxifolius (L.) Hedw. ; *c. fr.*
> Perdicaris près Tanger ; Oued Zarka près Tétouan, à 200 m.
>
> Associé à *Fissidens pusillus, Mnium undulatum* et *Rhynchostegiella algeriana* var. *meridionalis*.

F. grandifrons Brid. ; stér.
> Tétouan : Bou Semlen ad aquas calc., avec *Hygroamblystegium Formianum* et *Oxy-
> rhynchium rusciforme*.

Hymenostomum microstomum (Hedw.) R. Br. ; *c. fr.*
> Djebel Dersa près Tétouan, à 300 m., avec *Bryum torquescens*.

H. tortile (Schwægr.) Br. eur. ; *c. fr.*
> Djebel Dersa près Tétouan, à 600 m., avec *Eurhynchium meridionale*.

Weisia viridula (L.) Hedw. ; *c. fr.*
> — var. **stenocarpa** Bryol. germ.
> Perdicaris et Djebel Kébir près Tanger, avec *Prionolobus Turneri*.
> — var. **amblyodon** Br. eur.
> Hammar près Tanger.

Gymnostomum calcareum N. et Hornsch. ; *c. fr.*
> Environs de Tétouan : Beni Hosmar, à 900 m. ; Val Tissa, à 700 et 800 m. ; Oued Zarka,
> rochers de la cascade, à 200 m.
>
> Associé à *Lophozia turbinata, Southbya stillicidiorum, Dicranella varia, Trichostomum viri-
> dulum*.

Hymenostylium curvirostre (Ehrh.) Lindb. ; *Gymnostomum* Hedw.
> Chaouïa : Settat, oued Tamdrost.

Eucladium verticillatum (L.) Br. eur. ; stér.
> Environs de Tétouan : voûte des Cavernes, Val Tissa à 800 m., cascade de l'Oued
> Zarka à 200 m. ; Chaouïa : camp Boulhaut.
>
> Avec *Mniobryum carneum, Didymodon tophaceus, Oxyrhynchium prælongum*.

Leptobarbula berica (De Not.) Schp. ; *c. fr.*
> Val Tissa près Tétouan à 700 m., avec *Fossombronia verrucosa* ; Chaouïa : Sidi Abder-
> rhamane.

Trichostomum viridulum Bruch ; *T. crispulum* var. *angustifolium* Br. eur. ; *c. fr.*
> Beni Hosmar près Tétouan, à 900 m., avec *Lepidozia turbinata, Dicranella varia, Gymno-
> stomum calcareum.*

T. brachydontium Bruch ; *T. mutabile* Br. eur. ; *c. fr.*
> Environs de Tanger : Perdicaris, cap Spartel à 200 m., Djebel Kébir à 400 m.
> Associé à *Funaria convexa, Tortula muralis.*

Timmiella Barbula (Schwægr.) Limpr. ; *c. fr.*
> Environs de Tétouan : Beni Hosmar à 900 m., oued Zarka à 300 m., cavernes de Tétouan.
> Semsa à 100-200 m.
> Associé à *Barbula acuta, Dialytrichia mucronata, Bryum cæspiticium, Scleropodium Illecebrum,
> Scorpiurium circinatum.*

Tortella inflexa (Bruch) Broth. ; *Trichostomum* Bruch ; *c. fr.*
> Environs de Tétouan : rochers des cavernes, Semsa à 100-200 m., Beni Hosmar à 900 m.
> Djebel Kébir près Tanger, à 400 m.
> Associé à *Rhynchostegiella algiriana* var. *meridionalis.*

T. flavovirens (Bruch) Broth. ; *c. fr.*
> Djebel Kébir près Tanger à 400 m. ; Oukacha près Casablanca, avec *Scorpiurium circi-
> natum.*

T. nitida (Lindb.) Broth. α. **obtusa** Boul. ; *stér.*
> Environs de Tétouan : Oued Zarka à 300 m., Beni Hosmar à 900-1 000 m., Val Tissa
> à 600 et 700 m. ; Chaouïa : Sidi Abderrhamane.
> Associé à *Tortula muralis, Ortholrichum cupulalum.*

T. cæspitosa (Schwægr.) Limpr. ; *stér.*
> Perdicaris près Tanger, avec *Rhynchostegium conjertum.*

Pleurochæte squarrosa (Brid.) Lindb. ; *stér.*
> Environs de Tétouan : Beni Hosmar à 1 200 m. ; sur Yarghit, à 600 m.
> Associé à *Cheilothela Chloropus.*

Didymodon luridus Hornsch. ; *c. fr.*
> Tanger et Sarf ; Chaouïa : Settat, Bled Oued Allel.

D. tophaceus (Brid.) Jur. ; *stér.*
> Semsa près Tétouan, 100-200 m. ; Chaouïa : camp Boulhaut, oued Cherrat.
> Avec *Mniobryum carneum, Eucladium verticillatum.*

D. Ehrenbergii (Lor.) Fleisch. ; *Trichostomum mediterraneum* C. M. ; *stér.*
> Semsa près Tétouan : eaux courantes calcaires, 100-200 m.

Barbula acuta Brid. ; *B. gracilis* Schwægr. ; *c. fr.*
> Tanger : route de Fez ; environs de Tétouan : Beni Hosmar, à 900 m., avec *Timmiella
> Barbula.*

B. unguiculata (Huds.) Hedw. ; *c. fr.*
> Tanger : route de Fez, avec *Bryum ventricosum* var. *flaccidum.*

Dialytrichia mucronata (Brid.) Broth. ; *Barbula Brebissonii* Brid. ; *c. fr.*

Environs de Tétouan : Beni Hosmar, à 900 m., avec *Timmiella Barbula* ; Val Tissa,
à 800 m., avec *Orthotrichum saxatile*.

— var. **conferta** Corb. *Musc. de la Manche*, p. 247 ; *c. fr.*

Environs de Tétouan : sur Yarghit, à 600 m. ; Val Tissa, à 600 et 700 m., avec *Eurhynchium meridionale* et *Zygodon rupestris*.

Pottia mutica Vent. β. **gymnostoma** Corb. *Musc. de Tunisie*, in *Bull. Soc. bot. Fr.* t. LVI,
1909, p. LVIII et p. CCXXIV ; *c. fr.*

Tanger : champs de la rivière des Juifs.

Crossidium griseum Jur. ; *c. fr.*

Beni Hosmar près Tétouan, à 900 et 1 200 m., avec *Madotheca platyphylla*, *Grimmia
orbicularis* et *G. conferta*.

Aloina ericifolia (Neck.) Kindb. ; *Barbula ambigua* Br. eur. ; *c. fr.*

Sarf près Tanger.

A. aloides (Koch) Kindb.

Beni Hosmar près Tétouan, à 800 m., avec *Dicranella varia* et *Cephaloziella Baumgartneri*
f. *bifidoides*.

Tortula cuneifolia (Dicks.) Roth ; *c. fr.*

Tanger : falaises de la rivière des Juifs.

T. muralis (L.) Hedw. ; *c. fr.*

Environs de Tanger : murs de Perdicaris, cap Spartel à 300 m. sur des murs ; environs
de Tétouan : Beni Hosmar à 1 000 m., et Semsa, de 100-200 m.

— var. **æstiva** Brid. ; *c. fr.*

Murs de Tanger et environs : Bou Bana, Djebel Kébir à 400 m.

— var. **incana** Br. eur. *c. fr.*

Tanger et Sarf : murs.

— var. **obcordata** Schp. ; *c. fr.*

Environs de Tanger : Sarf, Fondak à 450 m. ; Tétouan et environs : remparts, toitures et rochers des cavernes, Beni Hosmar à 1 000 m.

— var. **rupestris** Schultz ; *c. fr.*

Murs de Perdicaris près Tanger.

L'espèce, sous ses diverses formes, est associée à de nombreuses espèces : *Tortella nitida,
Bryum bicolor, B. argenteum, Funaria mediterranea* et *F. convexa, Orthotrichum cupulatum,
Trichostomum brachydontium, Lunularia cruciata,* etc.

T. marginata (Br. eur.) Spruce ; *c. fr.*

Tanger : falaises de la rivière des Juifs, cap Spartel à 300 m. ; Tétouan, murailles de la
ville, sol et rochers des cavernes ; environs de Tétouan : Semsa à 100-200 m., Beni
Hosmar à 1 000 m.

Associé à *Lophozia turbinata, Funaria curviseta* et *F. convexa.*

T. lævipila (Brid.) De Not. ; stér.

Semsa près Tétouan, sur des Oliviers, avec *Frullania dilatata.*

T. montana (Nees) Lindb. ; stér.

Environs de Tétouan : Beni Hosmar à 1 000 et 1 200 m., sur Yarghit à 700 m.

Scopelophila ligulata Spruce ; *c. pedic.* !

Tétouan : murs humides, 12 avril 1911.

La présence au Maroc de cette mousse rare, qui n'avait encore été trouvée que dans les Pyrénées, puis dans les Alpes de Salzbourg, et toujours à l'état stérile, est d'autant plus intéressante que les échantillons récoltés par le Dr Pitard, malheureusement en minime quantité, montrent que la plante doit fructifier à Tétouan et que bientôt, sans doute, des exemplaires pourvus de capsules mûres permettront de fixer avec certitude dans la nomenclature la place encore controversée de cette espèce.

En attendant, voici les caractères que j'ai notés d'après l'examen de deux touffes munies chacune d'un pédicelle.

Vu seulement la plante femelle. Les archégones, au nombre de 6-8, sont protégés par deux feuilles périchétiales fortement concaves, à sommet très obtus, à bords rapprochés et se recouvrant dans le tiers supérieur ; la supérieure n'a que 1^{mm},5 de long, la suivante 2 millimètres et les feuilles caulinaires voisines ont environ 2^{mm},5 de long sur 0^{mm},95 de large. Le pédicelle, entièrement jaune pâle, est long de 8 millimètres et terminé par une capsule vaguement ébauchée. La coiffe est lisse, subcylindrique, longue de 2^{mm},5 sur 1/4 de millimètre de diamètre à la base ; non encore fendue latéralement, elle est d'un jaune brunâtre brillant, noirâtre au sommet qui porte encore, flétri et retombant, le col de l'archégone.

Dans la plante de Tétouan, les feuilles sont relativement un peu plus larges que celles de la plante de Luchon (leg. F. Renauld), la portion basilaire hyaline est aussi plus développée. A part ces légères différences, je ne doute pas qu'il n'y ait entre elles identité spécifique. — L. C.

Encalypta vulgaris (Hedw.) Hoffm. var. **mutica** Brid. ; *c. fr.*
Beni Hosmar près Tétouan, à 1 200 m.

Grimmia apocarpa (L.) Hedw. ; stér.
Beni Hosmar près Tétouan, à 900 m. sur sol calcaire, avec *Grimmia orbicularis*.

G. conferta Funck ; *c. fr.*
Beni Hosmar près Tétouan, à 1 000 et 1 200 m., avec *Crossidium griseum*, *Grimmia orbicularis* et *Madotheca platyphylla*.

G. campestris Burch. ; *G. leucophæa* Grev. ; *c. fr.*
Djebel Kébir près Tanger, à 400 m.

G. orbicularis Bruch ; *c. fr.*
Beni Hosmar près Tétouan, à 900 et 1 200 m., avec *Grimmia pulvinata* et *conferta*, *Crossidium griseum* et *Madotheca platyphylla*.

G. pulvinata (L.) Sm. ; *c. fr.*
Beni Hosmar près Tétouan, à 1 000 et 1 200 m., avec *Grimmia orbicularis* et *Leucodon sciuroides*.

G. Lisæ De Not. ; *c. fr.*
Environs de Tanger : Hammar, Perdicaris, cap Spartel, Djebel Kébir, de 200 à 400 m., avec *Pterogonium ornithopodioides*, *Scorpiurium circinatum*, *Metzgeria furcata*, *Frullania dilatata*.

Zygodon viridissimus (Dicks.) R. Br. ; *c. fr.*
Environs de Tétouan : Semsa (sur Oliviers et sur Lentisques) de 200 à 300 m., oued Zarka (sur Lentisques) à 200 m.
— var. **rupestris** (Lindb.) Boul. ; — var. **saxicola** Mol. ; *c. fr.*
Sur Yarghit près Tétouan, à 600 m., avec *Dialytrichia mucronata* var. *conferta*.

Le *Z. rupestris* Lindb., que Brotherus (*Die natürl. Pflanzenf.* 1, p. 461) mentionne comme espèce distincte et comme seulement à l'état stérile, fructifie non seulement au Maroc, mais aussi en France, notamment aux environs de Cherbourg, où je l'ai signalé en cet état dès 1889 (*Musc. de la Manche*, p. 263). La capsule ne diffère pas de celle de *Z. viridissimus* arboricole. La plante est ordinairement gemmipare ; mais je n'y puis voir toujours qu'une var. (saxicole) de *Z. viridissimus*.

Orthotrichum saxatile Schp. ; *c. fr.*

 Environs de Tétouan : Val Tissa, à 800 m., avec *Dialytrichia mucronata* ; Beni Hosmar,
  à 1 000 m., avec l'espèce suivante.

O. cupulatum Hoffm. *α.* **commune** Vent. in Husn. *Muscol. gall.* p. 160 ; *c. fr.*

 Environs de Tétouan : Beni Hosmar, à 900 et à 1 000 m., avec l'espèce précédente et
  aussi avec *Tortula muralis* et *Tortella nitida.*

O. diaphanum Schrad. ; *c. fr.*

 Tanger : route de Fez, sur *Juniperus Sabina* ; Semsa près Tétouan, sur Caroubier,
  100-200 m.

Funaria obtusa (Dicks.) Lindb. : *Entosthodon ericetorum* Br. eur. ; *c. fr.*

 Djebel Kébir près Tanger, à 400 m.

F. attenuata (Dicks.) Lindb. ; *Entosthodon Templetoni* Schwægr. ; *c. fr.*

 Perdicaris près Tanger, avec *Prionolobus Turneri* et *Lunularia cruciata.*

F. curviseta (Schwægr.) Milde : *c. fr.*

 Environs de Tétouan : sentier allant au pont de Bouséja ; Val Tissa, à 600 et 800 m. ;
  Semsa, 100-200 m.

F. méditerranea Lindb. ; *c. fr.*

 Perdicaris et Bou Bana près Tanger, en société de *Fossombronia cæspitiformis, Fissidens
  pusillus* et *F. Curnowii.*

F. dentata Crome ; *F. hibernica* Hook. ; *c. fr.*

 Perdicaris près Tanger.

F. convexa R. Spr. ; *c. fr.*

 Environs de Tanger : Djebel Kébir à 400 m., Perdicaris ; Tétouan : sol des cavernes
  avec *Tortula marginata.*

F. hygrometrica (L.) Hedw. ; *c. fr.*

 Tanger : dunes, avec *Bryum bicolor* et *B. ventricosum.*

Mniobryum carneum (L.) Limpr. ; *Webera* Br. eur. ; *c. fr.*

 Cascade de l'oued Zarka près Tétouan, à 200 m. sur sol calcaire ; Chaouïa : camp Boulhaut. Avec *Didymodon tophaceus* et *Eucladium verticillatum.*

Epipterygium Tozeri (Grev.) Lindb. ; *Webera* Schp. ; *c. fr.*

 Environs de Tanger : Bou Bana, Perdicaris, cap Spartel à 300 m.
 Associé à *Cephalozia bicuspidata, Calypogeia ericetorum, Cincinnulus Trichomanis, Dicranella varia, Fissidens pusillus, Bryum bicolor,* etc.

Bryum ventricosum Dicks. ; *B. pseudotriquetrum* Schwægr. ; var. **flaccidum** Schp. ; stér.

 Tanger : route de Fez, avec *Barbula unguiculata* ; Beni Hosmar près Tétouan, à 1 000 m.,
  avec *Cratoneuron commutatum.*

 — var. **gracilescens** Schp. ; *c. fr.*

 Tanger : dunes, avec *Funaria hygrometrica.*

B. cæspiticium L. ; *c. fr.*

 Beni Hosmar près Tétouan, à 900 m., avec *Timmiella Barbula.*

B. argenteum L.

 Tétouan : toitures, avec *Tortula muralis* var. *obcordata.*

B. bicolor Dicks. ; *B. atropurpureum* Br. eur. ; *c. fr.*

> Tanger (murs et dunes) et environs : Perdicaris, cap Spartel ; Djebel Dersa près Té-
> touan, à 400 m.
> La forme habituelle est la **var. dolioloides** Solms-Laub.
> Associé à *Riccia nigrella, R. Bischoffii, Pleuridium subulatum, Dicranella varia, Fissidens
> pusillus, Funaria hygrometrica, Epipterygium Tozeri.*

B. erythrocarpum Schwægr. ; *c. fr.*

> Djebel Kébir près Tanger, à 400 m., avec *Pleuridium subulatum.*

B. alpinum Huds. forma **viridis** Besch. *Musc. Tun.*, p. 8 ; stér.

> Tanger : Hammar, lieux humides.
> — forma **flagellifera** Corb. (*f. nova*) ; stér.

Differt a var. *meridionale* Schp. ramis basilaribus elongatis flagelliformibus.

Touffes denses, radiculeuses, d'un vert jaunâtre brillant, ordinairement teintées de rouge au sommet,
hautes de 2-3 centimètres ; feuilles raides, apprimées, étroites (2^{mm},5 de long sur 0^{mm},5 de large environ), nerviées comme dans le type ; mais les tiges sont munies vers la base de *rameaux filiformes* (1-3)
dressés, atteignant ou dépassant un peu leur longueur et portant de *petites feuilles espacées, étroitement
lancéolées,* longues d'environ 1/2 millimètre.
Forme due sans doute à des conditions biologiques spéciales.

B. torquescens Br. eur. ; *c. fr.*

> Environs de Tétouan : Djebel Dersa, à 300 m., avec *Hymenostomum microstomum,* et Beni
> Hosmar, à 400 m.

B. capillare L. ; *c. fr.*

> Tanger et environs : Perdicaris, Bou Bana, Hammar, Djebel Kébir à 400 m., cap Spartel
> à 200 m. ; Semsa près Tétouan, 100-200 m. ; Chaouïa : camp Boulhaut.
> Associé à *Scorpiurium circinatum, Stereodon cupressiforme* var. *breviselum,* etc.

B. Donianum Grev. ; *c. fr.*

> Oued Zarka près Tétouan, à 300 m., avec *Lunularia cruciata* ; Chaouïa : camp Boulhaut,
> avec *Targionia hypophylla.*

Mnium undulatum (L.) Weis ; stér.

> Environs de Tétouan : Oued Zarka, 200-300 m., avec *Fissidens laxifolius,* et Djebel Dersa,
> à 600 m.

Bartramia stricta Brid. ; *c. fr.*

> Oued Zarka près Tétouan, à 200 m. ; environs de Tanger : Bou Bana, et Djebel Kébir à
> 400 m.
> Associé à *Scorpiurium circinatum, Stereodon cupressiforme* var. *uncinatum.*

Pogonatum aloides (Hedw.) Pal. B. ; *c. fr.*

> Environs de Tanger : cap Spartel, à 300 m., avec *Ditrichum homomallum* ; Perdicaris.

Polytrichum juniperinum Willd. ; stér.

> Environs de Tanger : Perdicaris, Djebel Kébir.

Pleurocarpi.

Fontinalis fasciculata Lindb. (très probablement sec. CARDOT *in litt.*) ; stér.

> Oued Zarka près Tétouan, avec *Pterogonium ornithopodioides* et *Leptodon Smithii.*

F. Durieui Schp.

Djebel Darziro : entre Tanger et Arzila.

« Forme de passage entre cette espèce et *F. hypnoides*, à peu près identique à une forme récoltée pa
Boulay à Fréjus (Cardot, *Monogr.*, p. 101) ». CARDOT, *in litt.*

Leucodon sciuroides (L.) Schwægr. ; *c. fr.* et pl. ♂.

Environs de Tétouan : Beni Hosmar, sur souches de Lentisques, à 1 200 m. ; Zarka.
Associé à *Leptodon Smithii, Grimmia pulvinata.*

Pterogonium ornithopodioides (Huds.) Lindb. ; stér.

Environs de Tanger : Djebel Kébir, cap Spartel à 200 m. ; Oued Zarka près Tétouan.
Associé à *Frullania Tamarisci, Grimmia Lisæ, Leptodon Smithii, Fontinalis fasciculata.*

Leptodon Smithii (Dicks.) Mohr ; stér.

Environs de Tétouan : oued Zarka, sur Lentisques, à 200 m. ; Beni Hosmar, à 1 200 m.
Associé à *Frullania Tamarisci, Radula complanata, Madotheca platyphylla, Leucodon sciuroides, Pterogonium ornithopodioides, Fontinalis fasciculata.*

Neckera complanata (L.) Hübn. ; stér.

Environs de Tétouan : cascade de l'oued Zarka, sur les Lentisques, à 200 m. ; Djebel
Dersa, à 600 m. — La plante de cette dernière station est identique à la forme **secunda**
Grav. *in* Boul. p. 185.

Homalia lusitanica Schp. ; stér.

Environs de Tétouan : Beni Hosmar, à 900 m. ; Djebel Dersa, à 600 m.

Hygroamblystegium Formianum (Fior.) Broth. ; *Hypnum Vallis-Clausæ* Brid. ; stér.

Environs de Tétouan ; Bou Semlen, avec *Fissidens grandifrons* ; Val Tissa, à 800 m.

Cratoneuron commutatum (Hedw.) Roth ; stér.

Environs de Tétouan : Beni Hosmar, à 1 000 m., avec *Bryum ventricosum* ; Val Tissa,
à 800 m.

Stereodon cupressiformis (L.) Brid.

— var. **tectorum** Schp. ; *c. fr.*
Environs de Tanger : Djebel Kébir, à 400 m. ; Perdicaris.
— var. **uncinatus** Boul.
Djebel Kébir près Tanger, à 400 m.
— var. **brevisetus** Schp. ; Boul.
Bou Bana près Tanger ; cap Spartel, à 200 m.
— var. **filiformis** Brid.
Djebel Kébir près Tanger, à 400 m., avec *Metzgeria furcata.*

Rhaphidostegium Welwitschii (Schp.) Jæg. ; *c. fr.*

Djebel Kébir près Tanger, à 400 m., avec *Prionolobus Turneri* et *Frullania dilatata.*

Homalothecium sericeum (L.) Br. eur. ; *c. fr.*

Environs de Tétouan : Beni Hosmar, à 1 000 m. ; Yarghit, à 400 m. ; Val Tissa, à 500 m.
Avec *Radula complanata.*

Scleropodium Illecebrum (Vaill.) Br. eur. ; stér.

Perdicaris et Hammar près Tanger ; oued Zarka près Tétouan ; Chaouïa : camp Boulhaut, oued Cherrat.
Associé à *Lunularia cruciata, Timmiella Barbula, Scorpiurium circinatum.*

Scorpiurium circinatum (Brid.) Fleisch. et L. ; *Eurhynchium* Br. eur. ; stér.

Hammar près Tanger ; environs de Tétouan : Beni Hosmar à 1 000 m., Semsa (sur Lentisques) à 200-300 m., oued Zarka à 200-300 m., Val Tissa à 400 m. ; Chaouïa : Oukacha près Casablanca.

Associé à *Radula complanata, Eulejeunea serpyllifolia, Frullania dilatata, Metzgeria furcata, Grimmia Lisæ, Zygodon viridissimus, Bryum capillare, Mnium undulatum, Bartramia stricta, Eurhynchium meridionale, Oxyrhynchium prælongum.*

S. deflexifolium (Solms) Fleisch. et L. ; *S. rivale* Schp. ; stér.

Oued Zarka près Tétouan.

Oxyrhynchium pumilum (Wils.) Broth. ; *Eurhynchium* Schp. ; stér.

Perdicaris près Tanger ; oued Zarka près Tétouan, à 300 m., avec *Scorpiurium circinatum* et *Mnium undulatum.*

O. prælongum (L.) Warnst. ; *Eurhynchium* Br. eur. ; stér.

Environs de Tétouan : Val Tissa à 800 m. (a. *vulgare* Boul.) ; cascade de l'oued Zarka, à 200 m., avec *Eucladium verticillatum.*

O. rusciforme (Neck.) Warnst. ; *Rhynchostegium* Br. eur. ; stér.

Environs de Tétouan : oued Zarka, à 200 et 300 m. ; Val Tissa, à 600 m. ; vieux moulin de Kithan, à 150 m. ; Beni Hosmar, à 800 m. ; Bou Semlen, avec *Fissidens grandifrons.*

Eurhynchium Stokesii (Turn.) Br. eur. ; *c. fr.*

Perdicaris près Tanger.

E. meridionale (Schp.) De Not. ; stér.

Cap Spartel près Tanger ; environs de Tétouan : Djebel Dersa à 600 m., avec *Hymenostomum tortile* ; Val Tissa, à 700 m. ; Semsa, 100-200 m. ; Zarka, avec *Scorpiurium circinatum.*

Rhynchostegiella Letourneuxii (Besch.) Broth. ; *c. fr.*

Perdicaris et Hammar près Tanger.

R. litorea (De Not.) Limpr. ; *c. fr.*

Perdicaris près Tanger ; Tétouan, voûte des Cavernes, et environs : Semsa, à 200-300 m. ; oued Zarka, à 200 m.

R. algiriana (Brid.) Broth. var. **meridionalis** Boul. ; *c. fr.*

Tétouan, rochers des cavernes, et environs : oued Zarka, à 200 m., avec *Fissidens taxifolius* et *Mnium undulatum* ; Semsa, à 100-200 m., avec *Tortella inflexa.*

Rhynchostegium megapolitanum (Bland.) Br. eur. var. **meridionale** Schp. ; *c. fr.*

Bahrain près Tanger.

R. confertum (Dicks.) Br. eur. ; *c. fr.*

Environs de Tanger : Djebel Kébir, à 400 m. ; Perdicaris.

En société de *Metzgeria furcata, Tortella cæspitosa.*

HEPATICÆ

I. MARCHANTIALES.

Ricciaeæ.

Riccia Bischoffii Hüben. ; *c. fr.*
Djebel Kébir près Tanger, à 400 m. ; environs de Tétouan : Djebel Dersa, à 400 m., et Beni Hosmar, à 1 000 m.
Associé à *Riccia nigrella, Fossombronia Wondraczeki, Anthoceros dicholomus.*

R. Gougetiana Mont. ; *c. fr.*
Environs de Tanger : Perdicaris ; Djebel Kébir, à 400 m., avec *Fossombronia cæspitiformis.*

R. ciliata Hoffm. ; *c. fr.*
Djebel Kébir près Tanger, à 400 m.

R. Michelii Raddi var. *subinermis* Lev.
Perdicaris près Tanger.

R. lamellosa Raddi.
Tétouan : sol des cavernes.

R. macrocarpa Jack et Lev.
Bou Bana et Djebel Kébir (à 400 m.) près Tanger.

R. nigrella DC. ; *c. fr.*
Djebel Dersa près Tétouan, avec *Riccia Bischoffii, Bryum bicolor.*

R. fluitans L. (ß. *canaliculala* Roth).
Perdicaris près Tanger.

Marchantiaceæ.

Tessellina pyramidata (Raddi) Dum.
Chaouïa : Sidi Abderrhamane, près Casablanca ; falaises calcaires non loin de l'Océan.

Corsinia marchantioides Raddi.
Environs de Tanger : Perdicaris ; Djebel Kébir, à 400 m.

Targionia hypophylla L. ; *c. fr.*
Perdicaris près Tanger ; cavernes de Tétouan et environs : Semsa à 200-300 m., Val Tissa à 700 m. ; Chaouïa : camp Boulhaut.
Associé à *Fossombronia angulosa* et *F. cæspitiformis, Lophocolea fragrans, Reboulia hemisphærica, Funaria curvisela* et *F. convexa.*

Clevea Rousseliana (Mont.) Leitg.
Chaouïa : Sidi Abderrhamane, falaises.

Reboulia hemisphærica Raddi ; *c. fr.*
Perdicaris près Tanger ; Val Tissa près Tétouan, à 700 m.
Associé à *Fossombronia Wondraczeki, Targionia hypophylla.*

Fimbriaria africana Mont. ; *c. fr.*
Beni Hosmar près Tétouan.

Lunularia cruciata (L.) Dum. ; stér.

> Perdicaris près Tanger ; environs de Tétouan : Beni Hosmar à 900 m., oued Zarka à
> 300 m. ; Casablanca ; camp Boulhaut.
> Associé à *Anthoceros lævis, Timmiella Barbula, Dialytrichia mucronata, Bryum Donianum,*
> *Scleropodium Illecebrum.*

II. JUNGERMANNIALES.

Jungermanniaceæ Pleurogynæ.

Sphærocarpus terrestris Sm. ; *c. fr.*

> Casablanca : près le rivage.

S. californicus Aust. ; *c. fr.*

> Perdicaris près Tanger, avec *Fissidens taxifolius* et *F. pusillus.*

Metzgeria furcata (L.) Lindb. ; *c. fr.*

> Environs de Tanger : Djebel Kébir, à 400 m. ; Hammar.
> Associé à *Radula complanata, Eulejeunea serpyllifolia, Lophocolea heterophylla, Frullania*
> *dilatata, Stereodon cupressiformis* var. *filiformis, Rhynchostegium confertum, Scorpiurium*
> *circinatum, Grimmia Lisæ, Tortella inflexa.*

Fossombronia Wondraczeki Dum. ; *c. fr.*

> Environs de Tanger : Perdicaris ; Djebel Kébir, à 400 m.

F. cæspitiformis De Not. ; *c. fr.*

> Cavernes de Tétouan ; environs de Tanger : Djebel Kébir à 400 m., Bou Bana.
> Associé à *Funaria mediterranea, Pleuridium subulatum, Fissidens Curnowii, Targionia*
> *hypophylla, Riccia Gougetiana, Calypogeia ericetorum.*

F. Husnoti Corb. ; *c. fr.*

> Tanger : route de Fez.

F. verrucosa Lindb. ; *c. fr.*

> Val Tissa près Tétouan, à 700 m., avec *Leptobarbula berica, Reboulia hemisphærica.*

F. Dumortieri (Hüb. et G.) Lindb. ; *c. fr.*

> Djebel Kébir près Tanger, à 400 m., avec *Pleuridium subulatum, Ditrichum homomallum.*

F. angulosa (Dicks.) Raddi ; *c. fr.*

> Environs de Tanger : Bou Bana, Perdicaris et Djebel Kébir ; en société de *Epipterygium*
> *Tozeri, Lophocolea fragrans, Targionia hypophylla, Cincinnulus argutus.*

Jungermanniaceæ Acrogynæ.

Southbya stillicidiorum (Raddi) Lindb. ; *c. fr.*

> Val Tissa près Tétouan, à 800 m., avec *Gymnostomum calcareum.*

Calypogeia ericetorum Raddi ; *Gongylanthus* Nees ; *c. fr.*

> Bou Bana près Tanger, avec *Fossombronia cæspitiformis, Anthoceros dichotomus, Epipte-*
> *rygium Tozeri.*

Lophozia turbinata (Raddi) Steph. ; *c. fr.*

> Beni Hosmar près Tétouan, à 900 et 1 000 m., avec *Gymnostomum calcareum, Tricho-*
> *stomum viridulum, Tortula marginata, Dicranella varia.*

Lophocolea heterophylla (Schrad.) Dum. ; *c. fr.*
>Perdicaris près Tanger, en mélange avec *L. minor* Nees ; et associé en outre à *Metzgeria furcata, Radula complanata,, Eulejeunea serpyllifolia, Tortella inflexa.*

L. minor Nees ; *c. fr.*
>Environs de Tanger : Perdicaris ; cap Spartel, à 200 m. ; Djebel Kébir, à 400 m.
>Associé à *Frullania Tamarisci, Eulejeunea serpyllifolia, Fissidens serrulatus* var. *africanus.*

L. fragrans Mor. et De Not. ; C. Müll., *Die Leberm.* p. 814 ; stér.
>Perdicaris près Tanger.

Cephalozia bicuspidata (L.) Dum. ; *c. fr.*
>Bou Bana près Tanger ; Djebel Darziro : entre Tanger et Arzila.
>Associé à *Cincinnulus Trichomanis, Fossombronia angulosa.*

Cephaloziella Baumgartneri Schiffn. *forma* **bifidoides** Douin *in litt.* — Amphigastres presque nuls.
>Beni Hosmar près Tétouan, à 800 m., avec *Aloina aloides.*

Prionolobus Turneri (Hook.) Schiffn.
>Environs de Tanger : Perdicaris et Djebel Kébir.
>Associé à *Anthoceros dicholomus, Lunularia cruciata, Dicranella heteromalla* var. *interrupta, Ditrichum homomallum, Funaria attenuata, Rhaphidostegium Welwitschii.*

Cincinnulus Trichomanis (L.) Dum. ; stér.
>Djebel Darziro : entre Tanger et Arzila.

C. argutus Dum. ; stér.
>Bou Bana et Perdicaris près Tanger.

Radula complanata (L.) Dum. ; *c. fr.*
>Environs de Tanger : Perdicaris, cap Spartel, Djebel Kébir à 400 m. ; environs de Tétouan : Beni Hosmar, oued Zarka (sur Lentisques).
>Associé à *Metzgeria furcata, Eulejeunea serpyllifolia, Lophocolea heterophylla, Frullania Tamarisci, Tortella inflexa, Scorpiurium circinatum.*

R. Lindbergiana Gott. ; pl. ♂ et pl. ♀.
>Oued Zarka près Tétouan, sur Lentisques, à 200 m., avec *Leptodon Smithii.*

Madotheca platyphylla (L.) Dum. ; stér.
>Environs de Tétouan : Beni Hosmar, à 1 200 m. ; Val Tissa, à 800 m.
>Associé à *Leptodon Smithii, Grimmia orbicularis* et *G. conferta, Crossidium griseum.*

M. lævigata (Schrad.) Dum. ; stér.
>Perdicaris près Tanger ; Beni Hosmar près Tétouan, à 1 000 m.

M. obscura (Nees) Boul. p. 16.
>Djebel Kébir près Tanger, à 400 m., avec *Frullania Tamarisci.*

Cololejeunea Rossettiana Massal.
>Oued Zarka près Tétouan, à 300 m.

Eulejeunea serpyllifolia Libert ; *c. per.*
>Djebel Kébir près Tanger à 400 m. ; environs de Tétouan : Beni Hosmar à 1 000 m., cascade de l'oued Zarka (sur des Lentisques).
>Associé à *Metzgeria furcata, Radula complanata, Lophocolea heterophylla, Stereodon cupressiformis, Rhynchostegium confertum, Scorpiurium circinatum, Tortella inflexa.*

Frullania dilatata (L.) Dum. ; *c. per.*

>Environs de Tanger: Djebel Kébir à 400 m., Hammar, cap Spartel à 200 m.; environs de Tétouan : Beni Hosmar à 400 m., Semsa (sur Oliviers).

>Associé à *Metzgeria furcata, Zygodon viridissimus, Tortula lævipila, Grimmia Lisæ, Scorpiurium circinatum, Rhaphidostegium Welwitschii.*

F. Tamarisci (L.) Dum. ; stér.

>Environs de Tanger : Perdicaris, cap Spartel, Djebel Kébir ; oued Zarka près Tétouan, à 300 m.

>Associé à *Lophocolea minor, Radula complanata, Leptodon Smithii.*

F. microphylla Gott. ; stér.

>Cap Spartel près Tanger, avec *Grimmia Lisæ.*

III. ANTHOCEROTALES.

Anthocerotaceæ.

Anthoceros lævis L. ; *c. fr.*

>Perdicaris près Tanger ; Semsa près Tétouan.

>Associé à *Lunularia cruciata, Fossombronia* sp.? (stérile).

A. dichotomus Raddi ; *c. fr.*

>Environs de Tanger : Bou Bana, Perdicaris, Djebel Kébir à 400 m.

>Associé à *Prionolobus Turneri, Riccia Bischoffii, Fossombronia Wondraczeki, F. cæspitiformis, Funaria convexa, Epipterygium Tozeri.*

ALGÆ

ALGUES D'EAU DOUCE
Par M. P. Hariot.

PHYCOCHROMACEÆ.

Chroococcus cohærens (Bréb.) Näg. — Tanger : Djebel Kébir.

Glæocapsa rupestris Kütz. — Tétouan : Semsa.

G. conglomerata Kütz. — Tanger : Oued Sarf ; Tétouan : Fondak.

Phormidium autumnale (Ag.) Gomont. — Tanger : le Marchand, Perdicaris, Djebel Kébir.

Oscillatoria limosa (Roth) Ag. — Tétouan.

O. brevis (Kütz.) Gomont. — Tanger : Perdicaris, Cap Spartel ; Tétouan : près des fontaines de la ville, cavernes des Potiers, cascades de Bou Semlen, Fondak. — Chaouïa : Settat.

O. formosa Bory. — Tanger.

Calothrix parietina (Näg.) Thuret. — Tanger : près l'Oued Sarf.

Nostoc commune Vaucher. — Tanger : Sarf, Bahrain ; Tétouan : Semsa, Val Tissa (800 m.), plaine du Rio Martil, Yarghit, Beni Hosmar (900 m.)

CHLOROPHYCEÆ.

Mesotænium violascens de Bary. — Tanger : Perdicaris, Djebel Kébir.

Tetraspora bullosa (Roth) Ag. — Tanger : sur la route de Tétouan.

Pleurococcus vulgaris Menegh. — Tanger : sur les troncs d'arbres des jardins ; Tétouan : Cavernes des Potiers, Bouséja.

Urococcus sp. — Tanger : falaises de la rivière des Juifs.

Ulothrix zonata (Weber et Mohr) Kütz. — Tanger : Perdicaris, cap Spartel.

U. tenerrima Kütz. — Tanger : Perdicaris, marais Hadjériin.

Microspora floccosa (Vaucher) Thuret. — Tanger : rochers près de la ville ; Tétouan : fontaines de la ville. — Chaouïa : Casablanca, Titmellil.

Tribonema bombycinum (Ag.) Derbes et Solier (*Conferva bombycina* Ag.). — Tanger : Oued Sarf ; Tétouan : fontaines de la ville.

Prasiola murale (Lyngb.) Wille ; *Schizogonium murale* (Lyngb.) Kütz. — Tanger : Perdicaris ; Tétouan : Fondak.

Trentepohlia aurea (L.) Martius. — Tanger : Djebel Kébir.

Œdogonium sp. — Tétouan : Semsa.

Cladophora glomerata (L.) Kütz. — Tétouan : fontaines de la ville, près de Bou Semlen.

C. crispata (Roth) Kütz. — Tétouan : fontaines de la ville. — Chaouïa : Casablanca, Titmellil.

Cladophora sp. — Tétouan : fontaines de la ville.

Vaucheria sessilis (Vaucher) DC. — Tanger : Sarf.

Vaucheria sp. — Tétouan : Beni Hosmar (800 m.), pont de Bouséja, cascade de l'oued Zarka, de Bou Semlen. — Chaouïa : Settat, de Sidi Mohammed el Bahloul à l'oued Tamdrost.

Les Conjuguées étaient représentées dans les récoltes de M. Pitard par de nombreux échantillons, mais tous stériles et par suite absolument indéterminables.

ALGUES MARINES (1)
Par M. L. Corbière.

CHLOROPHYCÉES.

Ulva Lactuca L. — Falaise de la rivière des Juifs, sur *Cladostephus spongiosus* ; plage de Tanger, sur *Sargassum linifolium* et sur *Halopteris scoparia*.

Bien que très jeunes, les échantillons semblent pouvoir être rapportés à *U. rigida* Ag. *Spec. Alg.* 1, p. 410.

β. *U. cribrosa* J. Ag. ; Bornet, *l. c.*, p. 193. — Sur la plage, à divers états de développement.

« Des formes comprises sous la dénomination d'*Ulva Lactuca*, celle-ci est assurément la plus distincte par l'épaisseur de sa fronde (135 à 240 μ) et la consistance parcheminée et subcartilagineuse des échantillons desséchés ». (BORNET, p. 194.) La fronde est encore remarquable par « margine subundulato, denticulato-crispo ».

Enteromorpha flexuosa J. Ag. — Rochers de la rivière des Juifs.

Cette plante est bien voisine de certaines formes de *E. intestinalis*, surtout de la var. *flagelliformis* Le Jolis, *Alg. mar. Cherb.*, 1880, p. 47.

E. compressa (L.) Grev.
    — var. **nana** J. Ag. ; Le Jol. *Alg. Cherb.* p. 45 et exs. n° 186. — Port.
    — var. *cæspitosa* Le Jol. *Alg. Cherb.* p. 45 et exs. 148. — Plage : sur *Fucus platycarpus* et sur *Cladostephus spongiosus*.

E. clathrata Ag. γ. **Rothiana** forma *fœniculacea* Le Jol. *Alg. Cherb.* p. 50 et exs. n° 110. — Falaises de la rivière des Juifs, sur *Fucus*.

E. ramulosa Hook. ; *Ulva clathrata* γ. *uncinata* Le Jol. *Alg. Cherb.* p. 51 et exs. n° 90 (a. *tenuis*). Falaises de la rivière des Juifs, sur *Cladostephus spongiosus*.

Chætomorpha aerea Kütz. — Falaises de la rivière des Juifs, sur *Callithamnion tetricum*.

Codium elongatum Ag. ; Born. *l. c.* p. 216. — Falaises de la rivière des Juifs.

(1) La présente collection, faite au printemps (mars), provient entièrement de Tanger ou des environs immédiats de cette ville.

Les ouvrages spéciaux, concernant la flore algologique du Maroc, qui ont été consultés lors de la détermination des échantillons que nous a confiés notre ami le Dr Pitard, sont :

ED. BORNET, Les Algues de P.-K.-A. Schousboe (*Mém. Soc. sc. nat. de Cherbourg*, t. XXVIII, 1892, p. 165-376 et 3 pl.).

F. DEBRAY, Catalogue des Algues du Maroc, d'Algérie et de Tunisie ; Alger, 1897.

P. HARIOT, Algues de Mauritanie recueillies par M. Chudeau (*Bull. Soc. bot. France*, t. LVIII, 1911, p. 438-445).

Grammatophora marina Kütz. — Falaises de la rivière des Juifs, parasite sur *Enteromorpha ramulosa* Hook.

FUCOIDÉES.

Sargassum linifolium Ag. — Plage de Tanger.

Cystoseira concatenata Ag. ? — Plage de Tanger.

C. abrotanifolia Ag. ? Falaises de la rivière des Juifs.

Fucus platycarpus Thur. — Plage de Tanger.

Dictyopteris polypodioides Lamx ; *Haliseris* Targ.-Tozz. *in* Ag. Spec. I, p. 141 — Plage.

Dictyota dichotoma Lamx. — Plage.
       — var. *implexa* J. Ag. — Plage : avec le type.

Saccorhiza bulbosa La Pyl. ; juvenis. — Plage.

Colpomenia sinuosa Derb. et Sol. — Plage, sur *Sargassum linifolium* et sur *Cystoseira abrotanifolia* ; falaises de la rivière des Juifs, sur *Laurencia obtusa*.

Sphacelaria cirrhosa Ag. — Plage, sur *Sargassum linifolium*.

Halopteris scoparia (L.) Sauvag. ; *Stypocaulon* Kütz. — Plage.

Cladostephus verticillatus Ag. — Plage.

C. spongiosus Ag. — Falaise de la rivière des Juifs.

FLORIDÉES.

Porphyra laciniata Ag. — Port de Tanger.
   Parmi les échantillons, les uns se rapportent nettement à *P. linearis* Grev., les autres tendent vers *P. vulgaris* Harv.

Gelidium crinale Lamx. — Falaises de la rivière des Juifs.

G. sesquipedale Thur. — Plage.
   Beaux échantillons.

Gigartina acicularis Lamx. — Plage.

G. Teedii Lamx. ; *c. cystoc.* — Plage.

Gymnogongrus norvegicus J. Ag. — Plage.

Callymenia microphylla J. Ag. — Falaises de la rivière des Juifs.

Sphærococcus coronopifolius Ag. — Plage.

Gracilaria dura J. Ag. — Plage.

G. compressa Grev. — Plage.

G. multipartita Harv. — Plage.

Hypnea musciformis Lamx. — Falaises de la rivière des Juifs ; plage de Tanger.

Cordylecladia conferta J. Ag. ; *c. ramulis tetrasporiferis*. — Plage.

Plocamium coccineum Lyngb. ; *c. cystoc.* et *c. tetrasporang.* — Plage.

Nitophyllum uncinatum J. Ag. — Plage, sur *Cystoseira abrotanifolia, Polysiphonia fruticulosa, Plocamium coccineum,* etc.

Delesseria Hypoglossum Lamx. — Plage, sur *Sphærococcus coronopifolius.*

Laurencia obtusa Lamx. — Plage de Tanger et falaises de la rivière des Juifs.

L. pinnatifida Lamx. — Rochers de la rivière des Juifs.

Halopithys pinastroides Kütz. — Plage.

Polysiphonia fruticulosa Spreng. var. **Wulfenii** Bornet, *l. c.* p. 313-314. — Rochers de la rivière des Juifs et plage de Tanger.

Callithamnion tetricum Ag. — Falaises de la rivière des Juifs.

Ceramium rubrum Ag. — Plage et falaises de la rivière des Juifs : parasite sur *Callithamnion tetricum, Hypnea musciformis, Codium elongatum,* etc.

C. echionotum J. Ag. — Plage.

C. ciliatum Ducl. — Plage.

Melobesia membranacea Lamx. — Plage, sur *Sargassum linifolium.*

M. corticiformis Kütz. — Plage, sur *Laurencia obtusa.*

M. pustulata Lamx. — Plage sur *Sargassum linifolium, Laurencia obtusa, Gelidium sesqui-pedale,* etc.

M. Corallinae Crouan. — Plage de Tanger, sur *Corallina rubens.*

Corallina mediterranea Aresch. — Falaises de la rivière des Juifs et plage de Tanger.

C. granifera Ell. et Sol. — Plage de Tanger et falaises de la rivière des Juifs.

C. (Jania) **corniculata** L. — Plage.

C. (Jania) **rubens** L. — Plage et falaises de la rivière des Juifs.

CHARACEÆ

Par M. l'Abbé Hy.

Chara fœtida Braun.
>Maroc septentrional : Ahouana, Mnimacada.
>Maroc occidental : Titmellil.

Marais et eaux stagnantes.

C. gymnophylla Braun.
>Maroc occidental : Camp Boulhaut, Oued Cherrat.

Mêmes stations que le précédent.

C. vesiculosa Hy sp. nov.
>Maroc septentrional : Lac Hadjériin.

Marais peu profond.

C. contraria Braun.
>Maroc occidental : Sidi Abderrhamane.
>— fa **major** (non *robustior* Migula).
>Maroc occidental : Sidi Feali, Camp Boulhaut à El Aïoun.

Marais et eaux stagnantes.

C. fragilis Desvaux.

Maroc occidental : Bou Azza.

Eaux stagnantes peu profondes.

Nitella Chevallieri Hy.

Maroc septentrional : Lac Hadjériin.

Étang peu profond.

FUNGI
Par M. N. Patouillard.

Cladochytrium Now.

Cl. Asphodeli Debray. — Sur feuilles d'*Asphodelus ramosus*. Tanger : Aïne Dalia et Bou Bana.

Cl. Urgineæ Pat. et Trab. — Dans les feuilles d'*Urginea marilima*. Tanger : Bahrain.

Cystopus Lév.

C. Convolvulacearum Otth. — Feuilles et tiges de *Convolvulus tricolor*. Guicer à Dar Chafaï. Feuilles et tiges de *Convolvulus Gharbensis*. Khemisset, Settat.

C. candidus (Pers.) Lév. — Sur *Capsella Bursa-pastoris*. Tanger : Souani. Sur *Coronopus Ruelli*. Tanger : Sarf. Sur *Crambe filiuanensis*. Tétouan : Semsa.

C. tragopogonis (Pers.) Schrött. — Feuilles de *Phagnalon saratile*. Tétouan : Cavernes des Potiers.

Ustilago Pers.

U. Avenæ (Pers.) Jens. — Dans l'épi d'*Avena saliva*. Casablanca : Ferme Lamm.

U. Hordei (Pers.) Kell. et Sw. — Épis de l'Orge cultivée. Tanger : Souani.

Sphacelotheca de Bary.

S. Ischæmi (Fckl.) Clinton. — Inflorescences d'*Andropogon hirtus*. Tanger : Bou Bana.

S. Schweinfurthiana (Thüm.) Sacc. — Épillets d'*Imperata cylindrica*. Mechra ben Abou : bords de l'oued Oum er Rbia.

Entyloma de Bary.

E. crastophilum Sacc. — Dans les feuilles de *Briza maxima*. Tanger : Villa Harris.

Cette forme des feuilles de *Briza maxima* a les sores un peu plus grands que ceux des formes de *Poa. Holcus*, etc. ; elle ressemble à E. *Camusianum* Har. Il est très vraisemblable que les *Entyloma* des feuilles de Graminées, dont les spores varient de 8 à 14 μ, appartiennent tous à la même espèce.

Uromyces Lév.

U. Limonii (DC.) Lév. — L'urédo sur les feuilles de *Statice sinuata*. Settat : Oued Tamdrost ; Oued bou Skoura : Si Abd er Naimi.

U. Anthyllidis (Grév.) Schröt. — Feuilles d'*Anthyllis tetraphylla*. Tanger : Aïne Dalia. L'urédo sur les feuilles de *Lotus arenarius*. Tanger : Dunes.

U. Anagyridis (Rabh.) Roum. — Feuilles d'*Anagyris fœtida*. Settat : Si Senhadj.

U. Fabæ (Pers.) de Bary. — Les probasides sur *Vicia peregrina*. Settat : Msahal. Les urédos et les probasides sur *Vicia Faba*. Tanger : Chouikreuk.

U. striatus Schröt. — Les probasides sur feuilles de *Medicago turbinata*. Settat : Bir Jdour. Les urédos sur la même plante. Tanger : Aïne Dalia.

U. Trifolii Lév. — Les urédos et les probasides sur feuilles de *Trifolium campestre*. Tanger : Anse Spartel. Sur *Trifolium isthmocarpum*. Tanger : Aïne Dalia.

U. Behenis (DC.) Unger. — Les écidies et les probasides sur *Silene Behen*. Khemisset. Sur *Silene inflata*. Casablanca : Dar el Hadj.

U. Tingitanus P. Henn. — Les urédos sur les gaines et les feuilles, les probasides sur les tiges de *Rumex lacerus*. Casablanca : Aïne Diab.

Les sores à urédos sont d'un rouge pourpre, petits et arrondis ; les sores à probasides sont noirâtres et atteignent de 12 à 15 millimètres de longueur.

U. phyllachoroides P. Henn. — Sur les feuilles de *Cynosurus echinatus*. Camp Boulhaut : El Aïoun.

U. Dactylidis Otth. — Les probasides sur *Dactylis hispanica*. Casablanca : Aïne Diab.

Puccinia Pers.

P. Gladioli Cast. — Feuilles de *Gladiolus segetum*. Tanger : Villa Harris. Feuilles d'*Iris tingitana*. Tanger : Bahrain.

La forme de l'*Iris tingitana*, comme celle de l'*Iris Sisyrinchium* (*Puccinia melanaspis* Sydow), ne présente aucune différence avec la forme typique des feuilles de *Gladiolus* et ne saurait en être séparée.

P. Arenariæ (Schum.) Wint. — Sur les feuilles et sur les tiges de *Lœflingia hispanica* : Casablanca : Dar Rhammdour ben Hameida.

P. Malvacearum Mtg. — Sur *Lavatera trimestris*. Settat : Oued Tamdrost. Sur *Althæa hirsuta*. Settat : Bir Jdour, Oued Tamdrost. Sur *Malva silvestris*. Casablanca : Aïne Seba ; Tanger : Dunes, Sarf. Sur *Malva rotundifolia*. Tanger : Dunes. Sur *Malva parviflora*. Mechra ben Abou : près l'oued Oum er Rbia.

P. Atropæ Mtg. — Les écidies sur les feuilles de *Withania somnifera*. Tétouan : Bouséja.

P. Mesnieriana Thuem. — Feuilles de *Rhamnus oleoides*. Camp Boulhaut : Oued Cherrat.

P. Corrigiolæ Chev. — Probasides sans cloison (mésospores) et uniseptées sur *Corrigiola telephiifolia*. Bou Znika.

P. Bupleuri-falcati (DC.) Wint. — Les probasides sur *Bupleurum protractum*. Tanger : Aïne Slaoua ; Settat à Guicer.

P. Magydaridis Pat. et Trab. — Feuilles de *Magydaris tomentosa*. Tanger : Aïne Slaoua.

P. Pimpinellæ (Str.) Mart. — Les urédos et les probasides sur les feuilles de *Pimpinella bubonoides*. Casablanca : Oukacha.

P. Crepidicola Sydow. — Les urédos et les probasides sur *Crepis taraxacifolia*. Tanger : Bou Bana.

P. Endiviæ Pass. — Les urédos et les probasides sur *Cichorium pumilum*. Settat à Guicer.

P. Hypochœridis Oud. — Les urédos sur feuilles d'*Hypochœris*. Tanger à Arzila : Cherf el Akab.

P. Carduorum Jacky. — Les urédos sur *Carduus myriacanthus*. Tanger : Sarf.

P. Canariensis Sydow. — Les probasides (33-45 × 24-33 µ) sur feuilles de *Thrincia maroccana*. Tanger : Bou Bana.

P. Centaureæ Mart. — Les urédos et les probasides sur *Centaurea pullata*. Settat : Bir Chafaï, Bled Oued Allel. Sur *Centaurea diluta*. Ber Rechid. Sur *Centaurea maroccana*. Guicer. Sur *Centaurea eriophora*. Casablanca : Dar Rhammdour, Ferme Lamm.

P. Asphodeli Mougeot. — Les probasides sur *Asphodelus ramosus*. Tanger : Chouikreuk. Sur *Asphodelus microcarpus*. Tanger : Bahrain, Andjéra.

P. Porri (Sow.) Wint. — Les probasides sur *Allium Ampeloprasum*. Casablanca : Dar el Hadj. Sur *Allium* sp. Tanger : Aïne Dalia.

P. Bromina Erikss. — Les probasides sur *Bromus maximus*. Tanger : Mnimacada, Zinet. Sur *Bromus alopecurus*. Tanger : Ahouana. Sur *Bromus mollis*. Oued bou Skoura : Si Abd er Naimi.

P. Triticina Erikss. — Les probasides sur les feuilles du Blé. Oued Bou Skoura.

P. Holcina Erikss. — Les probasides sur *Holcus annuus*. Camp Boulhaut : Sokrat en Nemra.

P. rubigo-vera (DC.) Wint. — Sur *Ægylops ovata*. Tanger : Ksar Djédid, Aïne Dalia. Sur *Vulpia geniculata*. Casablanca : Titmellil, Médiouna. Sur *Vulpia sciuroides*. Tanger : Djebel Kébir. Sur *Gaudinia fragilis*. Tanger : Djebel Kébir ; Casablanca : Dar Rhammdour, El Hank, Titmellil, Oued bou Skoura. Sur *Lolium rigidum*. Casablanca : El Hank, Ferme Lamm. Sur *Kœleria villosa*. Médiouna. Sur *Lagurus ovatus*. Casablanca : Oukacha, Titmellil. Sur *Brachypodium distachyon*. Tanger à Aïne Dalia. Sur *Cynodon dactylon*. Casablanca : Oukacha. Sur *Hordeum bulbosum*. Camp Monod (Mouret).

Phragmidium Link.

P. Sanguisorbæ (DC.) Schröt. — Les probasides sur les feuilles de *Poterium verrucosum*. Tanger : Ahouana.

Melampsora Cast.

M. Helioscopiæ Cast. — Les probasides sur *Euphorbia plerococca*. Tanger : Sarf, Ksar Djédid. Sur *Euphorbia falcata*. Camp Boulhaut. L'urédo sur *Euphorbia Peplus*. Tétouan : Oued Zarka.

Æcidium Pers.

Æ. Valerianellæ Biv. Bernh. — Sur *Valerianella discoidea*. Tanger : Mnimacada. Sur *Fedia cornucopiæ*. Tanger : Sarf.

Uredo Pers.

U. Caricis Pers. — Sur feuilles de *Carex divisa*. Camp Boulhaut.

U. Setariæ-Italicæ Dietel. — Sur *Setaria verticillata* : Casablanca.

Cyphella Fr.

C. albo-violascens (Alb. et Schw.) Karst. — Sur l'écorce morte de l'Aubépine. Tanger: Souani.

Schizophyllum Fr.

S. commune Fr. — Sur *Quercus suber*. Tanger : Djebel Kébir.

Microsphæra Lév.

M. quercina (Schwein.) Burr. — Les conidies (*Oidium quercinum* Th.) sur les feuilles de *Quercus Mirbeckii*. Tanger : Perdicaris.

Erysiphe Hedw.

E. Galeopsidis DC. — Sur les tiges et les feuilles de *Salvia* sp. Khemisset.

E. Chicoracearum DC. — Sur *Senecio crassifolius*. Casablanca : Dar el Hadj. Sur *Senecio vulgaris*. Tétouan : Bouséja. Sur *Cynoglossum clandestinum*. Tétouan ; Tanger : Sarf. Sur *Nonnea nigricans*. Settat : Bir Chafaï. Sur *Plantago Psyllium*. Mechra ben Abou ; Casablanca : Dar Oulad Attafi. Sur *Thrincia maroccana*. Tanger : Bahrain.

E. Polygoni DC. — Sur *Ammi majus*. Casablanca : Ferme Lamm. Sur *Lathyrus Clymenum*. Tanger : Djebel Kébir. Sur les feuilles de *Ranunculus chærophyllus*. Tétouan : Bouséja.

Sphærella Ces. et de Not.

S. lineolata (Desm.) de Not. — Sur les gaines et les chaumes d'*Ammophila arenaria*. Casablanca : Oukacha.

S. Umbelliferarum Auersw. — Sur les tiges et les rayons de l'ombelle desséchée de *Daucus*. Tanger : Djebel Kébir.

Diaporthe Nits.

D. picea (Dur. et Mtg., an Pers.?) Sacc. *var.* **Linariæ** Pat. — Sur les tiges de *Linaria lingitana*. Tanger : Djebel Kébir.

Stromes étales, allongés dans le sens de l'axe, plus ou moins confluents, formant des plaques noires et luisantes, qui atteignent 40-60 millimètres de long et entourent la plus grande partie de la tige. Périthèces globuleux, épars, distants, non ou à peine saillants, plongés dans l'épaisseur de la trame noire du strome. Thèques $60 \times 8\ \mu$. à 8 spores bisériées. Spores oblongues-fusiformes, uniseptées, à quatre gouttelettes, $12 \times 4\ \mu$. Ligne noire bien marquée dans l'épaisseur du bois au-dessous du strome.

Le *Sphæria picea* au sens de Montagne est une espèce complexe ; l'herbier du Muséum renferme de nombreux spécimens sur Ombellifères, Lupins ou Acanthes, qui diffèrent les uns des autres par l'aspect des réceptacles et les dimensions des spores.

Les formes sur Ombellifères (*Daucus*, *Torilis*, etc.) sont les plus fréquentes et peuvent être regardées comme typiques. Elles ont des stromes petits, elliptiques (2 à 6 millimètres de long sur 1 de large), des périthèces peu nombreux, non saillants, des thèques claviformes (50×10 μ) et des spores fusiformes toujours uniseptées et mesurant $10\text{-}12 \times 3\text{-}4$ μ.

La forme ci-dessus sur *Linaria tingitana* a les mêmes caractères microscopiques, mais des macules stromatiques bien plus irrégulières et bien plus grandes.

Le *S. picea* des tiges de Lupin a des petites macules, mais des spores de $17\text{-}24 \times 4$ μ; on doit le rattacher à la plante que nous avons décrite sous le nom de *Diaporthe lirelliformis* (*Bull. Soc. Myc. Fr.* XIII, 215) qui a les mêmes spores et croît sur *Phaca bætica* en Algérie.

Pleospora Rabenh.

P. herbarum (Pers.) Rabh. — Sur les feuilles d'*Arundo donax* avec *Macrosporium commune* Rabh. Tanger : Dunes. Sur les feuilles de *Galilea mucronata*. Tanger : Dunes.

Teichospora Fckl.

T. inverecunda (de Not.) Sacc. — Écorces d'*Opuntia*. Tanger : Souani.

Hysterographium Corda.

Fraxini (Pers.) de Not. — Sur les branches mortes. Tanger : Souani.

Phyllachora Fckl.

P. Trifolii (Pers.) Fckl. — Sur *Trifolium stellatum*. Tanger : Aïne Dalia, Bou Bana. Sur *T. resupinatum*. Tanger : Cherf el Akab. Sur *T. glomeratum*. Casablanca : Titmellil, Camp Boulhaut. Sur *T. Cherleri*. Fedhala ; Casablanca. Sur *T. tomentosum*. Tanger : Bou Bana ; Médiouna. Sur *T. maritimum*. Casablanca : Oukacha. Sur *T. scabrum*. Oued bou Skoura. Sur *T. suffocatum*. Tanger : Andjéra. Sur *T. isthmocarpum*. Camp Boulhaut ; Tanger : Aïne Dalia. Sur *T. bracteatum*. Camp Boulhaut.

P. Cyperi Rehm. — Sur les feuilles de *Cyperus turfosus*. Casablanca : Titmellil.

P. graminis Fckl. — Sur les feuilles de *Trisetum paniceum*. Casablanca : Ferme Boute. Sur les feuilles de *Panicum repens*. Casablanca : Bou Azza.

P. Cynodontis Niessl. — Sur les feuilles de *Cynodon dactylon*. Bou Znika.

P. Bromi Fckl. — Sur *Brachypodium distachyum*. Casablanca : Ferme Lamm. Sur *Brachypodium pinnatum*. Tanger : Aïne Dalia.

Pseudopeziza Fckl.

P. vernalis (Fckl.) Sacc. — Sur *Sherardia arvensis*. Casablanca : El Hank.

P. Medicaginis (Lib.) Sacc. — Sur les feuilles de *Medicago*. Tanger : Bou Bana, Bahrain.

Phoma Desm.

P. herbarum West. — Sur les tiges sèches de divers *Armeria*. Tanger : Djebel Kébir, Cherf el Akab.

P. **albicans** Rob. et Desm. — Tiges sèches de *Scolymus maculatus*. Tanger : Bou Bana.

Périthèces 200-300 μ, simplement papillés ou étirés en bec ; basides 15-20 μ de haut ; sporules 9 à 10 × 1 1/2 à 2 μ.

Phyllosticta Fr.

P. **Saponariæ** Sacc. — Sur tiges de *Dianthus virgineus*. Casablanca : Sidi Abderrhamane.

Macule blanche, parfois peu marquée. Sporules cylindracées, droites, 4 × 1/2 μ ; périthèces 80-100 μ de diamètre.

Darluca Cast.

D. **filum** Cast. — Parasite sur les sores d'un *Uredo* du *Cynodon dactylon*. Bou Znika.

Stagonospora Sacc.

S. **myriospora** n. sp. — Sur les feuilles d'*Andropogon hirtus*. Tanger : Bou Bana.

Périthèces en séries parallèles. roux-noirs, globuleux déprimés ± 120-200 μ de diamètre, coriaces, percés d'un pore au sommet, couverts par l'épiderme noirci, habituellement rapprochés en petits groupes ou plages noires de 1/2 à 1 millimètre de longueur, plus rarement solitaires et épars. Sporules hyalines, fusoïdes, aiguës aux deux extrémités, droites ou courbées, contenant plusieurs gouttes brillantes, triseptées, non étranglées aux cloisons. mesurant 18-24 × 3 μ, excessivement nombreuses.

Paraît proche du *S. Ischæmi* Sacc., mais il a les spores d'une grandeur double.

Ascochyta Sacc.

A. **graminicola** Sacc. — Sur *Piptatherum multiflorum*. Tanger : Bou Bana.

Périthèces globuleux, 30-33 μ ; sporules 12-14 × 3-4 μ.

Septoria Fr.

S. **scabiosicola** Desm. — Sur les feuilles de *Scabiosa maritima*. Casablanca : Ferme Boute.
S. **Passerinii** Sacc. — Sur les feuilles d'*Hordeum murinum*. Casablanca : El Hank.

Rhabdospora Mtg.

R. **Pepli** n. sp. — Sur les feuilles et les tiges d'*Euphorbia Peplus*. Tétouan : Oued Zarka.

Macules nulles ; périthèces épars ou rapprochés, enfoncés dans les tissus, globuleux, mous, bruns, petits (75-80 μ de diamètre), percés d'un pore au sommet. Spores extrêmement nombreuses, incolores. droites ou flexueuses, courtes (15-18 × 1-1 1/2 μ), non septées.

Asteroma Fr.

A. graminis West. f. **stipæ**. — Sur les feuilles du *Stipa tenacissima*. Tétouan : Djebel Dersa.

Macules très petites, depuis un point jusqu'à un millimètre de diamètre, orbiculaires, fibrilleuses au pourtour, noirâtres, très fortement adnées. Périthèces ponctiformes, noirs, épars sur le centre des macules et stériles.

Cladosporium Link.

C. herbarum Link. — Sur *Gaudinia fragilis*. Casablanca : El Hank.

LICHENES
Par MM. le Dr Bouly de Lesdain et C.-J. Pitard.

1. COLLEMACEÆ.

Collema cheileum Ach. *Lich. Univ.* 630 ; Flagey, *Cat. Lich. Alg.* 104.
>   Tétouan : *Beni Hosmar* (vers 1 000 m.).
> Au milieu des colonies de *Grimmia*.

C. pulposum Ach. *Lich. Univ.* 332 ; Flagey *Cat. Lich. Alg.* 105.
>   Tétouan : *Beni Hosmar* (900 m.).
> Sur les troncs d'arbres.

C. tenax Ach. *Lich. Univ.* 323 ; Flagey *Cat. Lich. Alg.* 105.
>   Tanger : Ruines de *Tanjier el Balia, Souani, Sarf, Bahrain, Zinel, Andjéra*. Tétouan :
>   plaine du *Rio Marlil, Fondak, Semsa, Yarghil, Beni Hosmar* (jusqu'à 1 000 m.), *Bou
>   Semlen*.
> Très abondant sur le sol argileux.

C. granosum Nyl. ; Stitz. *Lich. Afr.* 117, et L. H. *add.* II, n° 37.
>   Tétouan : *Val Tissa* (700 m.), *Beni Hosmar* (1 000 m.).
> Sur les troncs d'arbres, au milieu des Mousses.

C. hydrocharum Ach. *Lich. Univ.* 643 ; *C. pulposum* var. *hydrocharum* Nyl.
>   Tétouan : *Cavernes des Poliers, Semsa, Andjéra, Beni Hosmar* (900 m.).
> Sur les rochers calcaires humides.

C. furvum Ach. *Lich. Univ.* 323 ; Flagey *Cat. Lich. Alg.* 104.
>   Tétouan : *Djebel Dersa, Semsa, Val Tissa* (800 m.), *Beni Hosmar* (1 000 m.).
> Sur les écorces et sur les rochers calcaires.

C. aggregatum Nyl. *Lich. Alg.* 318 ; Stitz. *Lich. Afr.* 119.
>   Tanger : *Djebel Kébir*. Tétouan : *Oued Zarka*.
> Sur les écorces des Lentisques et des Chênes.

Collemodiopsis nigrescens Wainio *Etude classif. Lich. Brésil*, 235 ; *Synechoblastus nigrescens* Arn. ; Flagey *Cat. Lich. Alg.* 107.
>   Tanger : *Djebel Kébir, Cap Spartel, Andjéra*.
> Sur les rochers gréseux et calcaires.

Leptogium tremelloides Ach. *Lich. Univ.* 655 ; Stitz. *Lich. Afric.* 120.
>   — **Var. cæsium** (Ach.) Hue.
>   Tétouan : *Oued Zarka, Yarghil*.
> Sur les rameaux moussus des Chênes et des Lentisques dans les endroits très ombragés et
> frais.

L. scotinum Fr. *Summ. veget. Scand.* 294 ; Flagey *Cat. Lich. Alg.* 101
>   Tétouan : *Beni Hosmar*, vers 900 m.
>   — **Var. sinuatum** Harmand *Lichens de France*, 115.
>   Tétouan : *Val Tissa* (900 m.), au-dessus de *Yarghil* (600 m.), *Beni Hosmar* (9-1 200 m.)

→ *var.* **lacerum** Harmand, *l. c.* 115.

Tétouan : au-dessus de *Yarghil* (600 m.).

Au milieu des Mousses.

II. LICHENACEÆ.

Cladina silvatica (Hoffm.) Leight. *Not. Lichénolog.* XI, p. 418; *Cladoni₁ sylvatic* Hoffm.
Deutschl. Fl. II, 114 ; Flagey *Cat. Lich. Alg.* 8.
    Tanger : *Perdicaris, Djebel Kébir.*
Sur le sol, au milieu des Cistes et des Bruyères.

Cladonia furcata Schrad. *Spic. Fl. Germ.* 152.
    — *var.* **racemosa** Flk. *Comm.* 152.
    Tanger : *Djebel Kébir, Bou Bana.* Tétouan : *Andjéra, Semsa, Djebel Dersa.*
    — *var.* **palamæa** Nyl. *Scand.* 56.
    Tanger : *Djebel Kébir.*
Sur le sol, au milieu des Cistes et des Bruyères.

C. rangiformis Hoffm. ; *C. pungens* Kœrb. ; Flagey *Cat. Lich. Alg.* 8.
    Tanger : *Cap Spartel, Djebel Kébir, Djebel Darziro.* Tétouan : *Val Tissa* (800 m.).
Sur le sol, avec le précédent.

C. verticillata Hoffm. *Deutschl. Fl.* II, 122 ; Flagey *Cat. Lich. Alg.* 7.
    Tanger : *Djebel Kébir, Perdicaris, Cap Spartel.*
Sur le sol et au milieu des Mousses.

C. pyxidata Fr. *Nov. Sched. Crit.* 21 ; Flagey *Cat. Lich. Alg.* 6.
    Tanger : *Djebel Kébir, Cap Spartel, Djebel Darziro,* près *Arzila, Andjéra.* Tétouan : *Bou
    Semlen, Maraboul de Kilhan.*
    — *var.* **neglecta** Mass. *Sched. crit.* 82.
    Tanger : *Djebel Kébir, Cap Spartel, Hammar.*
Sur le sol argileux, parmi les Bruyères et les Cistes.

C. pityrea Fr. *Nov. Sched. crit.* 21.
    — *f^a scyphifera* Wain.
    Tanger : *Perdicaris, Djebel Kébir.*
Sur le sol moussu.

C. endiviæfolia Dicks. *Pl. crypt.* III, 17 ; Flagey *Cat. Lich. Alg.* 6.
    Tanger : *Djebel Kébir, Andjéra, Aïne Slaoua.* Tétouan : *Fondak, Semsa, Djebel Dersa*
    (500 m.), *Val Tissa* (700 m.), *Beni Hosmar* (9-1200 m.).
Sur le sol argileux et parmi les Mousses.

C. macilenta Hoffm. *Deutschl. Fl.* II, 125 ; Stitz. *Lich. Afric.* 133.
    Tanger : *Djebel Kébir, Perdicaris.*
Sur le sol, parmi les Mousses.

Usnea hirta Wnbg. *Suec.* 881 (p. p.) ; Flagey *Cat. Lich. Alg.* 1.
    Tanger : *Perdicaris, Djebel Kébir, Aïne Slaoua, Andjéra, Fondak.* Tétouan : *Oued Zarka.*
Sur les rameaux de divers arbres, surtout de Chêne-liège et d'Olivier.

Letharia arenaria Harmand *Lich. de France,* III, 392 ; *Evernia prunastri* var. *arenaria* Fr.
    Tanger : *Perdicaris.*

Sur le sol sablonneux.

Roccella phycopsis Ach. *Lich. Univ.* 440 ; Flagey *Cat. Lich. Alg.* 5.

Tanger : *Perdicaris*, falaises de la *rivière des Juifs, Cap Spartel*, ruines de *Tanjier el Balia*.

Tétouan : *Andjéra, Djebel Dersa* (3-400 m.), *Semsa, Beni Hosmar* (jusqu'à 1 000 m.).

Sur les rochers maritimes, plus rarement sur les troncs d'arbres (Caroubier).

R. fuciformis Ach. *Lich. Univ.* 440 ; Stitz. *Lich. Afr.* 144.

Chaouïa : *Sidi Abderrhamane.*

Falaises maritimes.

Ramalina bigeniculata B. de Lesd. nov. sp.

Thallus K = pallido osteoleuco-stamineus, nitidus, erectus, 4-5 cent. altus, e basi laciniatus, laciniis primariis 1-1,5 (rarius 3) mm. latis, lævigatis, vel præsertim basi foveolato-impressis, dichotome aut varie ramosis, apice interdum furcato-divisis, subteretibus aut subcompressis, subtusque plus minus canaliculatis. Apothecia pallido carneo-testacea, circa 0,2-0,25 mm. lata, plana, margine integro tenui concolore que cincta dein convexa immarginataque, breviter pedicellata, excipulo lævi, basi non contracto, marginalia, ramulo sub receptaculo geniculatim emisso, aliam apotheciam ferente, similiter geniculato attenuatoque ramulo ornatam. Sporæ 8 næ, hyalinæ, ellipsoideæ, utroque apice obtusæ, rectæ vel leviter curvulæ, 15-18 μ. long, 5-6 lat. Gelat. hymen. I + cærulescit.

La potasse appliquée sur la médule produit, assez longtemps après, une coloration rougeâtre.

Tanger : *Djebel Kébir.*

Sur les branches des arbustes.

R. evernioides Nyl. *Prodr.* 47 ; Stitz. *Lich. Afr.* 140.

Tanger : *Djebel Kébir, Hammar, Aïne Slaoua, Andjéra.*

Tétouan : *Fondak, Semsa, Maraboul de Kilhan.*

Sur les branches de Chêne-liège, Olivier, Caroubier, etc.

R. Bourgæana Mont. in Bourg. *Pl. Canar.* 1118 ; Stitz. *Lich. Afr.* 140.

Tanger : Falaises de la *rivière des Juifs, Djebel Kébir, Cap Spartel*, près *Arzila*. Chaouïa : *El Hank*, près *Casablanca.*

R. pusilla Le Prév. in Fr. *Lich. Eur.* 29.

Tanger : *Perdicaris, Djebel Kébir, Hammar*, près *Arzila, Aïne Slaoua*. Tétouan : *Andjéra, Fondak, Bou Semlen, Maraboul de Kilhan, Semsa.*

Sur les branches de divers arbres.

Cetraria aculeata Fr. *Syst. Orb. Vegel.* 239 ; Stitz. *Lich. Afr.* 148.

— *var. muricata* Ach. ; Schær. *Enum.* 17.

Tanger : Falaises méridionales du *Cap Spartel.*

Sur le sol rocailleux.

Teloschistes chrysophtalmus Th. Fr. *Gen. Heterolich. europ.* 51 ; *Borrera chrysophtalma* Ach. *Lich. Univ.* 502.

Tétouan : *Andjéra*, au *Fondak*.
Sur les rameaux de Lentisques.

T. intricatus Hue *Lich. extra-Europ.* in *Nouv. Arch. Mus.* IVe sér., 1, 102.
Tétouan : *Andjéra*, au *Fondak*.
Sur les rameaux de divers arbustes.

Anaptychia ciliaris Mass. *Mém. Lich.* 35 ; Flagey *Cat. Lich. Alg.* 5.
Tétouan : *Beni Hosmar* (9-1 200 m.).
Sur les branches de divers arbustes.

A. villosa Hue *Lich. extra-Europ.* 1, 102 ; Flagey *Cat. Lich. Alg.* 15.
Tétouan : *Andjéra, Fondak.*
Sur les rameaux de divers arbustes.

Pseudophyscia hypoleuca Hue *Lich. extra-Europ.* 111 ; *Physcia hypoleuca* Nyl. ; Stitz. *Lich. Afr.* 179.
— **f^a sorediifera** Müll. *Lich. Usamb.* (1894), 289.
Tétouan : *Oued Zarka.*
Sur les troncs de Chênes et de Lentisques.

P. aquila Hue *Lich. extra-Europ.* 116.
Tanger : *Djebel Kébir, Cap Spartel.*
Sur les parois rocheuses verticales exposées au nord.

Evernia prunastri Ach. *Lich. Univ.* 442 ; Flagey *Cat. Lich. Alg.* 2.
Tanger : *Djebel Kébir, Hammar, Andjéra, Aïne Slaoua, Zinel.* Tétouan : *Fondak, Oued Zarka, Marabout de Kilhan.*
Sur les branches de divers arbres.

Parmelia prolixa Nyl. *Lich. Scand.* 102 ; Flagey *Cat. Lich. Alg.* 14.
Tanger : *Cap Spartel, Djebel Kébir,* près *Arzila.*
— **var. perrugata** (Nyl.) Harm. *Cat. Lich. Lorraine,* 202.
Tanger : *Hammar.*
Sur les rochers gréseux.

P. conspersa Arch. *Meth.* 205 ; Flagey *Cat. Lich. Alg.* 12.
Tanger : *Rivière des Juifs, Djebel Kébir,* près *Arzila, Aïne Slaoua, Andjéra.* Tétouan : *Cavernes des Poliers.*
— **var. isidiosa** Müll. *Flora* [1883], 147.
Tanger : *Djebel Kébir.*
Sur les rochers, surtout gréseux.

P. sulcata Tayl. in Mack. *Fl. Hib.* 145 ; *P. saxatilis* var. *sulcata* Tayl. ; Flagey *Cat. Lich. Alg.* 12.
Tétouan : plaine du *Rio Martil.*
Sur les écorces de divers arbres.

P. cetrata Ach. *Syn.* 198 ; *P. perforata* Jacq. var. *cetrata* Stitz. *Lich. Afric.* 155.
Tanger : *Djebel Kébir, Cap Spartel,* vers *Arzila, Hammar.* Tétouan : *Bou Semlen, Yarghil, Beni Hosmar* (jusqu'à 1 200 m.).
— **var. sorediifera** Wainio.
Tanger : *Perdicaris.*
Sur les rochers et les troncs d'arbres moussus.

P. caperata Ach. *Syn.* 126 ; Flagey *Cat. Lich. Alg.* 11.
>   Tanger : *Djebel Kébir, Hammar, Arzila, Aïne Slaoua, Andjéra.*
> Sur les troncs d'arbres et les rochers, parmi les Mousses.

P. saxatilis Ach. *Meth.* 204 ; Flagey *Cat. Lich. Alg.* 13.
>   Tanger : *Perdicaris, Djebel Kébir, Cap Spartel,* près *Arzila, Andjéra,* Tétouan : *Val Tissa* (600 m.).
> Sur les rochers et les troncs d'arbres moussus.

Xanthoria parietina Th. Fr. *Arct.* 67; *Parmelia parietina* de Not. ; Flagey *Cat. Lich. Alg.* 19.
>   Tétouan : Murailles de la ville, *Semsa, Bou Semlen, Val Tissa* (800 m.), *Beni Hosmar* (jusqu'à 1 800 m.). Chaouïa : *Sellal, Camp Boulhaut.*
>   — **var. aureola** Nyl. *Syn.* 1, 411.
>   Tanger : *Hammar, Perdicaris, Djebel Kébir, Cap Spartel, Aïne Slaoua, Zinet, Andjéra, Fondak.*
>   — **var. imbricata** Mass. *Sched. crit.* 41.
>   Tétouan : *Cavernes des Potiers, Beni Hosmar,* vers 900 m.
> Sur les rochers ou divers troncs d'arbres.

Physcia ascendens Bitter *Ueber die Variab. einiger Laubfl.* etc., 431.
>   — **f.ᵃ tenella** (Scop.) B. de Lesd. ; *P. tenella* DC. ; et **f.ᵃ leptalea** (Ach.) B. de Lesd.
>   Tanger : *Perdicaris, Djebel Kébir.* Tétouan : *Beni Hosmar* (800 m.).
> Sur les troncs de Chêne-liège.

P. cæsia Nyl. *Prodr.* 308 ; Flagey *Cat. Lich. Alg.* 18.
>   Tanger : *Djebel Kébir.*
> Sur les écorces de divers arbres.

P. pulverulenta Nyl. *Prodr.* 62 ; Flagey *Cat. Lich. Alg.* 17.
>   — **var. muscigena** Nyl. *Syn.* I, 420.
>   Tanger : *Djebel Kébir, Cap Spartel.*
> Sur les rochers moussus.

P. farrea Ach. *Lich. Univ.* 475 ; *P. pulverulenta* Nyl. var. *farrea* Nyl. ; Flagey *Cat. Lich. Alg.* 17.
>   Tanger : *Cap Spartel, Djebel Kébir.*
>   — **var. leucoleiptes** Tuck. **f.ᵃ enteroxanthella** Harm. *Lich. de Fr.* 636.
>   Tanger : *Cap Spartel.*
> Sur les rochers gréseux et moussus.

Peltigera polydactyla Hoffm. *Ic.* 106 ; Flagey *Cat. Lich. Alg* .10.
>   Tétouan : Au-dessus de *Yarghil* (600 m.).
> Sur le sol, parmi les Mousses.

Nephromium lusitanicum Nyl. *Fl.* [1870], 38 ; Flagey *Cat. Lich. Alg.* 9.
>   Tanger : *Perdicaris, Djebel Kébir, Cap Spartel.* Tétouan : *Andjéra,* au-dessus de *Yarghil* (600 m.).
> Sur le sol ou les souches d'arbres, au milieu des Mousses.

Umbilicaria pustulata Hoffm. *Deutschl. Fl.* II, 111 ; Stitz. *Lich. Afr.* 186.
>   Tanger : *Djebel Kébir,* au-dessus de *Bou Bana.*
> Sur les rochers gréseux.

Lobarina scrobiculata Nyl. *Fl.* [1877], 123 ; Flagey *Cat. Lich. Alg.* 11.

Tétouan : Près de la cascade de l'*Oued Zarka*.
Sur les écorces des Chênes.

Pannaria leucosticta Tuck. *Darl. Fl. Cestr.* ed. III, 441.
Tétouan : *Yarghit, Oued Zarka*.
Sur les troncs moussus de divers arbres.

Coccocarpia plumbea Nyl. *Scand.* 128 ; Flagey *Cat. Lich. Alg.* 21.
Tétouan : *Oued Zarka*.
Sur les troncs moussus de Lentisques.

Placodium murorum DC. *Fl. Fr.* II, 378 ; Flagey *Cat. Lich. Alg.* 29.
Tétouan : Murailles de la ville.

P. sympageum (Ach.) Oliv. ; *P. Heppianum* Flagey *Cat. Lich. Alg.* 58.
Tanger : *Bou Bana*. Tétouan : *Oued Zarka*.
Sur les pierres calcaires.

Caloplaca pyracea Fr. *Lich. Scand.* 178 ; Flagey *Cat. Lich. Alg.* 33.
Tanger : *Djebel Kébir*.
Sur les écorces de divers arbres.

C. vitellina Nyl. in Hue, 76 ; Flagey *Cat. Lich. Alg.* 35.
Chaouïa : Entre *Sidi Feali* et *Mechra ben Abou*.
Sur les rochers.

Rhinodina confragosa Krb. *Syst. Lich. Germ.* 125 ; *R. Bischoffi* var. *confragosa* Hepp ; Flagey
Cat. Lich. Alg. 39.
Tanger : *Cap Spartel*.
Sur les rochers gréseux.

Squamaria crassa DC. *Fl. Fr.* II, 176 ; *Psoroma crassum* Kœrb. ; Flagey *Cat. Lich. Alg.* 25.
Tanger : *Cap Spartel*. Tétouan : *Semsa*, au-dessus de *Yarghit* (900 m.), *Val Tissa* (700 m.),
Beni Hosmar (jusqu'à 1 200 m.).
Sur le sol argileux.

S. lentigera DC. *Fl. Fr.* 376 ; *Psoroma lentigerum* Kœrb. ; Flagey *Cat. Lich. Alg.* 26.
Tanger : *Bahrain, Aïne Dalia*. Chaouïa : *Sellal*.
Sur le sol argileux et les vieux murs terreux.

S. saxicola (Poll.) Nyl. *Scand* 32. *Lichen. saxicola* Poll. *Pl. Pal.* 225 ; Stitz. *Lich. Afr.* 193.
Chaouïa : entre *Sidi Feali* et *Mechra ben Abou*.
Sur les pierres de la steppe.

S. fulgens Tul. *Mém.* 150 ; *Psoroma fulgens* Kœrb. ; Flagey *Cat. Lich. Alg.* 27.
Tanger : *Souani, Bahrain*, près *Arzila*. Tétouan : *Andjéra, Beni Hosmar* (jusqu'à 1 200 m.).
Sur le sol argileux.

Lecanora atra Ach. *Lich. Univ.* 344 ; Flagey *Cat. Lich. Alg.* 44.
Tanger : *Djebel Kébir*, ruines de *Tanjier el Balia*.
Sur les pierres et les rochers.

L. subfusca Ach. *Lich. Univ.* 393 ; Flagey *Cat. Lich. Alg.* 47.
Tanger : *Bahrain*.
Sur les écorces de Caroubier.

L. albella Ach. *Lich. Univ.* 369 ; Flagey *Cat. Lich. Alg.* 48.

Tanger : *Djebel Kébir, Perdicaris.*
Sur les branches de divers arbres.

L. Fealiensis B. de Lesd. nov. sp.

Crusta K + J, pallido albido-flavescens, aut passim albido-cinerea, tenuis, hypothallo atro-cæruleo limitata, areolata, areolis planis, sublævigatis, contiguis, angulosis, circa 0,3-0,5 mm. latis. Apothecia C —, nigra, sat dense pruinosa, 0,3-0,4 mm. lata, innata, plana, thallum æquantia. margine thallino, tenui integroque cincta. Epithecium olivaceum, thecium et hypothecium incolorata, paraphyses graciles, cohærentes, ramosæ, asci clavati, 74 μ. long. ; sporæ hyalinæ, ellipsoideæ vel ellipsoideo-oblongæ, 13-15 μ. long., 6,5 lat. Gelat. hym. I + cærulescit. Spermogonia numerosa, punctiformia, atra, in areolis immersa ; spermatia arcuata, 15-24 μ. long., 0,9-1 (vix) lat. — Prope *Lecanoram subcarneam* locanda.

Chaouïa : Entre *Sidi Feali* et *Mechra ben Abou.*
Sur les rochers.

Aspicilia calcarea Kœrb. *Par.* 95 ; Flagey *Cat. Lich. Alg.* 50.
Chaouïa : *Sellat,* entre *Guicer* et *Dar Chafaï.*
Sur les pierres calcaires des vieux murs et les cailloux de la steppe.

A. maroccana B. de Lesd. nov. sp.

Crusta K—, C—, obscure cinereo-glauca, sat tenuis, irregulariter limitata, areolata, areolis contiguis, angulosis, minutis, circa 0,3-0,5 mm. lat., lævigatis, intus subtusque albidis ; medulla I —. Apothecia in areolis leviter convexis, singula vel plura, nigra, nuda, circa 0,15-0,2 mm. lata, irregulariter rotundata vel oblonga, persistenter immersa, margine thallino albido tenuique, parum elevato cincta. Epithecium olivaceum, thecium et hypothecium incolorata, paraphyses liberæ, graciles, flexuosæ, leviter ramosæ eseptatæque, asci cylindrici, basi breve caudati, 150-180 μ. long. ; sporæ 6 (monostichæ) aut 8 (distichæ) næ, oblongæ, 33-45 μ. long., 20-23 lat., exosporio 3 μ. crasso. Gelat. hym. I + intense cærulescit.

Tanger : *Djebel Kébir.*
Sur les rochers gréseux.

Acarospora cæsio-cinerea B. de Lesd. nov. sp.

Crusta K —, C—, cæsio-cinerea, tenuis, areolata, areolis planis, sublævigatis, primum dispersis, subrotundatis, 0.5-0.6 mm. latis, dein contiguis, angulosis, sæpeque margine tenuissimo cinctis ; in ambitu vage radians saxoque arcte adhærens. Apothecia nigra, pruinosa, 0,3-0,4 mm. lata, in areolis singula, subrotundata, immersa, dein thallum æquantia, margine thallino tenuissimo integroque cincta. Epithecium olivaceum, thecium et hypothecium incolorata, paraphyses arcte cohærentes, articulatæ, in apice rotundatæ, 2,5-3 μ. crassæ, asci clavati ; sporæ numerosissimæ, simplices. hyalinæ, oblongæ, 6-9 μ long., 2,5-3 crass. Gelat. hym. I + cærulescit.

> Chaouïa : entre *Guicer* et *Dar Chafaï.*
> Sur les rochers et les pierres calcaires de la steppe.

A. maroccana B. de Lesd. nov. sp.

Crusta intense flava, intus concolor, subtus albida, circa 0,2-0,5 mm. crassa, areolata, areolis planis, contiguis, angulatis, circa 1 mm. latis, in ambitu vage radians crenataque, saxo arcte adhærens. Apothecia in areolis singula vel plura, 0,3-0,5 mm. lata, subrotundata vel angulosa, immersa dein thallum æquantia, margine crenulato, thallo concolore, discum pallido-flavum superante. Epithecium luteolo-granulosum, thecium et hypothecium incolorata, paraphyses arcte cohærentes, articulatæ, asci clavati ; sporæ numerosissimæ, hyalinæ, sphæricæ, 3,5-4 mm. diam. Gelat. hym. I + cærulescit.

> Chaouïa : entre *Sidi Feali* et *Mechra ben Abou.*
> Sur les falaises de porphyrite près l'*Oued Oum er Rbia.*

Ochrolechia parella Arn. ; *Lecanora parella* Schær. ; Flagey *Cat. Lich. Alg.* 43.
> Tanger : *Djebel Kébir, Bou Bana, Cap Spartel,* près *Arzila, Aïne Slaoua.* Tétouan :
> *Andjéra, Fondak, Beni Hosmar* (600 m.).
> Sur les pierres et les écorces.

Dirina repanda Nyl. *Alg.* 313 ; Flagey *Cat. Lich. Alg.* 60.
> Tanger : ruines de *Tanjier et Balia, Sarf.* Tétouan : *Fondak, Cavernes des Poliers, Oued
> Zarka, Beni Hosmar* (jusqu'à 1 000 m.).
> Sur les pierres des murailles et les rochers.

D. ceratoniæ Nyl. *Fl.* [1878], 453 ; Flagey *Cat. Lich. Alg.* 61.
> Tanger : *Bahrain, Fondak, Aïne Slaoua.* Tétouan : *Semsa, Andjéra, Yarghil.*
> Sur les écorces de Caroubier, parfois aussi sur l'Olivier.

Pertusaria velata Nyl. *Lich. Scand.* 179 ; Stitz. *Lich. Afr.* 137.
> Tanger : *Djebel Kébir.*
> Sur les écorces de Chêne-liège.

P. multipunctata Nyl. *Lich. Scand.* 179 ; Flagey *Cat. Lich. Alg.* 58.
> Tanger : *Bou Bana.* Tétouan : *Oued Zarka.*
> Sur les troncs, parmi les Mousses ou sur les écorces.

P. communis DC. *Fl. Fr.* II, 320 ; Flagey *Cat. Lich. Alg.* 57.
> Tanger : *Djebel Kébir.*
> Sur les troncs de Chêne-liège.

Urceolaria scruposa Arch. *Meth.* 147 ; Flagey *Cat. Lich. Alg.* 135.
> Tanger : *Djebel Kébir.*
> — **var. arenaria** Ach. in Schær. *Spic.* 75.
> Tanger : *Hammar.*
> Sur les rochers gréseux.

Psora lurida Kœrb. *Syst.* 176 ; Flagey *Cat. Lich. Alg.* 67.
   Tétouan : *Djebel Dersa* (3-400 m.), au-dessus de *Yarghil* (800 m.), *Beni Hosmar* (900 m.).
   Sur le sol aride et les rochers calcaires.

P. decipiens Kœrb. *Syst.* 177 ; Flagey *Cat. Lich. Alg.* 58.
   Tétouan : *Djebel Dersa.*
   Sur le sol argileux.

Lecidea parasema Ach. *Lich. Univ.* 175 ; *Lecidea elæochroma* Fr. ; Flagey *Cat. Lich. Alg.* 71.
   Tanger : *Perdicaris, Djebel Kébir.* Tétouan : *Djebel Dersa.*
   Sur l'écorce de divers arbres.

L. lactea Flk. in litt. Stitz. *Lich. Afr.* 157.
   Tanger : *Djebel Kébir.*
   Sur les rochers gréseux.

L. confluens Er. *Lich. Europ.* 318.
   Tanger : *Djebel Kébir.*
   Sur les rochers gréseux.

Blastenia festiva (E. Fr.) B. de Lesd.
   f^a convexa B. de Lesd. f. nov.

Thalle cendré-blanchâtre, très mince, dispersé, rimeux-aréolé par places. Apothé-cies K + R ; roux ferrugineux, de 0^mm,4-0^mm,8 de diamètre, le plus souvent disper-sées, d'abord légèrement concaves, à bord mince, concolore et entier, puis planes à marge flexueuse, et enfin convexes à marge peu distincte. Epithecium jaunâtre-gra-nuleux, thecium et hypothecium incolores, paraphyses grêles, articulées, ramifiées près du sommet, thèques claviformes, longues de 60-75 μ ; spores polocœlées à loges réunies par un tube étroit, longues de 13-18 sur 6-8 μ.

   Tanger : Falaises de la *Rivière des Juifs.*
   Sur les rochers gréseux.

B. ferruginea Arn. ; *Caloplaca ferruginea* Th. Fr. ; Flagey *Cat. Lich. Alg.* 33.
   Tanger : *Cap Spartel, Djebel Kébir.*
   Sur les rochers gréseux.

B. aurantiaca (Fr.) B. de Lesd. ; *Caloplaca aurantiaca* Fr. *Lich. Scand.* 177 ; Flagey *Cat. Lich Alg.* 32.
   Tanger : *Djebel Kébir, Andjéra, Aïne Slaoua.*
   Sur les écorces de Chêne-liège et de divers arbres.

Thallœdema cæruleo-nigricans Th. Fr. *Lich. Scand.* 336 ; Flagey *Cat. Lich. Alg.* 62.
   Tétouan : Murailles de la ville, au-dessus de *Bou Semlen, Val Tissa* (600 m.), *Beni Hosmar* (jusqu'à 1 200 m.).
   Sur le sol argileux ou les pierres calcaires.

T. tabacinum Mass. *Mém.* 121 ; Flagey *Cat. Lich. Alg.* 63.
   Tétouan : *Beni Hosmar* (1 200 m.).
   Sur le sol argilo-calcaire.

T. candidum Kœrb. *Syst.* 179 ; Flagey *Cat. Lich. Alg.* 63.

Tétouan : *Semsa, Andjéra.*
Sur les rochers calcaires.

Bilimbia Pitardi B. de Lesd. nov. sp.

Crusta cinerea, tenuissima, effusa. Apothecia nigra, nuda, 1-1,9 mm. lata, primum leviter concava, margine integro concoloreque cincta, dein plana, tandemque convexa margine demisso, sparsa vel 3-4 aggregata, deformiaque. Epithecium viridulo-olivaceum, thecium incoloratum, hypothecium fuscum, paraphyses liberæ, eseptatæ, apice viridulo-clavatæ, asci clavati, circa 51-60 µ. long. ; sporæ 8 næ, hyalinæ, 1, 2 vel 3 septatæ, rectæ, interdum leviter curvulæ, ellipsoideo-oblongæ, uno apice angustiores, 15-21 µ. long., 5 à 6 lat. Gelat. hym. 1 + cærulescit.

Tanger : *Souani.*
Sur la terre argileuse.

Diploicia canescens Kœrb. *Syst.* 174 ; *Buellia canescens* de Not. ; Flagey *Cat. Lich. Alg.* 77.
Tanger : *Souani.*
Sur l'écorce des Robiniers.

Opegrapha grumulosa (Duf.) Nyl. *Prodr.* 398 ; Flagey *Cat. Lich. Alg.* 81.
Tétouan : *Oued Zarka.*
Sur les rochers de la cascade.

O. atra Pers. *Ust.* ; Nyl. *Lich. Alg.* 315 ; Flagey *Cat. Lich. Alg.* 83.
Tanger : *Cap Spartel, Djebel Kébir, Souani, Perdicaris, Andjéra.*
Sur les écorces de divers arbres et arbustes.

O. varia Fr. *Lich. Eur.* 364 ; Flagey *Cat. Lich. Alg.* 82.
— **var. lichenoides** (Pers.) Schær.
Tanger : *Souani.*
Sur les écorces de Peuplier.

O. Pitardi B. de Lesd. nov. sp.

Crusta cinerea, hic inde lineis nigris decussata. Apothecia nigra, rotundata, oblonga, vel deformia, circa 1 mm. long., pruina alba suffusa, primum plana, margine tenui cinereoque cincta, dein convexa. Epithecium olivaceum, thecium incoloratum, hypothecium fusco-nigrum, paraphyses liberæ, simplices, asci clavati ; sporæ 8 næ, hyalinæ, fusiformes, rectæ vel leviter curvatæ, 3 sept. 30-33 µ long., 6 lat. Gelat. hym. 1 + vinose rubet.

Tanger : Falaises de la *Rivière des Juifs.*
Sur les écorces des vieux Pins.

Endocarpon hepaticum Ach. *Syn.* 6 ; Flagey *Cat. Lich. Alg.* 87.
Tétouan : *Beni Hosmar,* vers 1 200 m.
Sur le sol argilo-calcaire.

Verrucaria rupestris Schrad. *Spic.* [1794], 109 ; Flagey *Cat. Lich. Alg.* 95.
Tétouan : *Beni Hosmar* (9-1 200 m.).
Sur les rochers calcaires.

V. calciseda DC. *Fl. Fr.* 317 ; Flagey *Cat. Lich. Alg.* 96.

Tétouan : *Beni Hosmar* (800 m.).

— **fᵃ calcivora** Mass. *Hb. Anzi It. sup.* 375 ; Flagey *l. c.* 96.

Spermaties droites, longues de 5-6, sur 0,9 μ.

Chaouïa : entre *Guicer* et *Dar Chafaï*.
Sur les pierres calcaires de la steppe.

CONTRIBUTION A L'ÉTUDE DE LA FLORE DU MAROC OCCIDENTAL ET CENTRAL

Ligne d'étapes de Rabat à Fez.

M. le lieutenant Mouret, actuellement à Fez, vient d'occuper ses rares loisirs depuis novembre 1911 à la récolte et à la détermination des plantes du Maroc. Il était déjà bien connu par ses abondantes récoltes botaniques dans le Tonkin septentrional, que notre collaboration à la flore d'Indo-Chine, sous la direction de M. le professeur Lecomte, nous avait déjà fourni l'occasion d'examiner.

M. Mouret avait transmis ses récoltes à notre très aimable confrère M. Jahandiez qui nous a prié de les étudier.

La présente liste comprend les espèces collectées par M. Mouret du mois de novembre 1911 au mois d'août 1912. Depuis, deux nouveaux envois nous ont été transmis, mais trop tard pour être compris dans l'énumération suivante. Nous les publierons à la suite de notre prochain compte rendu de mission, avec la diagnose de quelques espèces nouvelles du premier envoi que l'absence de fruit rendrait actuellement incomplète.

La liste suivante est intéressante par son chiffre d'espèces déjà élevé (817). Elle pourra en outre hâter beaucoup la publication des données de géographie botanique que nous avons déjà recueillies sur le Maroc occidental.

Bien des espèces n'avaient été collectées qu'une seule fois et M. Mouret les a souvent rencontrées très loin de leur seul gîte connu. L'aire des espèces spéciales au Maroc, ou des types très rares, devient déjà mieux délimitée. Parmi les principales, rappelons : *Malcolmia Broussonnetii* DC., *Ononis Cintrana* Brot., *O. porrigens* Schousb., *O. Maweana* Ball, *O. Schousbœi* Coss., *Eryngium tenue* Ball, *Anthemis tenuisecta* Ball, *Amberboa maroccana* Murb., *Trachelium angustifolium* Schousb., *Nonnea heterostemon* Murb., *Celsia ramosissima* Benth., *Linaria Munbyana* B. et R., *Salvia viridis* L., *Thymelæa lythroides* Murb., *Ammochloa involucrata* Murb., *Marsilia strigosa* Willd, etc.

Enfin trois belles espèces sont nouvelles : nous les publierons ultérieurement. Elles se rattachent aux genres *Ulex*, *Lotus* et *Astragalus*. Parmi les espèces nouvelles que renferme notre liste de Phanérogames de la Chaouïa, M. Mouret avait également récolté : *Convolvulus Gharbensis* Batt. et Pit., *Eryngium atlanticum* Batt. et Pit. (très jeune, sans fleurs), *Scirpus Pitardi* Trabut et *Gaudinia maroccana* Trabut.

LISTE DES PLANTES COLLECTÉES
Par M. Mouret (Rabat à Fez, 1911-12).

Renonculacées.

Clematis cirrhosa L. — Camp Monod (IV), bords du Bou Regreg à Rabat (XII).
Adonis microcarpa DC. — Camp Monod (III), Fez (VII).
Anemone palmata L. — Forêt de la Mamora, près Camp Monod (II).
Ranunculus aqualilis L. — Chellah (I).
R. trichophyllus Chaix. — Oued Beth à Souk el Arba (VI).
R. bullatus L. — Près Rabat (XI).
R. spicatus Desf. — Camp Monod (II, IV).
R. chærophyllus L. var. *flabellatus* Coss. — Camp Monod (II, III).
R. palustris L. var. *macrophyllus* Coss. — Camp Monod (III, IV), Chellah (I), Fez (VI).
R. ophioglossifolius Vill. — Chellah (IV).
R. philonotis Retz. — Chellah (I), Camp Monod (IV).
R. muricatus L. — Rabat (IV), Camp Monod (IV).
Delphinium peregrinum L. — Rabat (I), Camp Monod (V), Mamora (VI), Salé (VI).
D. halteratum Sibth. et Sm. — Rabat (IV), Mequinez (VI).
Nigella damascena L. — Camp Monod (III, IV).
N. arvensis L. var. *Cossoniana* Ball. — Camp Monod (IV), Fez (VI).

Papavéracées.

Papaver somniferum L. — Rabat (IV).
P. Rhœas L. — Camp Monod (III, IV).
P. dubium L. — Rabat (I).
P. hybridum L. — Camp Monod (III).
Glaucium luteum Scop. — Salé (XII).
G. corniculatum Curt. — Rabat (VI).

Fumariaoóoo,

Fumaria officinalis L. — Rabat (I).
F. parviflora Lam. — Mequinez (VI).
F. capreolata L. — Rabat (XII).

Crucifères.

Naslurtium officinale R. Br. — Chellah (IV).
Cardamine hirsuta L. — Camp Monod (II).
Alyssum campestre L. — Souk el Arba (VI).
Koniga marilima R. Br. — Rabat (XI).
K. libyca R. Br. — Rabat (XI).
Malcolmia littorea R. Br. — Rabat (XII, I).
M. Broussonnetii DC. — Rabat (XII).
Malcolmia sp. — Camp Monod (V).
Sisymbrium Irio L. — Salé (IV, VI).
S. Columnæ Jacq. — Salé (IV).
S. erysimoides Desf. — Fez (VI).
Sinapis nigra L. — Rabat (IV).
S. arvensis L. — Camp Monod (III).
S. alba L. — Camp Monod (IV).
Hirschfeldia adpressa Mœnch. — Camp Monod (III), Souk el Arba (VI).
Brassica amplexicaulis Coss. — Camp Monod (III).
B. Napus L. — Rabat (XII).
Diplotaxis siifolia Knze. — Rabat (XI, XII), Salé (IV), Camp Monod (VI).
D. virgata DC. — Camp Monod (III).
Eruca stenocarpa B. et R. — Fez (VII).
E. sativa Lam. — Oued Djedida, près Fez (VI).
Carrichtera Vellæ DC. — Souk el Arba (VII).
Psychine stylosa Desf. — Souk el Arba (VI).
Capsella bursa pastoris Mœnch. — Rabat (XII).
Senebiera Coronopus Poir. — Rabat (IV).
Lepidium sativum L. — Salé (VI), Fez (VII).
L. latifolium L. — Chellah (VI).
Biscutella apula L. — Rabat (XII, I).
B. auriculata L. — Fez (VI).
Teesdalia Lepidium DC. — Camp Monod (II).
Hutchinsia procumbens Desv. — Chellah (I).
Rapistrum rugosum All. — Camp Monod (IV), Fez (VI).
Cakile marilima Scop. — Salé (VI).
Raphanus sativus L. — Fez (VI).
R. Raphanistrum L. — Camp Monod (III).

Capparidées.

Capparis spinosa L. — Fez (VI).

Résédacées.

Reseda alba L. — Camp Monod (II), Casablanca (VIII).
R. tricuspis C. et B. — Souk el Arba à Mequinez (VI).
R. luteola L. — Rabat (XII).
Astrocarpus Clusii J. Gay. — Mamora (I), Camp Monod (II).

Cistinées.

Cistus crispus L. — Camp Monod à Tiflet (IV),
C. salvifolius L. — Mamora (III).
Helianthemum macrosepalum Dun. — Rabat (II), Camp Monod (II, V, VI).
H. echioides Pers. — Mamora (IV), Camp Monod (IV).
H. niloticum Pers. — Rabat (III).
H. ægyptiacum Mill. — Chellah (I).
H. salicifolium Pers. — Rabat (I).
H. virgatum Pers. — Camp Monod (III), Souk el Arba (VI).

Polygalées.

Polygala monspeliaca L. — Camp Monod (IV).

Frankéniacées.

Frankenia pulverulenta L. — Rabat (VI).
F. velutina Ball. — Rabat (I, IV).
F. lævis L. — Rabat (IV).

Caryophyllées.

Dianthus prolifer L. — Camp Monod (IV).
D. lusitanus Brot. — Oued Djedida, près Fez (VI).
Tunica compressa F. et M. — Oued Djedida, près Fez (VI).
Saponaria Vaccaria L. — Salé (IV), Fez (VII).
Silene inflata Sm. — Camp Monod (III).
S. tridentata Desf. — Fez (VII).
S. gallica L. — Rabat (IV), Camp Monod (V).
S. micropetala Lag. — Camp Monod (IV).
S. setacea Viv. — Camp Monod (IV).
S. glauca Pourr. — Camp Monod (II).
S. Portensis L. — Tiflet (VI).
S. muscipula L. — Fez (VI).
S. Nicæensis All. — Rabat (I, VI).
Eudianthe læta Fenzl. — Camp Monod (IV).

E. Cœli-rosa Fenzl. — Camp Monod (IV, V).
Lychnis macrocarpa Boiss. — Camp Monod (III).
Cerastium glomeratum Thuil. — Rabat (I), Camp Monod (II, III).
Mœnchia erecta Gærtn. — Camp Monod (II, III).
Arenaria emarginata Brot. — Rabat (I).
Alsine procumbens Fenzl. — Salé (IV).
Stellaria media Vill. — Rabat (XII).
Buffonia tenuifolia L. — Oued Djedida, près Fez (VI).
Sagina apetala Ard. — Rabat (I, II, IV), Camp Monod (II, III).
Spergula arvensis L. — Rabat (XI).
Spergularia marginata Boiss. — Rabat (I).
S. rubra Pers. — Rabat (XII), Camp Monod (III).
S. fimbriata B. et R. — Rabat (X).

Paronychiées.

Polycarpon tetraphyllus L. — Camp Monod (IV).
Lœflingia hispanica L. — Camp Monod (V).
Herniaria cinerea DC. — Salé (IV).
Paronychia echinata Lam. — Camp Monod (III, V).
P. argentea Lam. — Rabat (I).
P. nivea DC. — Méquinez (VII).
Illecebrum verticillatum L. — Camp Monod (IV).
Corrigiola telephiifolia Pourr. — Rabat (XI).

Tamariscinées.

Tamarix africana Poir. — Camp Monod (III).
T. gallica L. — Rabat (IV), Oued Djedida, près Fez (VI).

Hypéricinées.

Hypericum ciliatum Lam. — Camp Monod (IV), Chellah (IV).
H. pubescens Boiss. — Camp Monod (VI).
H. tomentosum L. — Sidi Barraoui (V), Camp Monod (V).

Élatinées.

Elatine campylosperma Scub. — Mamora (IV).

Malvacées.

Lavatera trimestris L. — Camp Monod (IV).
L. Olbia L. — Camp Monod (IV).
L. cretica L. — Camp Monod (IV).

Malva hispanica L. — Camp Monod (IV).
M. parviflora L. — Camp Monod (IV).

Linées.

Linum angustifolium Huds. — Chellah (I).
L. tenue Desf. — Camp Monod (IV, V).
L. strictum L. — Camp Monod (IV), Rabat (VI).

Zygophyllées.

Tribulus terrestris L. — Rabat (VI).
Fagonia cretica L. — Rabat (XII).
Peganum Harmala L. — Salé (VI).

Géraniacées.

Geranium molle L. — Camp Monod (II).
G. dissectum L. — Camp Monod (III).
G. Robertianum L. — Chellah (IV).
Erodium cicutarium L'Hér. — Rabat (XII), Camp Monod (II, III).
E. moschatum Willd. — Rabat (XII), Camp Monod (II).
E. ciconium L'Her. — Camp Monod (II).
E. Botrys Bert. — Camp Monod (IV).
E. malacoides L'Her. — Rabat (XII), Camp Monod (II, V).

Oxalidées.

Oxalis corniculata L. — Rabat (XII).
O. libyca Viv. — Rabat (I).

Rutacées.

Ruta Chalepensis L. — Camp Monod (IV).

Rhamnées.

Zizyphus Lotus L. — Salé (VI).
Rhamnus oleoides L. — Rabat (IV), Souk el Arba (VI).

Ampélidées.

Vitis vinifera L. — Bou Regreg, près Camp Monod (IV).

Térébinthacées.

Rhus pentaphylla Desf. — Camp Monod (III).
Pistacia Lentiscus L. — Camp Monod (III).
P. Terebinthus L. — Souk el Arba (VI).

Légumineuses.

Anagyris fœtida L. — Bou Regreg à Rabat (XII, III).

Lupinus hirsutus L. — Rabat (II).
L. angustifolius L. — Camp Monod (II, IV).
L. luteus L. — Camp Monod (III).
Calycotome intermedia Link. — Oued Djedida (VI).
Retama Bovei Spach. — Chellah (I), Camp Monod (III).
Ulex Moureti Pitard sp. n. — Mamora, près de Camp Monod (II).
U. megalorites Webb. — Mamora (I).
Sarothamnus gaditanus B. et R. — Camp Monod (II), Mamora (V).
Cytisus linifolius Lam. — Entre Salé et Camp Monod (I), Mamora (IV).
Ononis porrigens Salzm. — Camp Monod (IV).
O. pubescens L. — Fez (VI).
O. cintrana Brot. — Mamora (IV).
O. Maweana Ball. — Camp Monod (III).
O. Schousbœi Coss. — Mamora (IV).
O. pendula Desf. — Camp Monod (IV), Salé (IV).
O. antiquorum L. — Méquinez à Fez (VI).
O. mitissima L. — Camp Monod (V).
O. diffusa Ten. — Salé (IV).
Trigonella Fœnum-græcum L. — Camp Monod (III, IV).
Medicago marina L. — Rabat (IV).
M. orbicularis All. — Camp Monod (IV).
M. secundiflora DR. — Camp Monod (IV).
M. sativa L. — Fez, cultivée (VI).
M. littoralis Rohde. — Rabat (IV).
M. tribuloides Desr. — Camp Monod (IV).
M. turbinata Willd. — Camp Monod.
M. denticulata Willd. — Camp Monod (III, IV).
M. lappacea Desr. — Camp Monod (III, IV).
M. minima Desr. — Camp Monod (III).
M. obscura Retz. — Camp Monod (III).
Trifolium angustifolium L. — Camp Monod (IV).
T. stellatum L. — Salé (VI).
T. brateactum Schousb. — Camp Monod (IV), Fez (VI).
T. Cherleri L. — Camp Monod (IV), Salé (IV).
T. lappaceum L. — Camp Monod (IV).
T. maritimum Huds. — Camp Monod (V).
T. arvense L. — Camp Monod (III).
T. scabrum L. — Camp Monod (IV), Salé (IV).
T. strictum L. — Camp Monod (IV).
T. subterraneum L. — Camp Monod (II).
T. fragiferum L. — Camp Monod (IV).
T. resupinatum L. — Rabat (IV).

T. tomentosum L. — S¹ Barraoui (III), Rabat (IV), Camp Monod (IV).

T. spumosum L. — Rabat (IV), Camp Monod (IV).

T. glomeratum L. — S¹ Barraoui (V), Camp Monod (IV).

T. isthmocarpum Brot. — Rabat (IV).

T. campestre Schreb. — Camp Monod (IV).

Melilotus speciosa DR. — Rabat (IV).

M. sulcata Desf. — Rabat (IV), Fez (VI).

M. leiosperma Pomel. — Chellah (IV).

Anthyllis Dillenii Schultz. — Camp Monod (IV).

Cornicina hamosa Boiss. — Camp Monod (IV).

Physanthyllis tetraphylla Boiss. — Camp Monod (III, IV).

Dorycnium rectum DC. — Camp Monod (VI).

Lotus ornithopodioides L. — Rabat (IV), Camp Monod (V).

L. creticus L. — Rabat (IV), Salé (IV).

L. corniculatus L. — Camp Monod (V).

Lotus sp. — Bou Regreg, près Camp Monod (IV).

L. stagnalis Batt. et Trab. — Camp Monod (V), Camp Monod à Tiflet (IV), Aïne Louna (VI).

L. parviflorus Desf. — Camp Monod (III), Rabat (V).

Tetragonolobus purpureus Mœnch. — Camp Monod (III).

T. siliquosus Roth. — Fez (VI).

Scorpiurus sulcatus L. — Camp Monod (III).

S. vermiculatus L. — Camp Monod (IV), Rabat (V).

Ornithopus compressus L. — Camp Monod (III).

O. isthmocarpus Coss. — Camp Monod (V).

O. sativus L. — Camp Monod (III).

O. ebracteatus Brot. — Camp Monod (IV).

Coronilla atlantica B. et R. — Près Rabat (IV).

C. repanda Guss. — Mamora (IV).

C. scorpioides Kch. — Camp Monod (IV), Fez (VI).

Hippocrepis multisiliquosa L. — Camp Monod (III).

H. Salzmanni B. et R. — Camp Monod (III), Mamora (IV).

Erophaca bætica DC. — Forêt des Séouls auprès de Camp Monod (III).

Psoralea dentata DC. — Fez (VI).

P. bituminosa L. — Oued Djedida, près Fez (VI).

Astragalus epiglottis L. — Chellah (IV).

A. epiglottioides Willd. — Camp Monod (IV).

Astragalus sp. — Mamora, près Camp Monod (IV).

A. bæticus L. — Camp Monod (IV).

A. pentaglottis L. — Camp Monod (IV).

A. Solandri Lowe. — Rabat (IV).

A. Glaux L. — Camp Monod (III), Chellah (IV).

Bisserrula Pelecinus L. — Camp Monod (IV).

Glycyrrhiza fœtida Desf. — Méquinez à Fez (VI).

Ebenus pinnata Desf. — Souk el Arba (VI).

Hedysarum capitatum Desf. — Camp Monod (III, IV).

Ervum gracile DC. — Camp Monod (V).

E. tetraspermum L. — Camp Monod (V).

E. nigricans M. B. — Camp Monod (IV).

E. hirsutum L. ? — Camp Monod (IV).

Vicia sativa L. — Camp Monod (IV).

V. lutea L. — Camp Monod (III).

V. Faba L. — Camp Monod (III).

V. narbonensis L. — Rabat (IV).

V. sicula Guss. — Camp Monod (IV).

V. peregrina L. — Camp Monod (IV).

V. atropurpurea Desf. — Rabat (IV), Camp Monod (II).

Lathyrus Aphaca L. — Rabat (IV).

L. angulatus L. — Camp Monod (IV).

L. Cicera L. — Rabat (IV), Camp Monod (III).

L. Clymenum L. — Rabat (IV).

L. Ochrus DC. — Camp Monod (III).

Pisum sativum L. — Rabat (IV).

P. elatius M. B. — Camp Monod (IV, V).

Ceratonia Siliqua L. — Salé (XII).

Rosacées.

Amygdalus communis L. — Rabat (I).

Rubus discolor Weihe. — Rabat (XI).

Potentilla reptans L. — Camp Monod (V).

Alchemilla arvensis Scop. — Mamora (1), Camp Monod (III).

Agrimonia Eupatoria L. — Camp Monod (VI).

Poterium verrucosum Ehrenb. — Camp Monod (II), Mamora (V).

Rosa sempervirens L. — Chellah (IV), Camp Monod (V).

R. stylosa Desv. — Camp Monod (IV).

Pirus cordata Desv. — Camp Monod (II), Mamora (IV).

P. longipes Coss. — Mamora (III).

Cydonia vulgaris DC. — Camp Monod (IV).

Cratægus oxyacantha L. — Rabat (I), Camp Monod (IV).

Myrtacées.

Myrtus communis L. — Dar Debibagh (Fez, VI).

Callitrichinées.

Callitriche truncata Guss. — Camp Monod (III).
C. stagnalis Scop. — Chellah (I).
C. pedunculata DC. — Camp Monod (II).

Lythrariées.

Peplis nummulariæfolia Lois. — Mamora (VI), Sⁱ Barraoui (V).
Lythrum hyssopifolium L. — Camp Monod à Tiflet (V), Rabat (VI).
L. Græfferi Ten. — Camp Monod (IV), Chellah (IV).
L. Salicaria L. — Camp Monod (V).

Onagrariées.

Epilobium hirsutum L. — Oued Beth, près Souk el Arba (VI).

Crassulacées.

Tillæa muscosa L. — Rabat à Camp Monod (I).
Umbilicus hispidus DC. — Kasbah des Oudaïa (VI).
U. pendulinus DC. — Rabat (VI).
Pistorinia Salzmanni Boiss. — Camp Monod (V, VI).

Ficoïdées.

Mesembryanthemum crystallinum L. — Rabat (VI).
M. nodiflorum L. — Rabat (VI).

Cucurbitacées.

Bryonia dioïca Jacq. — Rabat (XII).

Ombellifères.

Eryngium atlanticum Batt. et Pit. — Sⁱ Barraoui (V), Camp Monod (V), Oued Khemisset (VI).
E. triquetrum Vahl. — Camp Monod (IV).
E. tricuspidatum L. — Camp Monod (V).
E. ilicifolium Lam. — Camp Monod (V).
E. tenue Lam. — Camp Monod (IV, V).
E. campestre L. — Tiflet à Oued Khemisset (VI).
E. maritimum L. — Salé (VI).
Hippomarathrum pterochlænum Boiss. — Camp Monod (IV).
H. Bocconi Boiss. — Salé (VI).

Conium maculatum L. — Bou Regreg près Camp Monod (IV).
Smyrnium Olusatrum L. — Rabat (II), Camp Monod (VI).
Buplevrum semicompositum L. — Sⁱ Barraoui (V), Camp Monod (IV).
B. protractum L. et H. — Fez (VI).
Helosciadium nodiflorum Koch. — Chellah (IV).
Apium graveolens L. — Camp Monod (IV, V).
Ammi majus L. — Camp Monod (V), Rabat (VI).
A. Visnaga Lam. — Souk el Arba (VI).
Ridolfia segetum Moris. — Fez (VI).
Carum mauritanicum B. et R. — Camp Monod (V).
Ptycholis ammoides Koch. — Camp Monod (IV, V).
Pimpinella bubonoides Brot. var. *villosa* Ball. — Salé (VI).
Scandix Pecten-Veneris L. — Camp Monod (III), Fez (VII).
Fœniculum vulgare Gærtn. — Rabat (VI), Casablanca (VIII).
Kundmannia sicula DC. — Camp Monod (V).
Magydaris tomentosa Koch. — Tiflet à Camp Monod (IV).
Crithmum maritimum L. — Rabat (XI).
Œnanthe callosa Salzm ? — Camp Monod (V).
Ferula communis L. — Camp Monod (III, IV).
Coriandrum sativum L. — Salé (XII), Rabat (VI).
Daucus muricatus L. — Camp Monod (VI).
D. parviflorus Desf. — Camp Monod (IV).
D. Carota L. — Chellah (I).
D. maximus Desf. — Camp Monod (IV).
D. hispidus Desf. — Rabat (VI).
D. crinitus Desf. — Camp Monod (V).
Orlaya maritima Koch. — Mamora (IV).
Torilis nodosa Gærtn. — Rabat (IV), Camp Monod (III).
T. neglecta Rœm. — Rabat (VI).
T. infesta Hoffm. — Camp Monod (V).
Thapsia villosa L. — Camp Monod (III).
Elæoselinum meoides Koch. — Sⁱ Barraoui (V), Camp Monod (IV).

Araliacées.

Hedera helix — Fez (VI).

Caprifoliacées.

Sambucus Ebulus L. — Fez (VII).

Lonicera etrusca Santi. — Aïne Louna (VI).
L. implexa Ait. — Chellah (II).

Rubiacées.

Rubia peregrina L. — Rabat (IV).
Galium campestre Schousb. — Camp Monod (IV, V).
G. Bovei B. et R. — Mamora (II).
G. parisiense L.—Camp Monod (III), Rabat (IV).
G. saccharatum All. — Camp Monod (II).
G. tricorne With. — Fez (VII).
G. Aparine L. — Rabat (IV).
G. murale All. — Chellah (IV).
Asperula hirsuta Desf. — Oued Djedida, près Fez (VI).
Crucianella maritima L. — Rabat (VI).
C. angustifolia L. — Camp Monod (IV), Fez (VI).
Sherardia arvensis L. — Rabat (II), Camp Monod (VI).

Valérianées.

Centranthus Calcitrapa Dufr. — Rabat (IV), Camp Monod (IV).
Fedia cornucopiæ Gærtn. — Chellah (II).
Valerianella discoidea Lois. — Camp Monod (III, IV).

Dipsacées.

Scabiosa rutæfolia Vahl. — Mamora (V).
S. stellata L. — Camp Monod (IV, V).
S. maritima L. — Salé (I, IV, VI), Rabat (I), Rabat à Camp Monod (III).

Composées.

Eupatorium cannabinum L. — Fez (VII).
Bellis annua L. — Rabat (XII).
B. sylvestris Cyrill. — Rabat (IV).
Erigeron canadense L. — Rabat (XII).
Asteriscus aquaticus Mœnch. — Camp Monod (IV), Aïne Louna (VI).
Pallenis spinosa Cass. — Rabat (IV), Camp Monod (III, IV), Souk el Arba (VI).
Inula crithmoides L. — Chellah (XI).
I. viscosa Ait. — Camp Monod (III).
Pulicaria inuloides DC. — Camp Monod (III), Camp Monod à Tiflet (V).
P. odorata Rchb. — Camp Monod (IV).
Phagnalon saxatile Cass. — Rabat (XI).
P. rupestre DC. — Camp Monod (IV).

Micropus supinus L. — Camp Monod (III).
Evax pygmæa Pers. — Mamora (II), Camp Monod (III), Rabat (IV).
Gnaphalium luteo-album L. — Rabat (XI).
Filago spathulata Presl. — Camp Monod (III).
F. gallica L. — Camp Monod (III), Rabat (IV).
Diotis candidissima Sm. — Salé (VI).
Cladanthus arabicus Cass. — Souk el Arba (VI).
Anthemis tenuisecta Ball. — Mamora (V).
Ormenis mixta DC. — Camp Monod (IV, V).
Perideræa fuscata Webb. — Camp Monod (IV), Chellah (I).
Anacyclus clavatus Pers. — Rabat (IV).
A. radiatus Lois. — Rabat (I, IV), Camp Monod (IV).
Otospermum glabrum Willk. — Camp Monod (III, IV).
Chrysanthemum segetum L. — Mamora (II), Camp Monod (III, IV).
C. coronarium L. — Camp Monod (III, IV).
C. Myconis L. — Salé (IV), Mamora (II), Camp Monod (III).
C. viscosum Desf. — Camp Monod (III, IV).
Artemisia arborescens L. — Rabat (VI).
Senecio vulgaris L. — Rabat (XII).
S. leucanthemifolius Poir. — Rabat à Camp Monod (I, IV), Rabat (XI).
S. crassifolius Willd. — Rabat (XII).
S. erraticus Bert. — Chellah (XI), Oued Nja, près Fez (VI).
Calendula arvensis L. — Rabat (XI).
C. algeriensis B. et R. — Camp Monod (IV).
C. maroccana Ball. — Méquinez (VI).
Echinops spinosa L. — Camp Monod (V).
E. strigosa L. — Souk el Arba à Méquinez (VI).
Carlina lanata L. — Fez (V).
C. corymbosa L. — Camp Monod (V).
C. sulphurea Desf. — Casablanca (VIII).
Atractylis gummifera L. — Camp Monod (VI).
A. cancellata L. — Camp Monod (IV, V).
Carduus leptocladus DR. — Camp Monod (IV).
C. myriacanthus Salzm. — Camp Monod (II).
C. pycnocephalus L. — Camp Monod (IV).
C. tenuiflorus Curt. — Camp Monod (V).
Cirsium giganteum Spreng. — Sⁱ Barraoui (V).
Notobasis syriaca Cass. — Camp Monod (IV).
Galactites tomentosa Mœnch. — Rabat (XII), Camp Monod (IV, V).
Silybum eburneum C. et D. R. — Camp Monod (IV).

Cynara humilis L. — Camp Monod (V).
Onopordon macracanthum Schousb. — Camp Monod (V).
O. Sibthorpianum B. et H. — Camp Monod (V), Mamora (V).
Amberboa muricata DC. — Camp Monod (III, IV).
A. maroccana B. et M. — Rabat (VI).
Centaurea eriophora L. — S⁺ Barraoui (III).
C. pullata L. — Camp Monod (III). Rabat (XII).
C. sulphurea Willd. — Souk el Arba (VI).
C. melitensis L. — Fez (VI).
C. Calcitrapa L. — Rabat (VI).
C. sphærocephala L. — Salé (VI), Fez (VI).
C. polyacantha Willd. — Camp Monod (III).
Microlonchus Salmanticus DC. — Camp Monod (V).
Kentrophyllum lanatum DC. — Camp Monod (V).
Carthamus cæruleus L. — Camp Monod (IV).
Scolymus maculatus L. — Camp Monod (V).
S. hispanicus L. — Salé (XII), Camp Monod (IV).
Catananche lutea L. — Camp Monod (IV).
Cichorium pumilum Jacq. — Camp Monod (IV).
Hyoseris radiata L. — Rabat (I), Fez (VI).
Hedypnois polymorpha DC. — Camp Monod (III).
Tolpis barbata Gærtn. — Camp Monod (IV).
T. umbellata Bert. — Camp Monod (IV).
Hypochœris glabra L. — Camp Monod (III).
Seriola æthnensis L. — Camp Monod (IV).
Thrincia tuberosa DC. — Rabat à Casablanca (XI).
T. hispida Roth. — Camp Monod (III).
T. maroccana Pers. — Rabat (IV).
Spitzelia cupuligera DR. — Camp Monod (IV).
Helminthia echioides Gærtn. — Chellah (I).
Kalbfussia Mulleri Sch. Bip. — Rabat (I).
K. Salzmanni Sch. Bip. — Camp Monod (IV).
Urospermum picroides Desf. — Rabat (II, IV, VI).
Tragopogon porrifolius L. — Camp Monod (V).
Sonchus oleraceus L. — Rabat (I).
S. asper Vill. — Rabat (IV).
S. tenerrimus L. — Salé (XII), Rabat (I), Camp Monod (IV).
S. maritimus L. — Camp Monod (VI).
S. glaucescens Jord. — Camp Monod (IV).
S. arvensis L. — Camp Monod (IV, V).

Lactuca Saligna L. — Fez (VI).
L. scariola L. — Fez (VII).
Crepis bulbosa Tausch. — Salé (IV).
C. taraxacifolia Thuill. — Rabat (I), Fez (VI).
Picridium vulgare Desf. — Camp Monod (III).
P. tingitanum Desf. — Rabat (XI).
Andryala integrifolia L. — Rabat (I, IV).
A. arenaria B. et R. — Souk el Arba (VI).
A. laxiflora DC. — Camp Monod (IV, V).

Ambrosiacées.

Xanthium antiquorum Walh. — Salé (VI).

Lobéliacées.

Lobelia urens L. — Rabat à Camp Monod.

Campanulacées.

Jasione corymbosa Poir. — Rabat (VI).
J. blepharodon B. et R. — Camp Monod (IV).
Campanula dichotoma L. — S⁺ Barraoui (V). Camp Monod (IV).
C. Erinus L. — Salé (IV), Camp Monod (V).
C. Lœfflingii Brot. — Camp Monod (III).
C. verrucosa L. et 11. — Camp Monod (IV).
Trachelium cæruleum L. — S⁺ Barraoui (VI), Salé ? (VII).
T. angustifolium Schousb. — Fez (VII).

Primulacées.

Asterolinum stellatum H. et L. — Camp Monod (II).
Anagallis arvensis L. — Camp Monod (III).
Samolus Valerandi L. — Rabat (XI).

Oléacées.

Jasminum fruticans L. — Rabat (XI).
Fraxinus angustifolia Vahl. — Camp Monod (III).
Olea europæa L. — Camp Monod (III), Chellah (VI).

Apocynées.

Nerium Oleander L. — Camp Monod (IV).

Asclépiadées.

Cynanchum acutum L. — Salé (VI).

Gentianées.

Erythræa maritima Pers. — Camp Monod (IV).
E. spicata Pers. — Casablanca (VIII).
E. ramosissima Pers. — Camp Monod (V).

E. Centaurium Pers. var. *suffruticosa* Griseb.
— Camp Monod (II, V).
Microcala filiformis L. et Il. — Mamora (IV).
Cicendia pusilla Viv. — Tiflet (VI).
Chlora grandiflora Viv. — S¹ Barraoui (IV).
C. imperfoliata L. fil. — Camp Monod (IV, V).

Convolvulacées.

Calystegia sepium R. Br. — Camp Monod (IV),
Aïne Louna (VI).
Convolvulus tricolor L. — Rabat (IV), Camp
Monod (IV).
C. arvensis L. — Camp Monod (IV, V).
C. siculus L. — Rabat (IV).
C. althæoides L. — Camp Monod (III).
C. Gharbensis Batt. et Pit. — Souk el Arba
(VI).
Cuscuta Epithymum L. — Camp Monod (III).

Boraginées.

Heliotropium europæum L. — Camp Monod (V).
H. supinum L. — Casablanca (VIII).
Cynoglossum cheirifolium L. — Rabat (II).
C. clandestinum Desf. — Camp Monod (II, III),
Aïne Louna (VI).
Borago officinalis L. — Rabat (I).
Anchusa undulata L. — Salé (IV).
A. italica Retz. — Camp Monod (V).
Myosotis hispida Schlecht. — Camp Monod (II,
IV).
Echium æquale De Coincy. — Salé (VI).
E. dumosum De Coincy. — Rabat (VI).
E. horridum Batt. — Chellah (I).
E. plantagineum L. — Rabat (II), Camp Monod
(II, III), Mamora (I).
Nonnea phaneranthera Viv. — Rabat (II).
N. heterostemon Murbeck. — Camp Monod (I).
Cerinthe major L. — Rabat (I), Camp Monod (II).

Solanées.

Solanum nigrum L. — Salé (VI).
S. villosum L. — Rabat (XII).
S. Sodomæum L. — Rabat (XI, I).
Withania somnifera Dun. — Rabat (XII).
W. frutescens Pauq. — Rabat (XI).
Mandragora autumnalis Spreng. — Rabat (XI).
Lycium europæum L. — Rabat (II), planté.
Datura Stramonium L. — Salé (XII).
Hyoscyamus albus L. — Rabat (XII, II).
Nicotiana glauca Grah. — Rabat (XI).

Verbascées.

Verbascum sinuatum L. — Camp Monod (V).
Celsia sinuata Cavan. — Rabat (IV).
C. pinnatifida B. et R. — Souk el Arba (VI).
C. ramosissima Benth. — Mamora (VI), près
Camp Monod (V).

Scrophulariées.

Scrophularia argula Soland. — Camp Monod,
bords du Bouregreg (IV).
S. sambucifolia L. — Camp Monod (IV), Oued
Oudljet à Camp Monod (II).
S. auriculata L. — Chellah (XII, I), Rabat (VI).
S. frutescens L. — Salé (IV).
Anarrhinum pedatum Desf. — Camp Monod
(II, III, IV).
Antirrhinum Orontium L. — Camp Monod (III).
Rabat (IV).
A. tortuosum Bosc. — Rabat (XI, XII).
Linaria spuria Mill. — Salé (VI).
L. græca Chav. — Rabat (VI), Camp Mo-
nod (V).
L. bipartita Willd. — Temarah (XII), Rabat
(VI), Camp Monod (VI).
L. Munbyana B. et R. — Rabat (XI, II).
Linaria sp. — Rabat (XII).
Veronica anagalloides Guss. — Chellah (IV),
Fez (VI).
V. arvensis L. — Camp Monod (II).
V. didyma Ten. — Rabat (I).
Euphragia viscosa Benth. — Camp Monod (IV),
Chellah (IV).
Trixago apula Stev. — Chellah (IV).

Orobanchées.

Phelypæa lutea Desf. — Rabat (I).
P. Muteli Reut. — Camp Monod (IV).
Orobanche sanguinea Presl. — Camp Monod (IV).

Lentibulariées.

Utricularia vulgaris L. — Fez (VI).

Labiées.

Lavandula Stœchas L. — Chellah (I).
L. multifida L. — Rabat (XI, XII), Camp
Monod (II).
Lycopus europæus L. — Dar Debibagh, à
Fez (VII).
Mentha rotundifolia L. — Fez (VII).
M. Pulegium L. — Camp Monod (V).

Origanum compactum Benth. — Camp Monod (V).

Thymus Broussonnetii Boiss. — Rabat (XI, VI).

Micromeria græca Benth. — Oued Djedida à Fez (VI).

Calamintha bætica B. et R. — Rabat (XI), Salé (VI).

Melissa officinalis L. — Dar Debibagh, à Fez (VII), cult.?

Nepeta Apulei Ucria. — Camp Monod (II, III).

Prasium majus L. — Rabat (IV), Salé (IV). Camp Monod (IV).

Cleonia lusitanica L. — S¹ Barraoui (III), Camp Monod (IV).

Marrubium vulgare L. — Camp Monod (IV).

Phlomis mauritanica Munby. — Camp Monod (IV).

P. Herba-venti L. — Souk el Arba (V).

Ballota hirsuta Benth. — Souk el Arba (VI).

Stachys arvensis L. — Salé (XII).

S. hirta L. — Chellah (I), Camp Monod (III).

Lamium amplexicaule L. — Rabat (I, II).

Salvia argentea L. — Oued Oudljet, à Camp Monod (IV).

S. bicolor Desf. — Camp Monod (IV).

S. Verbenaca L. — Rabat (XI), Camp Monod (IV).

S. viridis L. — Oued Djedida, près Fez (VI).

Teucrium fruticans L. — Souk el Arba (VII).

T. pseudo-chamæpitys L. — Souk el Arba (VI).

T. resupinatum Desf. — Oued Djedida, près Fez (VI).

T. decipiens Coss. — Oued Djedida, près Fez (VI).

T. capitatum L. — Camp Monod (IV, V).

T. spinosum L. — Fez (VI).

Ajuga Iva Schreb. — Rabat (XI), Camp Monod (III).

Verbénacées.

Verbena officinalis L. — Rabat (XI).

V. supina L. — Camp Monod (IV).

Vitex Agnus-Castus L. — Camp Monod (VI).

Globulariées.

Globularia Alypum L. — Méquinez à Fez (VI).

Plumbaginées.

Statice sinuata L. — Rabat (XI).

S. mucronata L. fil. — Rabat (XI).

S. ovalifolia Poir. — Salé (VI).

S. oleæfolia Scop. — Salé (VI).

S. ferulacea L. — Rabat (I, VI), Camp Monod (VI).

Armeria mauritanica Wallr. — Rabat (XI, II).

Limoniastrum monopetalum Boiss. — Rabat (XI).

Plumbago europæa L. — Rabat (XI), Salé (VI).

Plantaginées.

Plantago major L. — Chellah (I).

P. Lagopus L. — Mamora (VI), Camp Monod (IV).

P. albicans L. — Oued Djedida, près Fez (VI).

P. amplexicaulis Cav. — Oued Djedida, près Fez (VI).

P. serraria L. — Camp Monod (IV).

P. macrorhiza Poir. — Rabat (IV).

P. Coronopus L. — Camp Monod (IV).

P. Psyllium L. — Rabat (II).

Amarantacées.

Amarantus retroflexus L. — Salé (VI).

A. albus L. — Camp Monod (V).

A. deflexus L. — Rabat (VI).

A. Blitum Kunth. — Salé (VI).

Achyranthes argentea Lam. — Rabat (XII).

Salsolacées.

Beta vulgaris L. — Camp Monod (IV), Rabat (IV).

Chenopodium murale L. — Rabat (XI).

C. album L. — Rabat (I).

C. ambrosioides L. — Rabat (XI).

Atriplex patulus L. — Casablanca (VI).

A. hastatus L. — Fez (VI).

A. parvifolius Lowe? — Rabat (XII).

A. portulacoides L. — Rabat (XI).

Salicornia fruticosa L. — Rabat (XI).

Suæda fruticosa Forsk. — Rabat (XI).

S. maritima Dum. — Rabat (XI).

Salsola Kali L. — Rabat (VI).

Polygonées.

Rumex conglomeratus Murr. — Camp Monod (VI).

R. crispus L. — Camp Monod (IV).

R. pulcher L. — Rabat (IV).

R. tingitanus L. — Camp Monod (V, VI), Mamora (VI).

R. thyrsoides Desf. — Camp Monod (III).

Emex spinosus Camp. — Rabat (I).
Polygonum maritimum L. — Rabat (XI).
P. aviculare L. — Camp Monod (IV), Méquinez
à Fez (VI).
P. lapathifolium L. — Chellah (VI).
P. serrulatum Lag. — Ouedj Nja, entre Méqui-
nez et Fez (VI).

Aristolochiées.

Aristolochia longa L. — Rabat (I), Camp
Monod (II).

Santalacées.

Osyris alba L. — Mamora (IV).

Thyméléacées.

Daphne Gnidium L. — Rabat (XI).
Thymelæa arvensis Lam. — Fez (VI).
T. lythroides Murb. — Près Rabat (XI).

Euphorbiacées.

Euphorbia Peplis L. — Rabat (I).
E. Chamæsyce L. — Fez (VI).
E. pterococca Brot. — Rabat (II), Camp Mo-
nod (IV).
E. helioscopia L. — Rabat (I).
E. pubescens Vahl. — Chellah (I).
E. paniculata Desf. — Mamora (IV).
E. exigua L. — Camp Monod (III, IV).
E. falcata L. — Camp Monod (IV, V).
E. sulcata de Lens. — Rabat (II).
E. peploides Gouan. — Rabat (XII).
E. medicaginea Boiss. — Rabat (IV).
E. Paralias L. — Rabat (XI).
E. terracina L. — Rabat (II).
Crozophora tinctoria Juss. — Oued Beth, à
Souk el Arba (VI), Casablanca (VII).
Mercurialis annua L. — Rabat (XI).
Ricinus communis L. — Rabat (I).

Urticées.

Urtica urens L. — Rabat (XI).
U. membranacea Poir. — Rabat (XII, VI).
Parietaria officinalis L. — Rabat (XII, I, VI).
Celtis australis L. — Chellah (VI), planté.
Cannabis sativa L. — Salé (VI).

Salicinées.

Salix pedicellata Desf. — Camp Monod (IV),
Dar Debibagh, à Fez (VII).

S. cinerea L. — S¹ Barraoui (IV).
Populus alba L. — Camp Monod (IV, V).
P. nigra L. — Fez (VII).

Cupulifères.

Quercus suber L. — Mamora (IV).

Alismacées.

Alisma Plantago L. — Fez (VI).
A. ranunculoides L. — Camp Monod à Tiflet
(IV), Fez (VI).

Potamées.

Potamogeton natans L. — Oued Fez (VI).
P. pectinatus L. — Chellah (IV).

Naïadées.

Zannichelia repens Bœn. — Casablanca (VIII).
Z. palustris L. — Ouest de Fez (VII).

Zostéracées.

Zostera marina L. — Casablanca (VIII).

Lemnacées.

Lemna gibba L. — Chellah (VI), Casablanca
(VIII).
L. minor L. — Camp Monod (V).

Aroïdées.

Arisarum vulgare Targ.-Toz. — Rabat (XII).

Typhacées.

Typha angustifolia L. — Chellah (VI).
Sparganium ramosum Huds. — Fez (VII).

Palmiers.

Chamærops humilis L. — Camp Monod (IV).

Orchidées.

Ophrys Speculum Link. — Camp Monod (III).
O. lutea Cav. — Camp Monod (III).
O. fusca Link. — Camp Monod (III).
O. bombyliflora Link. — Camp Monod (III).
O. apifera Huds. — Camp Monod (IV).
O. Scolopax Cav. — Camp Monod (III).
Orchis coriophora L. — Camp Monod (III).
O. lactea Poir. — Camp Monod (III).
O. mascula L. — Camp Monod (III).
O. latifolia L. — Oued Oudljet, près Camp
Monod (III).

Serapias cordigera L. — Camp Monod (III).
S. Lingua L. — Chellah (IV).

Iridées.

Crocus serotinus Salisb. — Rabat (XI).
Romulea Bulbocodium S. et M. — Rabat (XI), Rabat à Camp Monod (I), Camp Monod (II), Mamora (II).
Iris florentina L. — Salé (IV), planté.
I. alata Poir. — Rabat (XII, I).
I. Sisyrinchium L. — Rabat (II), Camp Monod (III).
I. Fontanesii G. G. — Camp Monod (III).

Amaryllidées.

Leucoium trichophyllum Schousb. — Rabat (XI).
Pancratium maritimum L. — Salé (VI).
Narcissus serotinus L. — Rabat (XII).
N. Tazetta L. — Rabat (XII).
N. papyraceus Gawl. — Rabat (XII).

Dioscorées.

Tamnus communis L. — Rabat (I), S' Barraoui (IV).

Smilacées.

Asparagus aculifolius L. — Salé (XII), Souk el Arba (VI).
A. horridus L. — Souk el Arba (VI).
A. albus L. — Rabat (II).
Ruscus Hypophyllus L. — Rabat (XII).
Smilax mauritanica Desf. — Chellah (I).

Liliacées.

Asphodelus microcarpus Viv. — Rabat (II), Camp Monod (III).
Phalangium algeriense B. et R. — Camp Monod (III).
Allium Chamæmoly L. — Rabat (I).
A. vernale Tines. — Rabat (I, II).
A. nigrum L. — Camp Monod (V).
A. pallens L. — Fez (VII).
A. Ampeloprasum L. — Camp Monod (V), Fez (VII).
Muscari comosum Mill. — Camp Monod (III).
Dipcadi serotinum Med. — Camp Monod (III), Rabat (XII).
Endymion sp. — Salé (II).
Scilla peruviana L. — Camp Monod (III).
S. lingulata Poir. — Casablanca à Rabat (XII).

Ornithogalum arabicum L. — Rabat (IV).
O. umbellatum L. — Camp Monod (III).
O. narbonense L. — Camp Monod (IV).

Colchicacées.

Merendera filifolia Camb. — Rabat (XI, XII, II), Casablanca à Rabat (XI).
Erythrostictus punctatus Schlecht. — Rabat (XI).

Joncées.

Juncus acutus L. — Camp Monod (III, IV).
J. maritimus Lam. — Camp Monod (IV, VI).
J. subulatus Forsk. — Chellah (VI).
J. striatus Schousb. — Mamora (V), Camp Monod (IV).
J. pygmæus Rich. — Camp Monod (V).
J. bufonius L. — Camp Monod (IV).
J. hybridus Brot. — Camp Monod (VI).
J. foliosus Desf. — Camp Monod (IV).

Cypéracées.

Cyperus turfosus Salzm. — Oued Beth, à Souk el Arba (VI).
C. fuscus L. — Camp Monod (VI).
C. pygmæus Rottb. — Mamora (V).
C. distachyus All. — Camp Monod (III, VI).
C. rotundus L. — Rabat (XI).
C. longus L. — Camp Monod (III, V), Oued Oudljet (II).
C. capitatus Vand. — Salé (IV).
Scirpus maritimus L. — Chellah (IV).
Scirpus Pilardi Trabut. — Mamora (VI).
S. Savii S. et M. — Mamora (VI).
S. Holoschænus L. — Camp Monod (III, V).
Eleocharis palustris L — Chellah (I, IV), Camp Monod (IV).
Cladium Mariscus L. — Méquinez à Fez (VI).
Carex divisa Huds. — Chellah (I), Camp Monod (II).
C. vulpina L. — Chellah (I), Rabat (V).
C. divulsa Good. — Rabat.
C. Halleriana Asso. — Chellah (I).
C. hispida Willd. — Camp Monod (III, IV, V VI).
C. distans L. — Camp Monod (III).

Graminées.

Leersia hexandra Sw. — Fez (VII).
Imperata cylindrica L. — Camp Monod (IV).
Andropogon hirtus L. — Rabat (I), Camp Monod (IV, V).

Sorghum Halepense L. — Fez (VI).
Panicum colonum L. — Casablanca (VIII).
P. Crus-galli L. — Chellah (VI).
P. repens L. — Rabat (XI), Camp Monod (V, VI).
Setaria verticillata L. — Casablanca (VII).
Phalaris tuberosa L. — Camp Monod (V).
P. paradoxa L. — Chellah (VI).
P. truncata Sm. — Camp Monod (IV).
P. brachystachys Link. — Camp Monod (V).
Anthoxanthum ovatum Lag. — Rabat (IV), Mamora (IV).
Mibora minima L. — Rabat (XII).
Agrostis verticillata Vill. — Rabat (XI, VI), Camp Monod (V).
A. pallida DC. — Camp Monod, Rabat (VI).
A. capillaris Desf. — Fez (VII), Camp Monod (IV), Chellah (VI).
Polypogon monspeliensis L. — Camp Monod (V).
Gastridium lendigerum Gaud.—Camp Monod (V).
Ammophila arenaria Link. — Rabat (VI).
Lagurus ovatus L. — Camp Monod (IV).
Stipa tortilis L. — Camp Monod (IV, V).
Macrochloa arenaria Kunth. — Mamora (V).
Oryzopsis miliacea L. — Rabat (IV).
Holcus annuus Salzm. — Camp Monod (V).
H. lanatus L. — Oued Fez (VII).
Aira Cupaniana Guss. — Chellah (IV), Camp Monod (V).
Molineria minuta Parl. — Camp Monod (II).
Corynephorus fasciculatus B. et R. — Camp Monod (VI).
Trisetum paniceum Lam. — Camp Monod (V).
T. pumilum Desf. — Camp Monod (IV).
Avena sativa L. — Camp Monod (III).
A. sterilis L. — Camp Monod (III, V).
A. barbata Brot. — Camp Monod (III).
Gaudinia fragilis PB. — Camp Monod (V).
G. maroccana Trab. — Rabat (VI).
Cynodon Dactylon L. — Rabat (VI), Camp Monod (V).
Spartina stricta Roth. — Rabat (VI).
Ammochloa involucrata Murb. — Rabat à Camp Monod (I), Camp Monod (III).
Phragmites communis Trin? — Camp Monod (VI).
Koeleria phleoides Vill. — Camp Monod (IV).
Melica major S. et S. — Rabat (IV).
M. Magnolii G. G. — Souk el Arba (VI).

Dactylis glomerata L. — Camp Monod (IV, V).
D. hispanica Rchb. — Rabat (VI).
Cynosurus echinatus L. — Rabat (VI).
Lamarcki aurea Mœnch. — Camp Monod (III).
Briza maxima L. — Camp Monod (IV).
B. minor L. — Rabat (IV).
Poa annua L. — Rabat (I).
P. trivialis L. — Camp Monod (V).
P. bulbosa L. — Camp Monod (III).
Glyceria fluitans R. Br. — Camp Monod (IV, V), Fez (VII).
G. distans Wahl. — Chellah (VI).
Festuca arundinacea Schreb. — Camp Monod (V).
F. cærulescens Desf. — Rabat (VI).
Vulpia geniculata Link. — Camp Monod (V), Rabat (VI).
V. sicula Link. — Camp Monod (III).
V. uniglumis Rchb. — Camp Monod (III, V).
V. sciuroides Gmel. — Camp Monod (IV).
Bromus rubens L. — Camp Monod (IV).
B. madritensis L. — Camp Monod (V).
B. maximus Desf. — Camp Monod (IV, V).
B. mollis L. — Camp Monod (IV).
B. Alopecurus Poir. — Camp Monod (IV, V).
Brachypodium distachyon P. B. — Camp Monod (IV, V).
B. sylvaticum Huds. — Chellah (VI).
B. pinnatum L. — Camp Monod (V).
B. phœnicoides R. et S. — Rabat (V).
Scleropoa rigida Griseb. — Salé (IV).
Catapodium loliaceum Huds. — Camp Monod (IV).
Lolium temulentum L. — Camp Monod (IV).
L. perenne L. — Rabat (IV).
L. italicum Braun. — Camp Monod (V).
L. rigidum Gaud. — Rabat (VI).
Ægylops ovata L. — Camp Monod (IV, V).
Æ. triuncialis L. — Salé (IV).
Agropyrum repens L. — Rabat (VI).
A. junceum L. — Rabat (VI).
Lepturus incurvatus L. — Rabat (IV).
L. filiformis L. — Fez (VI).
Hordeum bulbosum L. — Camp Monod (V).
H. murinum L. — Camp Monod (IV).

Conifères.

Tetraclinis articulata Vahl. — Moyen Atlas.

Gnétacées.

Ephedra altissima Desf. — Rabat (VI).

CRYPTOGAMES VASCULAIRES.

Fougères.

Asplenium Trichomanes Huds. — Camp Monod (IV).
Adianthum Capillus-Veneris L. — Rabat (XI).
Nothochlæna lanuginosa Desv. — Camp Monod (IV).
Gymnogramme leptophylla Desv. — Rabat (I), Camp Monod (IV, V).
Ophioglossum lusitanicum L. — Rabat (XII).

Équisétacées.

Equisetum ramosissimum Desf. — Chellah (IV, V), Oued Khemisset (VI).

Marsiliacées.

Marsilia strigosa Willd. — Oued Khemisset (VI).

Sélaginellées.

Selaginella denticulata Link. — Camp Monod (III).

Isoetées.

Isoetes velata A. Br. — Oued Khemisset (VI).
I. hystrix Dur. — Camp Monod (III, IV).

INDEX GÉOGRAPHIQUE

DES LOCALITÉS MENTIONNÉES.

Aïne Dalia. — Source et village situés à 6 kilomètres de Tanger sur la piste d'Arzila.

Aïne Diab. — Falaises maritimes rocheuses et source à l'ouest de Casablanca.

Aïne Hateiba. — Source située à 9 kilomètres à l'est de Settat.

Aïne Kaddour. — Source située à 4 kilomètres au sud de Casablanca sur la piste de Médiouna.

Aïne Moukhara. — Source située à 11 kilomètres à l'est de Settat et qui s'écoule dans l'oued Tamdrost.

Aïne Seba. — Source située à 6 kilomètres à l'est de Casablanca.

Aïne Slaoua. — Source et village situés à 9 kilomètres de Tanger sur la piste de l'Andjéra.

Aïne Snadignate. — Source située à 3 kilomètres au sud de Casablanca.

Andjéra. — Massif montagneux situé à l'est de Tanger et au nord de Tétouan.

Anse Spartel. — Baie minuscule située à 3 kilomètres au sud du Cap Spartel.

Arzila. — Ville située sur la côte septentrionale du Maroc.

Ben Ameida. — Marabout situé à 6 kilomètres au sud de Settat sur la piste de Guicer.

Beni Hosmar. — Massif montagneux atteignant 1 200 mètres d'altitude dominant Tétouan au sud de la vallée du Rio Martil.

Ber Rechid. — Poste militaire à 40 kilomètres au sud de Casablanca.

Bir Chafaï. — Puits situé à 4 kilomètres à l'est de Settat sur le sentier de l'oued Tamdrost.

Bir Jdour, ou Bir el Jdour. — Puits situé à 4 kilomètres au sud de Settat sur la piste de Guicer.

Bir Louni. — Puits situé à 12 kilomètres à l'est de Settat sur le sentier de Kasbah ben Ahmed.

Bled Oulad Allel. — Région située à l'ouest de Settat (2 à 10 kilomètres de la ville).

Bou Azza, ou Dar Oulad bou Azza Brahim. — Localité située à 8 kilomètres de Casablanca, sur la piste de Camp Boulhaut.

Bou Bana. — Plaine située à 6 kilomètres à l'ouest de Tanger.

Bougdour. — Village situé à 10 kilomètres de Tanger sur le versant méridional du Djebel Darziro.

Bouséja. — Pont sur le Rio Martil à 12 kilomètres de Tétouan.

Bou Semlen. — Village situé sur les pentes septentrionales du Beni Hosmar.

Bou Skoura. — Poste militaire situé à 20 kilomètres au sud de Casablanca.

Bou Znika. — Poste militaire situé à 50 kilomètres de Casablanca, sur la piste de Rabat.

Camp Boulhaut. — Poste militaire situé à 60 kilomètres à l'ouest de Casablanca et à 23 kilomètres au sud de Bou Znika.

Cap Spartel. — Situé à 13 kilomètres à l'ouest de Tanger.

Casablanca. — Port du Maroc occidental.

Cherf el Akab. — Source importante et vaste marais situés à 20 kilomètres environ au sud-ouest de Tanger.

Chouikreuk. — Plaine située entre Tanger et le lac Hadjériin.

Dar ben Azouz. — Kasbah en ruines à 7 kilomètres au sud de Settat.

Dar Chafaï. — Poste militaire situé à 60 kilomètres environ au sud de Settat.

Dar el Hadj bou Allam. — Village situé à 6 kilomètres au sud de Casablanca.

Dar el Hadj bou Azza, ou Bou Azza. — Marais situé entre Casablanca et Fedhala.

Dar el Hadj Salah. — Village situé sur la piste de Guicer à Dar Chafaï.

Dar el Kébir ben Hammani. — Village situé à 19 kilomètres au sud de Ber Rechid, sur la piste de Settat.

Dar Mohammed ben Brahim. — Trois marabouts situés sur la piste de Settat à 18 kilomètres au sud de Ber Rechid.

Dar Oulad Attafi. — Village situé à 5 kilomètres au sud-ouest de Ber Rechid.

Dar Oulad ben Abbou. — Petit village situé à 9 kilomètres au sud de Casablanca.

Dar Oulad bou Azza Brahim, ou Bou Azza. — Localité située à 8 kilomètres de Casablanca sur la piste de Camp Boulhaut.

Dar Rhamndour ben Habib, ou Dar Rhamndour. — Marabout situé à 10 kilomètres à l'ouest de Casablanca sur la piste de Mazagan.

Djebel Darziro. — Colline entre Tanger et Arzila.

Djebel Dersa. — Montagne de 600 mètres d'altitude qui domine Tétouan au nord.

Djebel Flatin. — Collines au nord de Dar Chafaï.

Djebel Kébir. — Montagne située entre Tanger et le Cap Spartel.

El Aïoun. — Source située à 10 kilomètres de Camp Boulhaut.

El Bénian. — Plaine située entre Zinet et le Fondak.

El Hank. — Falaises rocheuses littorales à l'ouest de Casablanca.

El Kseub. — Source et cascade à 16 kilomètres au sud-est de Camp Boulhaut.

El Menar. — Petit village situé à 6 kilomètres à l'est de Tanger.

Fedhala. — Poste militaire situé à 25 kilomètres de Casablanca sur la piste de Rabat.

Ferme Alvarez, ou Ferme Amieux. — Située à 6 kilomètres de Casablanca sur la piste de Ber Rechid.

Ferme Boute. — Située à 7 kilomètres au sud-est de Casablanca.

Ferme Carlos. — Située à 7 kilomètres au sud de Casablanca.

Ferme Lamm. — Située à 6 kilomètres à l'est de Casablanca.

Fondak. — Abri dans la montagne de l'Andjéra, entre Tanger et Tétouan.

Guicer. — Poste militaire situé à 30 kilomètres au sud de Settat (à 100 kilomètres de Casablanca).

Hammar. — Village situé à 10 kilomètres au sud-ouest de Tanger.

Kasbah ben Ahmed. — Poste militaire situé à 40 kilomètres à l'est de Settat.

Kasbah Mansouria. — Située sur la côte à 10 kilomètres de Fedhala, sur la piste de Rabat.

Khemisset. — Poste militaire situé entre Settat et Mechra ben Abou.

Kithan. — Marabout situé entre le Rio Martil et la cascade de l'oued Zarka.

Ksar Djedid. — Petit village situé à 7 kilomètres à l'est de Tanger.

Lac Hadjériin. — Marais situés près de l'Océan entre le cap Spartel et Arzila.

Le Marchand. — Falaise ouest de Tanger.

Marabout de Kithan. — Situé entre le Rio Martil et la cascade de l'oued Zarka.

Mechra ben Abou. — Poste militaire situé à 120 kilomètres au sud de Casablanca.

Mechra bou Acheb. — Gué de l'oued Nefitikr, à 8 kilomètres de Fedhala vers Camp Boulhaut.

Mé-liouna. — Poste militaire situé à 18 kilomètres au sud de Casablanca.

Médiouna. — Petit village entre Tanger et l'Océan.

Msahal, ou Si Msahal. — Marabout situé à 4 kilomètres à l'ouest de Settat.

Ouamra. — Petit village au nord de Dar Chafaï.

Oued bou Skoura. — Oued qui passe auprès du poste de Bou Skoura.

Oued Cherrat. — Oued frontière septentrionale de la Chaouïa, que nous avons examiné sur ses deux rives Chaouïa et Zaër depuis 15 kilomètres au sud jusqu'à 10 kilomètres au nord de Camp Boulhaut.

Oued Oum er Rbia. — Oued frontière méridionale et occidentale de la Chaouïa.

Oued Tamdrost. — Situé à l'est de Settat ; nous l'avons étudié depuis sa source jusqu'à Bir Oulad Ali.

Oued Zarka. — Vallée très encaissée, à superbe cascade, à la base du Beni Hosmar.

Oulad Saïd. — Poste militaire situé à 18 kilomètres à l'ouest de Settat.

Perdicaris. — Vaste propriété reboisée sur les pentes septentrionales du Djebel Kébir.

Pont Blondin. — Pont sur l'oued Nefitikr, à 5 kilomètres à l'est de Fedhala.

Rio Martil. — Fleuve à cours torrentiel qui traverse la plaine de Tétouan.

Sarf, ou Charf. — Village situé à 3 kilomètres à l'est de Tanger, auprès de la mer.

Semsa. — Village situé au nord-ouest de Tétouan, aux pieds du Djebel Dersa.

Settat. — Poste militaire situé à 70 kilomètres au sud de Casablanca.

Si Abd en Naïmi. — Plaine marécageuse située à l'ouest de Bou Skoura.

Si Ali Mouley el Haouerra. — Marabout situé à 8 kilomètres au nord de Ber Rechid.

Sidi Abdallah bel Hadj. — Marabout situé près de la mer, à 7 kilomètres à l'est de Casablanca.

Sidi Abderrhamane. — Falaise rocheuse et marais à l'ouest de Casablanca.

Sidi Barca. — Marabout situé à 12 kilomètres de Settat sur la piste de Khemisset.

Sidi bou Zerlan. — Village situé entre Guicer et Dar Chafaï.

Sidi bou Ziane. — Marais situé à 9 kilomètres au nord de Médiouna, sur la route de Casablanca.

Sidi Cérier. — Marabout situé à mi-chemin entre Bou Znika et Camp Boulhaut.

Sidi el Arbi. — Village situé à 4 kilomètres au sud de Bou Skoura.

Sidi el Djilali. — Marabout situé sur les premières collines de la haute Chaouïa, à 6 kilomètres au nord de Settat.

Sidi Feali. — Source située entre Dar Chafaï et Mechra ben Abou.

Sidi Mohammed ben Ameida. — Marabout situé à 6 kilomètres au sud de Settat.

Sidi Mohammed el Bahloul. — Trois marabouts situés à l'est de Settat, à mi-chemin de Kasbah ben Ahmed.

Si Msahal, ou Msahal. — Marabout situé à 4 kilomètres à l'ouest de Settat.

Si Rerha. — Marabout situé à 11 kilomètres au sud de Settat sur la piste de Guicer.

Si Senhadj ou Si Senhadji. — Marabout situé à 12 kilomètres à l'est de Settat.

Si Yssef, ou Sidi Yssef. — Petit marabout situé à 12 kilomètres à l'est de Settat.

Sokrat en Nemra. — Crêtes rocheuses siliceuses à 3 kilomètres du poste de Camp Boulhaut, dans la forêt.

Souani. — Jardins installés sur le versant méridional de la colline de Tanger.

Souk el Kremis. — Village situé à 10 kilomètres au nord de Ber Rechid sur la piste de Bou Skoura.

Tanger. — Ville du Maroc septentrional, sur le détroit de Gibraltar.

Tanjier el Balia. — Ruines romaines situées à 4 kilomètres à l'est de Tanger, auprès de la mer.

Tétouan. — Ville du Maroc septentrional, près du Rio Martil, à 12 kilomètres de son embouchure.

Titmellil. — Source importante située à 18 kilomètres de Casablanca sur la piste de Camp Boulhaut.

Val Tissa. — Vallon étroit qui, de Bou Semlen, conduit aux pentes supérieures du Beni Hosmar (400 à 800 mètres).

Villa Harris. — Propriété située à 4 kilomètres de Tanger, au bord de la mer.

Yarghit. — Petit village situé sur les pentes du Beni Hosmar, auprès de la cascade de l'oued Zarka.

Zaouiet en Nouesseur. — Petit village situé à 8 kilomètres au sud de Bou Skoura sur la piste de Ber Rechid.

Zinet. — Village situé à 20 kilomètres environ au sud-est de Tanger, sur le sentier de Tétouan.

TABLE ALPHABÉTIQUE DES GENRES

4720-13. — CORBEIL, IMP. CRÉTÉ.

Village et plaine de la Chaouïa, après la moisson.

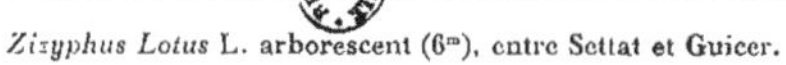

Zizyphus Lotus L. arborescent (6ᵐ), entre Settat et Guicer.

Vitex Agnus-Castus L. arborescents (5ᵐ), à Sidi Feali.

Moissons de la Haute Chaouïa envahies par l'*Onopordon
macracanthum* Schousb.

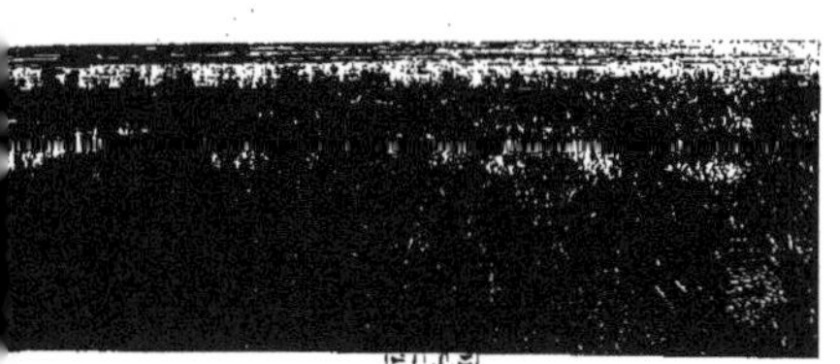

Dayas de la Basse Chaouïa.

Rhus pentaphylla Desf. en Basse Chaouïa.

Lisière de la forêt de Camp Boulhaut à *Myrtus communis* L.

Source d'El Kseub, en Basse Chaouïa.

...etite vallée à flore très hygrophile, tributaire de l'Oued Cherrat.

Vallée de l'Oued Cherrat près de Camp Boulhaut.

Cascade d'El Kseub tombant dans l'Oued Cherrat.

Aspect ordinaire de la forêt de Camp Boulhaut.

Bas fonds marécageux à *Salix pedicellata* Desf. de la forêt
de Camp Boulhaut.

Daya du Sokrat en Nemra dans la forêt de Camp Boulhaut.

Rive droite très dénudée de l'Oued Oum er Rbia à Mechra
ben Abou (Ph. Delhomme).

Steppe pierreuse de Dar Chafaï.

Rive gauche très dénudée de l'Oued Oum er Rbia à Mechra
ben Abou (Ph. Delhomme).

Kasbah ben Ahmed (Ph. Delhomme).

Source marécageuse d'El Aïoun, près de Camp Boulhaut.

Spergularia Pitardiana *Hy*. Gaudinia maroccana *Trabut*.

Erodium Moureti *Pilard*.

Lythrum bicolor *Battandier et Pitard*.

Eryngium atlanticum *Battandier et Pitard*.

Amberboa atlantica *Pitard*. Amberboa ramosissima *Pitard*.

Convolvulus Gharbensis *Battandier et Pitard*. Conv. Pitardi *Battandier* (au milieu).